안전보건경영시스템 이해와 실무

안전공학전공자
산업안전관리자
관리감독자
인증심사원보

강양현 · 류호철 공저

지우북스

안전관리헌장

오늘날 우리는 태풍 · 지진 · 화재 · 교통사고 · 전염병 등 갖가지 예측하기 어려운 재난으로부터 안전을 위협받고 있다.

재난은 언제 어디서나 일어날 수 있다는 것을 깊이 인식하고, 국민의 생명과 재산을 보호하기 위해 정부와 기관 · 단체 그리고 학교와 기업은 안전관리에 앞장서 노력하여야 하며, 국민 모두는 스스로 참여하고 협력하여야 한다.

우리의 번영은 안전문화의 터전 위에서 이루어지며, 안전을 위한 노력과 투자는 우리와 후손의 행복을 위한 것이다. 이에 우리는 안전한 국가를 지향하는 새로운 가치관을 정립하고 성실한 실천을 다짐한다.

Ⅰ. 국가, 지방자치단체, 공공기관 · 단체, 기업 그리고 국민은 모든 일에서 안전을 최우선으로 고려한다.

Ⅰ. 가정, 학교, 직장 그리고 사회의 각 분야에서 교육과 홍보를 통하여 안전관리를 생활화하도록 한다.

Ⅰ. 위험에 대한 정보를 신속하고 정확하게 제공하여 미리 안전을 확보할 수 있도록 한다.

Ⅰ. 국가기반체계는 각종 재난으로부터 안전하게 보호되어야 한다.

Ⅰ. 생활주변 시설과 사업장 그리고 위험지역은 안전하게 관리되어야 한다.

Ⅰ. 자원봉사기관, 자원봉사자, 시민단체 그리고 전문가의 협력을 통하여 안전관리의 효율을 높인다.

Ⅰ. 과학적 안전관리를 위한 연구에 힘쓰고 안전산업을 육성한다.

머 리 말

산업재해와 관련된 통계에 의하면 매일 산업재해로 5명 정도 사망하는 것으로 나타나고 있다. OECD 국가에서 한국이 가장 높은 사망만인율(인구/만 명당 사망자 수의 비율)을 기록하고 있다. 이러한 결과는 개인은 물론 가족과 사회 그리고 국가에 엄청난 비극을 초래하고 있는 것이다. 따라서 사고의 예방은 개인, 사회 및 국가적 차원에서 실시되어야 할 아주 중요한 과제라고 생각한다.

최근에 소규모 사업장은 물론 대규모 사업장에서도 사고가 자주 발생하여 외국의 시각에서는 국내의 안전관리 수준이 낮다는 평가를 받고 있는 실정이다.

안전관리 수준이 열악한 사업장에서는 "안전관리"라는 용어를 사용한 경험이 없을 정도로 심각한 수준으로 나타났다. 그러나 다행히도 국가적으로 "산업안전보건공단"을 통하여 안전보건경영시스템을 보급하고 있다. 그러나 안전보건경영시스템에 대하여 체계적으로 정리한 종합지침서의 부족으로 사업장에서 시스템을 도입하는데 어려움이 있는 실정이다.

따라서 이 책은 자율적으로 산업안전보건경영시스템(KOSHA18001)을 도입하여 사업장에서 시스템을 쉽게 이해할 수 있도록 각 기준의 내용을 상세하게 기술하여 사업장 대표 및 안전관리업무 담당자에게 도움을 제공하고자 한다.

이 책은 자율안전보건경영시스템(KOSHA18001)을 모든 사업장에서 도입하여 안전보건에 대하여 계획을 세우고 실행하는데 많은 도움이 되리라 생각되며, 국내의 모든 사업장에서 산업재해를 예방하는데 획기적인 전환점으로 이 시스템도입을 권장하고자 한다.

아무쪼록 이 책이 모든 사업장에서 산업재해를 예방하는데 도움이 되기를 기대한다.

끝으로 본 서가 출간되기까지 많은 수고를 해 주신 지우북스 사장님께 진심으로 감사드리고, 이 시간에도 산업재해의 예방을 위하여 안전보건경영시스템의 인증심사업무를 담당하는 산업안전보건공단의 전문기술위원실 임직원과 안전보건경영시스템의 보급을 위해 노력하는 외부 심사위원님께도 감사를 드립니다.

2017년 12월

KOSHA18001 심사원

공학박사 강 양 현

이 책의 특징

1. 목표 및 성과측정의 강조

농부가 농사를 지어 가을에 수확을 목표로 일을 할 때, 단순히 농부가 수확 그 자체만을 목표를 수립하면 어떻게 되겠는가? 현재 우리 안전담당자의 목표가 그렇게 단순히 행위 자체를 목표로 한다면 시스템의 효과는 적을 것입니다. 안전보건교육실시에서 매월 2시간 실시를 목표로 설정하고 실행한다면 년말의 결산 결과는 2시간의 실행은 잘해서 100% 달성했다고 만족하겠지만 교육의 효과는 측정이 어려울 것입니다. 처음의 목표 즉 성과지표의 설정에서 교육을 통해서 근로자의 안전지식을 90점 이상으로 지표를 설정하고 교육에 임하고 성과측정을 통한 평가에서 90점이 달성 되었는지, 아니면 미달되었다면 내년에는 어떻게 할 것인가를 반영하여 지속적으로 개선해 나가는 것이 이 시스템입니다.

2. 인증의 개념과 절차

사업장에서 안전사고의 예방을 위하여 안전보건경영시스템(KOSHA 18001) 인증업무 처리규칙을 중심으로 안전보건경영시스템의 인증심사를 위한 절차와 준비과정을 상세히 기술하고, 각 단계별로 필요한 서류와 대비절차를 준비함으로써 인증취득을 보다 용이하도록 하고, 실질적인 시스템운용을 통한 성과가 나타날 수 있도록 시스템의 이해와 실무 중심으로 기술하여 사업장에 바로 적용할 수 있도록 하였습니다.

3. 인증기준의 해설 및 적용

인증기준에서 정하고 있는 일반원칙, 안전보건경영방침, 계획수립 및 위험성 평가 등에 대하여 인증기준을 제시하고, 그 인증기준에서 요구하는 의미를 설명하고 매뉴얼, 절차서 및 지침서의 내용에 대하여 예시를 통해 설명하여 사업장에서 시스템의 적용방향을 제시하였습니다.

4. 심사에서 발견되는 문제점

각 인증기준에서 요구하는 사항에 대한 심사에서 발견되고 있는 문제점을 소개하여 사업장에서 시스템의 실행에 대한 정확한 가이드를 제시하여 이 시스템의 효과를 극대화함으로써 산업재해를 예방하는데 도움이 되어 재해율이 낮은 진정한 선진국의 대열에 진입하는데 도움이 되고자 합니다.

차 례

Chapter 1

KOSHA 18001의 개요

1.1 정의

안전보건경영시스템(KOSHA 18001)은 산업안전보건법 제4조 1항 5호의 정부의 책무 중에 "사업의 자율적인 안전·보건 경영체제 확립을 위한 지원"에 의거하여 국가에서 지원하고 사업주가 자율경영방침에 안전보건정책을 반영하고, 이에 대한 세부 실행지침과 기준을 규정화하여, 주기적으로 안전보건계획에 대한 실행 결과를 자체평가 후 개선토록 하는 등 재해예방과 기업손실감소 활동을 체계적으로 추진토록 하기 위한 자율안전보건체계를 말한다.

1.2 용어의 정의

이 기준에서 사용하는 주요 용어의 정의는 다음과 같다.

(1) 안전보건경영체제 또는 안전보건경영시스템

최고경영자가 경영방침에 안전보건정책을 선언하고 이에 대한 실행계획을 수립(Plan)하여 이를 실행 및 운영(Do), 점검 및 시정조치(Check)하며 그 결과를 최고경영자가 검토하고 개선(Action)하는 등 P－D－C－A 순환과정을 통하여 지속적인 개선이 이루어지도록 하는 체계적인 안전보건활동을 말한다.

(2) 사업장 또는 조직(Organization)

사업을 운영하는 조직과 기능을 갖추고 있는 회사, 기업, 연구소 또는 이들의 복합집단을 말한다.

(3) 사건(Incident)

위험요인의 자극에 의하여 사고로 발전되었거나 사고로 이어질 뻔했던 원하지 않는 사상(Event)으로서 인적 · 물적 손실인 상해 · 질병 등의 재산적 손실뿐만 아니라 인적 · 물적 손실이 발생되지 않은 아차사고를 포함한 것을 말한다.

(4) 사고(Accident)

위험요인(Hazard)을 근원적으로 제거하지 못하고 위험(Danger)에 노출되어 발생되는 바람직스럽지 못한 결과를 초래하는 것으로서 사망을 포함한 상해, 질병 및 기타 경제적 손실을 야기하는 예상치 못한 사상(Event)과 현상을 말한다.

(5) 유해 · 위험요인(Hazard)

유해 · 위험을 일으킬 잠재적 가능성이 있는 것의 고유한 특징이나 속성을 말한다.

(6) 유해 · 위험요인 파악(Hazards Identification)

유해요인과 위험요인을 찾아내는 과정을 말한다.

(7) 위험(Danger)

위험요인(Hazards)에 상대적으로 노출된 상태를 말한다.

(8) 위험성(Risk)

유해 · 위험요인이 부상 또는 질병으로 이어질 수 있는 가능성(빈도)과 중대성(강도)을 조합한 것을 말한다.

(9) 위험성 평가(Risk Assessment)

유해 · 위험요인을 파악하고 해당 유해 · 위험요인에 의한 부상 또는 질병의 발생 가능성(빈도)과 중대성(강도)을 추정, 결정하고 감소대책을 수립하여 실행하는 일련의 과정을 말한다.

(10) 허용 가능한 위험(Acceptable Risk)

위험성 평가에서 위험요인의 위험도가 법적 및 시스템의 안전요구사항에 의하여 사전에 결정된 허용 위험수준 이하의 위험, 또는 개선에 의하여 허용위험수준 이하로 감소된 것을 말한다.

(11) 안전(Safety)

위험요인이 없는 상태로서 정의할 수 있지만 현실적 산업현장 또는 시스템에서는 달성 불가능하므로 현실적인 안전의 정의는 위험요인의 위험도를 허용 가능한 위험수준으로 관리하는 것으로 정의할 수 있다.

(12) 목표(Objectives)

안전보건 성과측면에서 조직이 달성하기 위해 설정하는 세부목표로서 가능한 한 정량화된 것을 말한다.

(13) 성과(Performance)

사업장 또는 조직의 안전보건 방침 · 목표와 비교하여 조직의 안전보건경영 활동으로 달성된 정성적 · 정량적 결과를 말한다.

(14) 지속적 개선(Continual Improvement)

사업장 또는 조직의 당해년도 안전보건활동 성과를 분석 · 평가하고 그 평가결과를 다음 연도의 안전보건활동에 반영하여 안전보건성과를 지속적으로 향상시키는 반복과정을 말한다.

(15) 내부심사(Audit)

사업장 또는 조직의 안전보건활동이 안전보건경영체제에 따라 효과적으로 실행되고 있는지, 그리고 그 활동결과가 조직의 안전보건 방침과 목표를 달성하였는지에 대한 독립적인 평가와 검증 과정을 말한다.

(16) 부적합사항(Nonconformity)

사업장 또는 조직의 안전보건활동이 안전보건경영체제상의 기준이나 작업표준, 지침, 절차, 규정 등으로부터 벗어난 상태를 말한다.

(17) 권고사항(Recommendation)

안전보건경영시스템 운영의 효율성을 높이기 위해 개선의 여지가 있는 경우 또는 사내

규정(표준)대로 시행되고 있으나 업무의 목적상 비효율적이거나 불합리하다고 판단되는 경우를 말한다.

(18) 관찰사항(Observation)

부적합이라고 심증은 가지만 객관적인 증거가 없는 경우, 현재 부적합은 아니나 부적합으로 진행될 우려가 있는 경우를 말한다.

(19) 이해 관계자

사업장 또는 조직의 안전보건활동과 성과에 의해 영향을 받거나 그 활동과 성과에 관련된 개인 또는 집단을 말한다.

(20) 시정조치

발견된 부적합사항 또는 관찰사항의 원인을 제거하여 재발을 방지하기 위한 조치를 말한다.

(21) 예방조치

잠재적인 부적합사항, 기타 바람직하지 않은 잠재적 상황의 원인을 제거하여 발생을 방지하기 위한 조치를 말한다.

(22) 문서

안전보건활동의 절차, 방법 등을 정한 매뉴얼, 절차서, 지침서, 표준, 기준 등의 문서를 말한다.

(23) 기록

달성된 결과를 명시하거나 활동의 증거를 제공하는 문서를 말한다.

1.3 경영체제 비교

산업과 관련하여 많은 인증시스템이 있다. 사업장이 자율적으로 인증요건에 맞게 실행한 경우에 관련 기관으로부터 인증을 부여받고 있는데, 식품과 관련해서는 병원성 미생물, 대장균, 화학적 항생제, 주사바늘, 쇠, 농약 등 위해 요소를 예방, 감소시킬 사전 예방적 식품

안전 관리체계를 갖춘 경우에 HACCP인증을 받는다. 또한 품질에서는 ISO 9001, 환경에서는 ISO14001 그리고 안전에서는 KOSHA 18001의 인증을 받는다. 결론적으로 일정 이상의 인증요건을 유지하면 국가로부터 위임받은 기관에서 해당 인증을 부여하고 정기적으로 감사를 수행하여 유지관리여부를 확인하여 항상 일정 이상을 유지하도록 하는 시스템이다. 물론 정기적인 확인에서 일정 요건을 충족하지 못하면 인증을 취소하도록 되어 있다.

Chapter 2

안전보건경영시스템 구축

2.1 구축방법

(가) 인증신청

사업장은 표 2-1을 참고하여 관할지역본부에 인증신청서를 작성하여 제출함으로써 인증신청이 개시된다. 관할지역 담당자로부터 필요한 서류와 향후 절차에 대해서 안내를 받고 사업장에서 필요한 서류를 준비하여 인증심사에 대비한다. 필요한 신청양식과 준비자료는 서식 2-1, 2와 같다.

[표 2-1] 실무업무 문의처

기관	심사종류	관할지역
서울지역본부	인증(실태,연장,사후)심사	서울, 강원
부산지역본부	인증(실태,연장,사후)심사	부산, 울산, 경남
광주지역본부	인증(실태,연장,사후)심사	광주, 전남, 전북, 제주
중부지역본부	인증(실태,연장,사후)심사	인천, 경기
대구지역본부	인증(실태,연장,사후)심사	대구, 경북
대전지역본부	인증(실태,연장,사후)심사	대전, 충남, 충북

(나) 계약

관할지역본부 담당자는 인증신청서접수 15일 이내로 계약서를 작석하도록 되어 있으므로 특별한 보완사항이 없는 경우는 다음 서식 2-3의 계약서를 작성한다. 이때 심사비용은 사업장의 규모에 따라서 차등이 있으므로 다음 표 2-2의 심사비용 산정기준을 근거하여 심사비용이 결정된다. 심사일자는 담당자와 사업장의 사정을 고려하여 상호간에 협의를 한다. 심사일수 결정의 주된 요인은 사업장의 규모를 참고하여 각 심사단계별로 필요인원을 산정하는데 4일 · 인의 경우 2인이 2일 심사를 하는 경우도 있고 하루에 4명이 심사에 참여하는 경우도 있다. 체인형태의 사업장이나 본사와 지사의 개념이 있는 경우는 일반 사업장의 경우와 차이가 있으므로 아래의 심사기준을 참고하여 결정하여야 한다. 계약서의 양식은 지역본부에서 사업장으로 송부하므로 사업장은 계약서가 사업장에 도착하면 심사비를 송금하면 된다.

[서식 2-1] 인증신청서

<table>
<tr><th colspan="4">안전보건경영시스템(KOSHA 18001) 인증 신청서</th></tr>
<tr><td>① 사업장명
(영 문)</td><td></td><td>② 산재관리번호
(사업개시번호)</td><td>(　　　　　　　　)</td></tr>
<tr><td>③ 대 표 자
(영 문)</td><td></td><td>④ 사업자등록번호</td><td></td></tr>
<tr><td>⑤ 소 재 지
(영 문)</td><td></td><td>⑥ 근 로 자 수</td><td></td></tr>
<tr><td>⑦ 전 화 번 호</td><td></td><td>⑧ 업종 및 업태</td><td></td></tr>
<tr><td>⑨ 담 당 자
(직책)</td><td>(　　　　　　　　)</td><td>⑩ 휴 대 폰
(이매일)</td><td>(　　　　　　　　)</td></tr>
<tr><td>⑪ 공동인증 희망</td><td>□ KOSHA 18001 인증</td><td colspan="2">□ OHSAS 18001 공동 인증(　　　)</td></tr>
<tr><td>⑫ 인증적용 범위</td><td>□ 사업장 전체</td><td colspan="2">□ 사업장 일부(　　　　　　　　)</td></tr>
<tr><td colspan="4">한국산업안전보건공단 「안전보건경영시스템(KOSHA 18001) 인증업무 처리규칙」 제4조에 따라 위와 같이 신청합니다.

년　　월　　일

신청인　　　　　　　(서명 또는 인)

한국산업안전보건공단 ○○○○장 귀하</td></tr>
</table>

첨 부 서 류	
서 류 명	비 고
1. 사업장 현황 조사표 1부	한국산업안전보건공단 「안전보건경영시스템(KOSHA 18001) 인증업무 처리규칙」 별지 1-1.1서식
2. 안전보건경영 조직도 1부	사업장 자체자료
3. 개인정보 수집 및 이용동의서 1부	한국산업안전보건공단 「안전보건경영시스템(KOSHA 18001) 인증업무 처리규칙」 별지 19호 서식

[서식 2-2] **사업장 현황 조사표**

■ 일반현황

<table>
<tr><td>사 업 장 명</td><td colspan="2"></td><td>위험성평가기법</td><td></td></tr>
<tr><td>사업장규모</td><td colspan="4">· 상시근로자 : 명 (교대작업 : □ 없음 □ 있음)
· 비정규근로자 : 명, · 협력업체 : 개사 (명)</td></tr>
<tr><td>사내협력업체 여부</td><td colspan="4">□ 모기업 명칭 :
□ 사내 협력업체수 : 개소 □ 사내 협력업체 근로자수 : 명</td></tr>
<tr><td>다른 인증여부</td><td colspan="4">□ ISO 9001, □ ISO 14001 , □ OHSAS 18001 ,
□ 기타 ( )</td></tr>
<tr><td>컨설팅 여부</td><td colspan="4">□ 없음 □ 있음 (컨설팅 기관:)</td></tr>
<tr><td>안전관리현황</td><td colspan="4">□ 선임 안전관리자(성명) : , 보건관리자(성명) :
□ 대행 안전대행기관 : , 보건대행기관 :</td></tr>
<tr><td rowspan="3">최근 3년간
재해 현황
(자체조사)</td><td>년</td><td colspan="2">년</td><td>년</td></tr>
<tr><td>재해자 수(사망자 수)</td><td colspan="2">재해자 수(사망자 수)</td><td>재해자 수(사망자 수)</td></tr>
<tr><td></td><td colspan="2"></td><td></td></tr>
<tr><td>산재원인과 대책</td><td colspan="4"></td></tr>
<tr><td>업무담당자</td><td colspan="4">· 부서명 : · 직책 : · 성명 : · TEL :
· 휴대폰 : · E-Mail : · (FAX) :</td></tr>
</table>

■ 주요공정 및 유해 · 위험성 (사업장 보유자료 대체 제출가능)

공 정 명	주 작업내용	유해 및 위험설비 (중 요 대 상)	잠재위험성 (협착 · 충돌 · 전도 · 감전 등)

※ 공정이 복잡한 경우는 주요 공정에 한하여 간략히 작성토록하며 필요시 별지 사용 가능

1) 최소 심사일수(실태심사 · 인증심사 · 사후심사 · 연장심사)

가. 심사비용은 대상사업장의 전체 근로자 수 또는 근로자를 파견한 현장 수별로 다음기준에 의하여 산정하되 상호 협의에 따라 조정할 수 있다.

○ 심사일수 기준(본사에 사무실을 두고 근로자를 파견하는 용역사업 제외)

[표 2-2] 안전보건경영시스템(KOSHA 18001) 심사비 산정기준 [단위 : 인 · 일]

구 분	실태심사	인증심사	사후심사	연장심사
50인 미만	2	2	1	2
50인~99인	2	3	2	3
100인~299인	3	4	3	4
300인~999인	3	5	4	5
1,000인~1,999인	4	6	5	6
2,000인~4,999인	5	8	6	7
5,000인~9,999인	6	10	7	8
10,000인~19,999인	7	12	8	9
20,000인 이상	8	14	9	10

○ 본사와 다수의 사업장을 보유하고 유사한 업무를 수행하는 서비스업종에 대한 심사일수 기준

– 본사의 경우

[단위 : 인 · 일]

본사 근로자수	실태심사	인증심사	사후심사	연장심사
50인 미만	2	2	1	2
50인~99인	2	2	2	2
100인~999인	3	3	3	3
1000인~1999인	4	4	4	4
2000인 이상	5	5	5	5

– 지점 등의 경우

[단위 : 인 · 일]

현장 근로자수	실태심사	인증심사	사후심사	연장심사
300인 미만	없음	1	1	1
300인 이상	없음	2	2	2

2) 심사비용 산정

가. 심사비용 = 심사비 × 심사일수 × 소요인원

나. 심사비 = 600,000원/일 · 인

※ 상시근로자 수 50인 미만 사업장, 위험성 평가 인정 사업장, 안전보건공생협력프로그램 참여사업장의 사내 협력업체, 공동인증기관으로부터 안전보건경영시스템을 인증받은 후 KOSHA 18001을 추진하는 사업장, 공정안전보고서 P등급 사업장은 실태심사 비용을 면제한다.

※ 안전보건 공생협력 프로그램 기술지도 A 등급 사업장과 A등급 사업장의 사내·외 협력업체는 다음연도 심사비를 1/2 감면할 수 있다.

[서식 2-3] **계약서**

1. 계약범위 : 안전보건경영시스템(KOSHA 18001)

   □ 실태심사 □ 인증심사 □ 사후심사 □ 연장심사

2. 인증범위 :
3. 심사일정 (예정) (년 월 일)
4. 계약 당사자

   o 신청자 :

   o 수행자 : 한국산업안전보건공단 이사장

   한국산업안전보건공단 ○○○○장

상기 합의에 따라 계약 당사자는 다음과 같이 계약을 체결한다.

제1조(계약대상 및 범위) 이 사업은 안전보건경영시스템(KOSHA 18001) 적용 당사자 간

의 합의 하에 수행토록 한다.

제2조(사업수행 절차) ① 이 사업의 절차는 수행자 인증절차에 따라 진행한다. 다만, 사업수행 과정에서 사업수행의 효율성을 도모하기 위하여 상호 합의 하에 수행절차를 변경 또는 병행할 수 있다.

② 수행자는 절차에 따른 인증 및 연장심사결과 적정 시에 인증서 및 인증패를 신청자에게 교부한다.(단, 인증패는 인증심사에 한함.)

③ 신청자는 제2항에 따른 인증서 및 인증패가 교부되는 경우 한국산업안전보건공단 「안전보건경영시스템(KOSHA 18001) 인증업무 처리규칙」에서 정하는 증표관리에 관한 내용을 성실히 준수한다.

제3조(심사비용) ① 신청자는 본 사업에 소요되는 심사비 (   )원을 (   )날부터 30일 이내에 수행자가 지정하는 은행계좌에 입금한다. 다만, 「공공기관 운영에 관한 법률」에 따른 공공기관의 경우에는 해당 기관의 장이 공문으로 납기연장 요청을 하는 경우 제17조(회의)에 따른 인증위원회 회의 이전까지 납부할 수 있다.

② 인증심사 중 반려되는 경우에는 수행자의 수수료 정산방법에 따른다.

※ 은행명 및 계좌번호 (예금주명) :   ○○은행   (원)

※ 심사비용 산출 내역 : [붙임 심사비 산출 내역 참조]

제4조(상호협조) 수행자는 사업기간 중 신청자의 요청이 있을 경우 사업내용에 대하여 신청자와 상호 협의하여야 하며, 신청자는 수행자의 사업수행에 필요한 자료, 관계서류 등의 제공에 필요한 각종 준비작업 등에 적극 협조하여야 한다.

제5조(기밀보장) 수행자는 본 사업과 관련하여 지득한 기밀사항이나 기술자료 등에 대하여 기밀을 유지하여야 하며, 기밀 누설 시에는 이에 대한 책임을 진다.

제6조(신의 성실) 계약 당사자는 신의를 가지고 본 계약서 내용을 성실히 이행한다.

제7조(심사일정 연장) 계약 당사자의 사정으로 안전보건경영시스템(KOSHA 18001) 인증업무 수행 기간 내에 이 사업수행에 어려운 사유가 발생할 때에는 계약 당사자의 상호 합의 하에 심사일정을 연장할 수 있다.

제8조(계약의 해지) 수행자는 다음 각 호의 어느 하나에 해당하는 경우 계약을 해지하거나 취소할 수 있다.

1. 신청서 첨부서류의 보완, 인증심사 과정에서 미비사항을 2회 이상 보완요구를 하였음에도 불구하고 신청인이 이를 이행하지 아니하여 정상적인 인증심사 진행이 불가능한 경우
2. 신청자가 신청의 반려 또는 합의해지를 희망하는 경우

3. 그 밖에 거짓 또는 부적절한 방법으로 인증을 받고자 하는 경우

제9조(계약의 해석기준 및 상호협의) 이 계약서에 명시되지 아니한 사항이 있거나 계약서 내용의 해석상 이의가 있을 시에는 한국산업안전보건공단「안전보건경영시스템(KOSHA 18001) 인증업무 처리규칙」에서 정하는 바에 따르며, 이 규칙에도 명시되지 아니한 사항은 상호 협의하여 결정한다.

이 계약서는 2통을 작성하여 계약 당사자가 원본을 각각 1통씩 보관한다.

20 년 월 일

신청자 : (인)

수행자 한국산업안전보건공단 ○○○○장 (인)

(다) 실태심사

실태심사는 인증심사에 앞서 실시하는 심사로서 준비심사라고 할 수 있다. 핵심사항으로는 인증요건에 맞게 매뉴얼, 절차서 및 지침서를 구비하였는지가 중요사항이라 할 수 있다. 또한 현장심사를 통하여 산업안전보건기준에 관한 규칙사항의 준수여부도 확인하기 때문에 사업장에서는 인증서류준비와 현장사항에 대하여 철저한 준비가 필요하다. 보통 실태심사는 인증신청서를 접수하고 3개월 정도 후에 실시가 되므로 대표자의 안전보건경영방침의 선포와 방침의 실행을 위한 계획수립의 적정성을 판단한다.

KOSHA 18001시스템의 인증요건에 무재해운동 실천여부를 확인하도록 되어 있으므로 관할 지역본부에 무재해운동 신청서를 제출하고 개시활동을 하고 있어야 한다.

심사원에 의한 실태심사 결과보고서의 결과에 따라 부적합 사항이나 관찰사항 발생하는 경우는 인증심사 전까지 완료하여야 한다. 주로 지적이 되는 사항으로는 사업장의 규모에 적합하지 않은, 즉 안전관리자가 근무하는 사업장의 문서를 참고하여 소규모 사업장에서 문서를 작성하는 경우에는 조직의 역량이 부족함이 발생하여 실행에 어려움이 예상되는 경우이다. 또 다른 문제점으로는 인증기준에서 정하고 있는 사항에 대한 문서상의 누락이 의외로 많이 발견되고 있다. 사고로 인한 생명의 위험을 예방하고자 하는 활동에서 사업장의 실정에 맞지 않은 매뉴얼을 준비하여 인증취득이 목표가 되면 재해예방에 효과가 미미할 것이다. 심사원들이 보는 관점은 실행 가능한 서류를 준비하고 그 사항을 기초로 하여 실

천을 하고 전 조직원이 안전을 목표로 시스템적으로 활동하는지를 심사한다. 인근 사업장의 서류를 참고하여 준비하는 경우에 타 사업장과 조직의 규모와 구성원의 능력이 차이가 발생하므로 자신의 사업장에 적합하게 서류를 정리할 필요가 있다. 실태심사가 종료되면 인증심사까지는 대략 3개월 정도 소요되므로 인증심사 전까지 지적사항에 대하여 보완하고 시스템의 마지막 단계인 경영자 검토까지 실행하고 인증심사를 대비한다. 인증심사의 준비는 실태심사에서 발견된 지적사항에 대하여 각 항목마다 완료를 하고 완료사항에 대하여 표로 작성하여 인증심사일에 제시를 하면 된다.

인증취득 여부는 '자발적으로 안전보건경영시스템의 운용능력이 있느냐'에 따라서 인증이 부여되므로 충분한 시스템의 이해가 필요하다. 시스템의 이해정도가 사원에서부터 대표자까지 전 조직원이 포함되므로 인증을 취득하기 위해서는 충분한 교육과 실행과정을 반복해야만 가능하므로 조급한 마음보다 시간적 여유를 갖고 준비하는 것이 바람직하다.

(라) 인증심사

마지막 단계의 인증심사에서는 실태심사에서 지적된 사항에 대한 완료여부와 실태심사에서 실행하지 못했던 사항에 대하여 인증기준의 적합여부를 판단하게 된다. 인증준비에 관하여 보통 두 가지 형태의 사업장이 존재하는데 하나는 실태심사에서 시스템의 전 과정을 실행하고 실태심사를 받는 경우와 다른 하나는 중간 단계까지만 실행하고 실태심사를 받고 인증심사에서 마지막 단계의 실행사항에 대하여 심사를 받는 경우이다. 이는 컨설턴트의 의견에 따라 차이가 발생하기도 한다. 실태심사에서 마지막단계 즉 경영자 검토까지의 실행을 심사받지 못했다면 인증심사에서 심사를 받으면 된다.

인증심사와 실태심사의 차이점은 인증심사에서는 전 조직원에 대한 면담심사가 있다는 점이다. 인증심사에 대비하여 충분한 교육이 필요한 이유이다. 모든 조직원의 안전의식 향상을 위하여 각종 표어와 포스터를 부착하기도 한다. 실태심사가 서류 위주의 심사였다면 인증심사는 실제 자발적 시스템 운영능력이 있는가를 심사하기 때문에 많은 준비가 필요하다. 인증심사에서 부적합사항이 발견되는 경우는 시정 기간을 정하여 서류확인 또는 방문하여 재심사를 실시한다. 인증심사의 결과는 심사결과 보고서를 심사원이 사업장에서 직접 담당자에게 배부를 한다. 인증심사에서 부적합 사항이 발견되지 않으면 심사결과 보고서를 공단 본부 인증위원회로 관련 서류를 첨부하여 심사원이 제출하면 모든 심사는 종료하게 된다.

(마) 인증위원회의 결정

인증위원회에서는 심사결과 보고서의 접수 20일 이내에 회의를 개최하여 인증 여부를 결정하게 된다. 이때 인증 여부의 결정 요건은 다음과 같다.

1. 인증기준요건에 적합한 경우
2. 인증 절차에 따라 인증심사 업무를 수행한 경우
3. 인증을 신청한 날을 기준으로 최근 1년간 안전보건에 관하여 사회적인 물의를 일으키지 아니한 경우

인증의 유효기간은 3년으로 하고 매년 사후심사를 받아야 한다. 인증이 결정된 경우에 결정일로부터 15일 이내에 인증서와 인증패를 공단 이사장이 인증사업장에 교부한다.

[서식 2-4] 인증서

인증번호 : 제　　호

안전보건경영시스템 인증서

〈인증기준 : KOSHA 18001 〉

인증사업장명 :
　　- 구분 :
소　재　지 :
유 효 기 간 :

한국산업안전보건공단은 위 사업장의 안전보건경영시스템이 KOSHA 18001 인증기준에 적합함을 인증합니다.

년　월　일

한국산업안전보건공단　　이 사 장

[서식 2-5] 안전보건경영시스템(KOSHA 18001) 인증패 형태

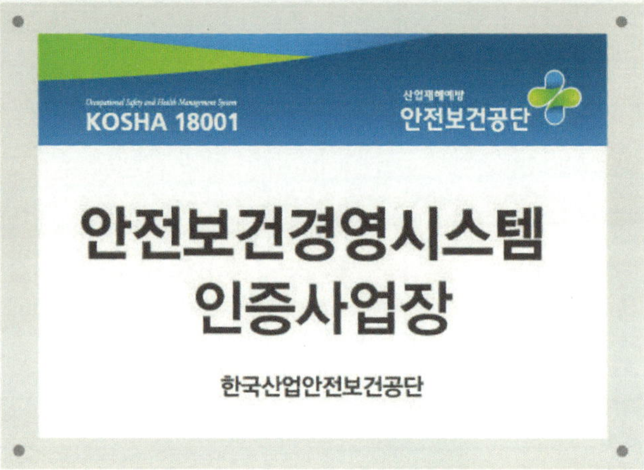

* 주) 공단 표시물 표준화 규정에 의함
- 테두리 크기는 가로 50(30)cm, 세로 38(23)cm, 두께 2cm
- 테두리 재질은 목재, 판 재질은 스테인리스 스틸, 알루미늄, 매탈, 동판 또는 이와 유사한 재질

(바) 사후심사

지역본부에서는 사후심사 대상사업장과 안전보건경영시스템 인증계약서에 따라 상호 합의하여 사후심사 계약을 맺어 인증사업장을 매 1년 단위로 사후심사를 수행한다. 또한 인증기준에 따라 사후심사를 실시한 후 제2-5서식의 안전보건경영시스템 심사결과서를 작성하여 해당 인증사업장에 송부하여야 하며, 부적합 사항이 발견되어 보완을 요하는 경우 제2-5호서식의 심사항목별 부적합 사항을 명기하여 해당 사업장에 문서로 보완을 요구하여야 하며, 이에 대한 보완완료 여부를 문서 또는 사업장 방문을 통하여 확인할 수 있다.

[서식 2-5]

안전보건경영시스템 심사결과서
〈 KOSHA 18001 〉

(○ ○ 심 사)

사업장명 :

○ 안전보건경영시스템(KOSHA 18001) 심사결과에 대하여 이의가 있을 경우 10일 이내에 우리 지역본부/지도원 전문기술위원실/산업안전팀에 이의를 제기할 수 있습니다. ○ 업무와 관련하여 금품, 향응수수 등 비위사실을 확인하신 경우 공단 감사실(☎052-245-8114, 인터넷 : www.kosha.or.kr/사이버감사실)로 신고하여 주시기 바랍니다. ○ 고객님께서 "매우 만족"하실 때까지 안전보건공단은 정성과 최선을 다하겠습니다.

산업재해예방
안전보건공단

1. 심사개요

<table>
<tr><td>심사종류</td><td colspan="3">☐ 실태심사 ☐ 인증심사 ☐ 사후심사
☐ 연장심사 ☐ 컨설팅지원</td></tr>
<tr><td>심사기준적용</td><td colspan="3">☐ 기준-A형(일반사업장용) ☐ 기준-B형(소규모사업장용)</td></tr>
<tr><td>신 청 일</td><td>2 . . .</td><td rowspan="3">심 사 원</td><td></td></tr>
<tr><td>심 사 일
(확인일)</td><td>2 . . .
( )</td><td></td></tr>
<tr><td>심사기관</td><td>KOSHA</td><td></td></tr>
<tr><td>심사결과</td><td colspan="3"></td></tr>
<tr><td rowspan="2">공동인증기관
(해당 시)</td><td rowspan="2"></td><td rowspan="2">담당자
(성명 직책)</td><td>E-mail:</td></tr>
<tr><td>휴대폰:</td></tr>
</table>

2. 일반현황

<table>
<tr><td>사업장명
(영 문)</td><td colspan="2"></td><td>대 표 자
(영 문)</td><td colspan="2"></td></tr>
<tr><td>인 증 범 위</td><td colspan="2"></td><td>전화번호
(FAX)</td><td colspan="2"></td></tr>
<tr><td>소 재 지
(영 문)</td><td colspan="5"></td></tr>
<tr><td rowspan="2">업 종
(주요생산품)</td><td colspan="2" rowspan="2"></td><td>산재관리번호
(개시번호)</td><td colspan="2">( )</td></tr>
<tr><td>근로자수</td><td colspan="2"></td></tr>
<tr><td rowspan="3">최근 3년간
재 해 현 황</td><td colspan="2">201_년</td><td colspan="2">201_년</td><td>201_년</td></tr>
<tr><td colspan="2">재해자수(사망자수)</td><td colspan="2">재해자수(사망자수)</td><td>재해자수(사망자수)</td></tr>
<tr><td colspan="2">-</td><td colspan="2">-</td><td>-</td></tr>
</table>

3. 심사 결과

A. 본 심사는 KOSHA 18001 인증절차에 따라 수행되었습니다.
B. 심사결과내용의 요약
 – 심사결과 : 중부적합 – 건, 경부적합 – 건이 발행됨.
C. 심사항목별 심사결과
 – 안전보건경영 체제 ☐ 적합 ☐ 부적합
 – 안전보건활동 ☐ 적합 ☐ 부적합
 – 안전보건경영 관계자 면담 ☐ 적합 ☐ 부적합
D. 심사결과 부적합사항이 있을 경우 시정결과가 인증기준에 적합하여야 인증심사가 진행됩니다.
 – 모든 부적합사항은 (–)개월 이내에 개선하시고 그 결과를 제출해야 함.
E. 시정조치 확인방법
 - ☐ 현장방문 확인 - ☐ 문서확인
F. 차후 ○○심사 예정일 : 2 년 월 일

4. 안전보건경영시스템(KOSHA 18001) 심사기준별 심사표

가. 안전보건경영 체제

심 사 항 목 \ 부 서 명		1	2	3	4	5	6	7
4.1	일반원칙							
4.2	안전보건 방침							
4.3.1	위험성평가							
4.3.2	법규 및 그 밖의 요구사항 검토							
4.3.3	목표							
4.3.4	안전보건활동 추진계획							
4.4.1	구조 및 책임							
4.4.2	교육, 훈련 및 자격							
4.4.3	의사소통 및 정보제공							
4.4.4	문서화							
4.4.5	문서관리							
4.4.6	운영관리							
4.4.7	비상시 대비 및 대응							
4.5.1	성과측정 및 모니터링							
4.5.2	시정조치 및 예방조치							
4.5.3	기록							
4.5.4	내부심사							
4.6	경영자 검토							

□ 부서별 수행 심사원

구 분	1	2	3	4	5	6	7
부서명							
심사원							

나. 안전보건활동

심 사 항 목 \ 부 서 명		1	2	3	4	5	6	7
1	작업장의 안전조치							
2	중량물 · 운반기계에 대한 안전조치							
3	개인보호구 지급 및 관리							
4	기계 · 기구에 대한 방호조치							
5	떨어짐 · 무너짐에 의한 위험방지							
6	안전검사 실시							
7	폭발 · 화재 및 위험물누출 예방활동							
8	전기재해 예방활동							
9	쾌적한 작업환경 유지활동							
10	근로자 건강장해 예방활동							
11	협력업체의 안전보건활동 지원							
12	안전 · 보건 관리자 역할과 활동							
13	산업안전보건위원회 운영							
14	산업재해조사 활동							
15	무재해운동의 자율적 추진 및 운영							

다. 안전보건경영 관계자 면담〈실태심사 시 제외〉

심 사 항 목 \ 부 서 명		1	2	3	4	5	6	7
1	경영층이 알아야 할 사항							
2	중급관리자가 알아야 할 사항							
3	현장관리자가 알아야 할 사항							
4	현장작업자가 알아야 할 사항							
5	안전 · 보건관리자가 알아야 할 사항							
6	협력업체 관계자 알아야 할 사항							

※ 부서별 면담자(직 · 성명)

구 분	1	2	3	4	5	6	7
면담자 (직 책)							

5. 심사결과 총평

ㅇ 아래와 같은 내용으로 작성해주세요.
- 연혁, 안전보건방침
- 생산공정, 주요 설비
- 최근 3년간 재해원인 및 대책과 실시의 적정성
- 산업안전보건법 준수 여부
- 안전보건 관련 조직(선임 또는 대행 여부)
- 사내 협력사 현황(주요업무, 회사명, 근로자수, KOSHA 18001 인증 여부) 및 지원 실적(사례)
- 우수한 안전보건활동(사례), 개선이 필요한 주요 지적사항

ㅇ 무재해운동 개시 보고 및 재정지원 등 공단 지원사업 안내(담당자 연락처), 샘플링 심사의 한계, 감사 인사, 대표의 강한 의지를 바탕으로 전 직원의 참여 속에 지속적 개선이 필요하다는 점을 기술

6. 부적합사항 세부내용

(1 / 1)

심사부서		심사원		심사일자	
심사항목	부 적 합 사 항				비 고 중/경부적합

○ 사업장 관계자 확인 : 성명 (인)

7. 권고 또는 관찰 사항

※ 다음의 '관찰'사항 등을 반드시 검토 및 자체개선하시고 그 결과를 최고경영자에게 승인 받으시기 바랍니다. 아울러, '관찰'사항이 차기 심사 시에도 발견될 경우에는 '부적합'으로 진행될 수 있음을 알려 드립니다.

(1 / ○)

심사부서		심사원		심사일자	
심사항목	권고 또는 관찰 사항				권고/관찰

【 교육 및 자체점검 실시 등 안내사항 】

(1 / 1)

안내항목	안 내 사 항	비고
4.4.6 운영관리	※ 다음사항에 대한 산재발생요인을 지속적으로 자체점검 및 개선하시고, 근로자에게는 교육 등 안내를 하여 재해요인 제거 및 안전의식 고취로 무재해 사업장을 만들어주시기 바랍니다. ㅇ 특별안전보건교육 누락여부 및 근로자 정기교육 시 법정교육내용을 포함하고 주기적인 위험성 평가내용 및 개선조치 교육 실시 여부 ㅇ 특수건강진단 수검자의 누락 없는 실시 및 관련자료 유지 ㅇ 화학물질 취급장소에 GHS-MSDS 자료 비치 및 교육 ㅇ 유해화학물질 취급 시 작업안전수칙 준수 철저 ㅇ 크레인 작업 시 줄걸이 손상여부, 훅 해지장치 탈락 확인 등 운반 기계기구의 이상유무 점검 철저 ㅇ 화재, 폭발, 누출, 밀폐공간 등 산업재해에 대한 비상대응 시나리오의 적정성 및 교육훈련 실시 ㅇ 유해위험작업에 대한 작업안전 허가절차의 운영 철저 ㅇ 협력업체에 대한 안전관리 적극 지원 ㅇ 2013. 3. 1부터는 컨베이어, 연삭기, 드릴기 등의 기계기구는 자율안전 신고필 제품으로 구매 ㅇ 크레인 사용 시 낙하물에 충돌재해 주의 바람 ㅇ 떨어짐위험이 있는 곳에서 작업 시에는 안전대 착용 등 안전조치 후 작업 실시 ㅇ 지급된 마스크, 보안경 등 보호구를 착용 후 작업토록 관리감독 철저 ㅇ 전기기구 사용 시 사용 전 누전여부 절연저항 측정 후 사용 등 ㅇ 『대형사고 예방 6대 중점점검 항목』을 자체점검하고 전 직원에게 『대형사고 예방 대응방안』 등에 대한 전달교육 실시(관련자료 별도제시)	자체점검 및 교육 실시 (대형사고 예방 6대 중점점검 항목 등 안전보건 자료제공)
자료 검색 사이트 안내	ㅇ 안전보건공단 : http://www.kosha.or.kr/board.do?menuId=4660 ㅇ 고용노동부(법규검색) : http://www.moel.go.kr/view.SSP?cate=3&sec=1 ㅇ 위험성 평가 지원시스템 : http://kras.kosha.or.kr/ ㅇ 안전보건경영시스템 카페 : http://cafe.daum.net/oshas18001	링크하여 활용하시기 바람

(사) 연장심사

사업장은 최초 인증심사일로부터 3년마다 연장심사를 받아야하며, 인증사업장은 연장의 필요성이 있는 경우 연장신청서를 유효기간 만료 3개월 전까지 신청하여야 한다. 연장계약은 최초 인증과 동일하게 안전보건경영시스템 인증 계약서를 상호 합의하여 작성하고 연장심사를 실시한다. 연장심사를 실시하는 경우 해당년도의 사후심사는 받은 것으로 본다. 심사결과 보고서는 적합·부적합 여부를 결정하여 적합인 경우 인증서를 재발급하거나 부적합인 경우는 연장불가 사유를 해당 인증사업장에 문서로 통보한다. 또한 공단은 부적합 사항이 발생된 항목에 대하여 신청인에게 문서로 보완을 요구하여야 하며 이에 대한 개선조치 여부를 문서 또는 사업장 방문을 통하여 확인할 수 있다

(아) 인증의 취소

공단은 인증사업장에서 다음 각 호의 어느 하나에 해당하는 사항이 발견되는 경우에는 인증위원회의 결정에 따라 인증을 취소할 수 있다. 다만, 제9호의 경우 인증위원회의 결정을 생략할 수 있다

1. 거짓 또는 부정한 방법으로 인증을 받은 경우
2. 정당한 사유 없이 사후심사 또는 연장심사를 거부하는 경우
3. 공단으로부터 인증취소 사유에 대하여 2회 이상 시정 요구 등을 받고 정당한 사유 없이 시정을 하지 아니하는 경우
4. 인증기준에 위배되는 사실이 발견된 경우
5. 안전보건 조치를 소홀히 하여 사회적 물의를 일으킨 경우
6. 인증 이후 사후관리기간 동안 3년 연속 동종업종 평균 재해율 이상이고 재해율이 지속적으로 증가하는 경우.
7. 다음 각 목에 해당하는 경우로서 인증위원회 위원장이 인증 취소가 필요하다고 판단하는 경우
   가. 인증사업장에서 안전보건조직을 현저히 약화시키는 경우
   나. 인증사업장이 재해예방을 위한 제도개선이 지속적으로 이루어지지 않는 경우
   다. 경영층의 안전보건경영 의지가 현저히 낮은 경우
   라. 그 밖에 안전보건경영시스템의 인증을 형식적으로 유지하고자 하는 경우
8. 사내 협력업체로서 모기업과 재계약을 하지 못하여 현장이 소멸되거나 인증범위를 벗어난 경우
9. 사업장에서 자진취소를 요청하는 경우

Chapter

3

인 증 취 득 효 과

인증취득효과로는 우선 모든 조직원의 안전의식 향상을 높일 수 있다는 효과가 가장 크다고 할 수 있다. 안전관리를 잘 하고자 하나 어떻게 하여야 하는지를 모를 때 그 방법을 제시하는 경우에는 효과가 크다고 할 수 있다. 대표자의 경우에도 모든 직원에게 매일 조심해서 작업을 하라고만 할 수 없는 까닭에 그 해답이 자율안전보건경영시스템이 될 수 있다. 현재 가장 우수한 안전관리 시스템으로 인정받고 있는 KOSHA 18001을 도입한다는 자체가 앞서가고 있는 사업장임을 천명하는 것이다. 첫 번째로 구성된 중요요소가 안전보건에 대한 경영자의 의지를 반영한 경영방침을 수립하여 사업장 자율안전보건시스템을 추진하는 것이다. 이를 바탕으로 근로자 참여를 통한 원활한 의사소통으로 안정적이고 지속적인 안전관리가 실현이 가능하다. 또한 과학적인 위험성 평가기법의 도입으로 체계적인 위험관리체계가 구축되고 실행이 가능하다. 이로 인하여 재해와 작업손실의 감소로 재해보상액이 감소되고, 생산성 및 품질향상, 근로자 복지개선에 기여할 수 있다. 최상위의 안전관리를 실현하여 내 · 외부 고객의 신뢰성 제고를 통한 손실감소 효과의 극대화 및 급변하는 경영환경 변화에 대한 신속한 대응이 가능하다.

Chapter

4 인 증 실 무

개 요

사업장이 추구하는 목적달성을 위한 시스템을 구축하기 위해서는 그 시스템의 각 요소별로 유기적으로 활동하기 위한 기준을 제시하여야 한다. 그러므로 이 장에서는 인증기준에서 요구하는 사항에 대한 항목을 제시하고 그에 따른 실행서류를 작성하는데 참고하도록 하고, 심사과정에서 발견되는 부적합사항, 관찰 및 권고사항을 제시하여 KOSHA 18001시스템을 이해하고 활용하는데 도움을 제공하고자 한다. 참고로 현재 사업장에서 사용되고 있는 시스템과 관련한 매뉴얼과 절차서 및 지침서를 참고하여 각 인증기준별로 제시하고자 한다.

4.1 일반원칙

(1) 인증기준

일반원칙에 대하여 인증기준에서 제시하는 내용은 다음과 같다.

- ○ 안전보건경영시스템을 인증받고자 하는 조직은 시스템 상의 구성요소에 대하여 이 기준에서 요구하거나 사업장에서 필요한 사항에 대하여 구체적인 운영절차를 수립하여야 한다.
- ○ 이 기준의 모든 요소는 안전보건경영시스템에 적용되는 것이 원칙이나 업종의 종류, 조직의 규모 및 경영여건, 보유설비 및 물질의 특성에 따라 각 요소의 범위와 방법을 조정하여 적용할 수 있다.
- ○ 조직은 안전보건경영시스템을 안전보건방침, 계획수립, 실행 및 운영, 점검 및 시정조치, 경영자 검토 및 시스템개선 등의 P-D-C-A 순환과정을 통하여 안전보건활동의 지속적인 개선이 이루어지도록 하여야 한다.

(2) 해석

시스템의 목적을 달성하기 위한 기본적인 사항을 제시하는 부분으로 시스템의 제정방법과 관리 그리고 배포 등에 관한 사항을 나타내고 있다. 중요한 점은 사업장의 규모와 업종에 따라 시스템의 제정과 실행을 하여야 한다. 즉 전체적인 인증기준을 모두 적용하여 실행하여야 하는 사항이 아니고 해당되는 기준 정도만 준수하여도 가능하다는 점이다.

(3) 부적합, 관찰 및 권고사항

일반원칙에 대해서 심사 시에 특별한 지적사항이 발견되지 않고 있으며 전반적으로 각 사업장에서 문서의 규정과 내용을 인증기준에 따라서 양호하게 작성하고 있다.

(4) 매뉴얼 제정

일반원칙에 대한 기준의 제정은 인증기준을 참고하여 하나의 문서로 작성한다. 다음은 일반원칙에 대한 참고용 매뉴얼이다.

<table>
<tr><td rowspan="4">○○(주)</td><td rowspan="2">안전보건경영 매뉴얼</td><td>문 서 번 호</td><td>KR-M-01</td></tr>
<tr><td>개(제) 정 일</td><td>2018.01.01</td></tr>
<tr><td rowspan="2">4.1 일반원칙</td><td>개 정 번 호</td><td></td></tr>
<tr><td>페 이 지</td><td>of</td></tr>
</table>

1. 목 적

본 문서는 (주)○ ○ ○ ○(이하 '회사'라 한다)의 안전보건경영시스템을 도입하여 운용하기 위한 기본적인 사항을 제시하여 효과적인 시스템을 제정함으로써 산업재해를 예방하고자 한다.

2. 적용 범위

본 일반원칙은 사업장 내의 시스템을 운용하기 위한 조직에 적용한다.

3. 적용 기준

3.1 산업안전보건경영시스템 인증업무 처리 규칙에서 정하는 사항을 기본으로 한다.

3.2 안전보건경영시스템을 위한 구체적인 사항은 매뉴얼을 기본으로 절차서, 지침서를 제정하고 실행한다.

4. 용어의 정의

KOSHA 18001의 기준에서 정하는 용어에 따른다.

5. 작성 및 관리

5.1 작성 · 검토 및 승인

1) 문서는 문서관리 절차서에 따라서 실행한다.

2) 문서의 구성 시스템은 계획(P) – 운영(D) – 평가(C) – 개선(A)업무 체계를 유지한다.

5.2 문서의 작성기준

1) 안전보건경영시스템을 인증받고자 하는 조직은 시스템 상의 구성요소에 대하여 KOSHA 18001에서 요구하거나 사업장에서 필요한 사항에 대하여 구체적인 운영절차를 수립한다.

2) 이 기준의 모든 요소는 안전보건경영시스템에 적용되는 것이 원칙이나 회사의 특성에 따라 적용한다.

3) 회사는 안전보건경영시스템을 안전보건방침, 계획수립, 실행 및 운영, 점검 및 시정조치, 경영자 검토 및 시스템 개선 등의 P-D-C-A 순환과정을 통하여 안전보건활동의 지속적인 개선이 이루어지도록 한다.

6. 유효성평가

문서의 유효성 평가는 1년 1회를 원칙으로 하며 경영자 검토의 항목에 유효성 평가를 반영하여 검토한다.

7. 관련문서

7.1 KOSHA 18001 : 2017년 안전보건경영시스템

7.2 표준문서화 관리(KR - P - 05)

7.3 문서관리 절차서(KR - P - 06)

7.4 기록관리 절차서(KR - P - 10)

4.2 안전보건 방침

경영자의 안전보건에 관한 철학을 담아 공표하는 사항이므로 간략하고 강렬한 내용이 되도록 하여야 한다.

(1) 인증기준

안전보건 방침에 대하여 인증기준에서 제시하는 내용은 다음과 같다.

○ 사업장의 최고경영자는 조직에 적합한 안전보건방침을 정하여야 하며, 이 방침에는 최고경영자의 정책과 목표, 성과개선에 대한 의지가 분명히 제시되고 모든 조직 구성원에게 공표되어야 한다.

○ 안전보건방침은 다음사항을 만족하여야 한다.
1. 조직의 안전보건 위험의 특성과 조직의 규모에 적합
2. 조직의 모든 근로자의 안전보건을 확보하기 위한 지속적인 개선 및 실행 의지 포함
3. 법적 요구사항 준수의지 포함
4. 경영자의 안전보건 경영철학과 근로자의 참여

○ 안전보건방침은 간결하게 문서화 하고 최고경영자의 서명과 시행일을 명기하여 조직의 모든 구성원 및 이해 관계자가 쉽게 접할 수 있도록 공개되어야 한다.

○ 최고경영자는 안전보건방침이 조직에 적합한지를 정기적으로 검토하여야 한다.

(2) 해석

안전보건 방침은 최고경영자의 안전보건에 관한 철학을 제시하는 부분으로 방침을 제정할 경우 회사의 여건과 현재의 안전관리 수준의 파악 등 여러 요소를 고려하여 방침을 정하여야 한다. 소규모 사업장의 경우, 방침의 내용과 회사의 여건이 불일치하는 경우가 발생하기도 한다. 경영자의 방침이 너무 많은 내용을 포함하여 근로자에게 전달의 어려움이 발생하기도 한다. 방침에 대한 조직원에게 공표의 방법을 정하여야 하고, 최고경영자의 서명과 시행일을 반드시 명기하여야 한다. 문서에는 안전보건방침에 대한 정기적인 검토의 주기를 명기하여야 한다.

(3) 부적합, 관찰 및 권고사항

안전보건방침에 대해서 심사시의 지적사항으로는 다음과 같다.

- 문서에 최고경영자의 서명이 누락
- 문서의 작성에서 서명일이 누락
- 최고경영자의 변경에 대하여 수정하지 않고 그대로 사용
- 방침의 정기적인 검토항목 누락
- 방침의 내용이 너무 복잡하고 방대하여 조직원의 이해 불가
- 인증기준에서 제시하는 내용의 누락
- 방침을 공개된 장소에 비치하여야 하나 사무실에만 부착된 경우
- 시행일이 오래된 방침을 사용(정기적인 변화가 필요)

(4) 매뉴얼 제정

안전보건방침에 대한 기준의 제정은 인증기준을 참고하여 하나의 문서로 작성한다. 다음은 안전보건방침에 대한 참고문서이다.

<table>
<tr><td rowspan="4">○○(주)</td><td rowspan="2">안전보건경영 매뉴얼</td><td>문 서 번 호</td><td>KR-M-02</td></tr>
<tr><td>개(제) 정 일</td><td>2018.01.01</td></tr>
<tr><td rowspan="2">4.2 안전보건 방침</td><td>개 정 번 호</td><td></td></tr>
<tr><td>페 이 지</td><td>of</td></tr>
</table>

1. 목 적

본 문서는 ㈜○○○○(이하 '회사'라 한다)의 최고경영자가 안전보건경영시스템 운영을 통하여 산업재해를 예방하기 위한 기본방침을 정하기 위한 사항으로 최고경영자의 경영방침의 설정과 방법에 대하여 규정함을 목적으로 한다.

2. 적용 범위

본 문서는 안전보건경영시스템을 지속적으로 유지하고 개선하기 위한 모든 조직원에게 적용한다.

3. 책임

3.1 대표이사

인증시스템을 도입하기 위한 시기에 최고경영자의 철학이 담긴 안전보건경영 방침을 설정하고 성과측정 결과에 따라 경영자검토를 통하여 안전보건경영 방침의 효율성 및 신뢰성 유무를 년 1회 이상 검토하여 필요시 개정

3.2 안전보건팀장

1) 안전보건경영방침을 실행하기 위한 문서관리 및 실행 사항 추진

2) 방침의 효과성을 판단하기 위한 최고경영자의 업무 보조

4. 방침의 제정절차 및 실행

4.1 안전보건경영방침은 다음 기준에 따라 작성한다.

1) 조직의 안전보건 위험의 특성과 조직의 규모에 적합

2) 조직의 모든 근로자의 안전보건을 확보하기 위한 지속적인 개선 및 실행의지 포함

3) 법적 요구사항 준수의지 포함

4) 경영자의 안전보건 경영철학과 근로자의 참여

4.2 조직에 적합한 안전보건방침을 정하여야 하며, 이 방침에는 최고경영자의 정책과

목표, 성과개선에 대한 의지가 분명히 제시되고 모든 조직 구성원에게 공표되어야 한다.

4.3 안전보건 방침은 간결하게 문서화하고 최고경영자의 서명과 시행일을 명기하여 조직원 및 이해관계자가 접근하기 쉬운 장소에 공개한다.

4.4 안전보건경영방침의 개정은 다음의 경우에 따라 시행한다.

1) 안전보건과 관련하여 법류의 제정 또는 개정이 발생한 경우
2) 외부환경에 의한 경영방침의 변화가 필요한 경우
3) 시스템의 효과적인 운용을 위하여 필요하다고 고려되는 경우

4.5 다음과 같은 방법으로 안전보건팀장은 모든 조직원 및 이해 관계자가 숙지할 수 있도록 홍보한다.

1) 알림게시판 부착
2) 각 부서에 공문을 사용하는 방법
3) 조직원이 접근하기 쉬운 장소에 부착하는 방법
4) 시스템문서에 삽입하는 방법

4.6 각 부서팀장은 목표를 수립하는 경우 추진계획에 안전보건경영방침을 교육할 수 있도록 계획을 수립한다.

5. 관련문서

5.1 안전보건경영방침 (첨부 1)

(첨부 1) 안전보건경영방침

◈ 안전보건 경영방침

(주)○○○○은 기업활동을 수행함에 있어서 인간존중정신을 통해 사회적 책임을 다하고 안전보건 경영이념을 실현하고자 안전보건활동을 최우선으로 실천하며, 무재해 달성을 통한 안전하고 건강한 일터를 만들기 위해 다음과 같이 방침을 설정한다.

1. 안전보건관리를 경영의 최우선으로 한다.
2. 안전보건에 관한 법규 및 규정을 철저히 준수한다.
3. 모든 조직원은 안전보건활동에 참가하여야 한다.
4. PDCA를 일상화하여 산업재해를 예방한다.

안전보건경영방침을 전 근로자들과 이해관계자들에게 공표하며, 구체적인 실천 사항이 포함되는 추진계획을 수립, 실행하여 방침과 목표를 달성하기 위해 전 조직원은 안전보건경영시스템을 성실히 수행하여야 한다.

2018.00.00

주식회사 ○○○○ 대표이사 ○ ○ ○ 서명

4.3 계획수립

사업장 또는 조직의 안전보건경영체제를 인증받기 위한 사전적 과정으로서 위험성 평가를 제시하고 적용법규 등을 검토하여 법적요구 이상의 안전보건활동을 할 수 있도록 목표 및 안전보건활동 추진계획을 수립하여야 한다.

4.3.1 위험성평가

(1) 인증기준

위험성 평가에 대한 인증기준은 다음과 같다.

○ 사업장은 보유・사용하고 있는 위험기계・기구 등 산업기계, 유해・위험물질 및 유해・위험 공정에 대한 위험성 평가를 실시할 책임이 있다.
○ 사업장은 사업장의 특성・규모・공정특성을 고려하여 적절한 위험성 평가 기법을 활용하여 절차에 따라 실시하여야 한다.
○ 위험성 평가 대상에는 모든 근로자(공사업체, 협력업체, 방문객 포함)에게 안전보건상 영향을 주는 다음 사항을 포함하여야 한다.
1. 조직 내부 또는 외부에서 작업장에 제공되는 유해위험 시설
2. 작업장에서 보유 또는 취급하고 있는 모든 유해위험물질
3. 일상적인 작업(협력업체 포함) 및 비일상적인 작업(수리 또는 정비 등)
4. 발생할 수 있는 비상조치 작업
○ 위험성 평가 시 안전보건 상 영향을 최소화 하기 위해 가능한 다음 사항을 고려할 수 있다.
1. 교대작업, 야간근로, 장시간 근로 등 열악한 근로조건에 대한 근로자의 건강증진 방안
2. 일시고용, 고령자 등 취약 계층 근로자의 안전보건 측면
3. 교통사고, 체육활동 등 행사 중 재해와 사고

○ 위험성 평가는 사후적이 아닌 사전적으로 실시해야 하며, 주기적으로 재평가 하고 그 결과를 문서화하여 유지하여야 한다.
○ 사업장은 위험성 평가 결과, 위험을 제거 또는 감소시키기 위한 조치계획을 안전보건활동 추진계획에 포함하여 실시하고 모니터링하여야 한다.
○ 위험성 평가 조치계획은 다음과 같은 단계에 따라 수립되어야 한다.
1. 유해위험 요인의 제거
2. 유해위험 요인의 대체
3. 연동장치, 환기장치 설치 등 공학적 대책
4. 안전보건표지, 유해위험에 대한 경고, 작업절차서 정비 등 관리적 대책
5. 개인 보호구의 사용
○ 위험성 평가는 사업장 위험성 평가에 관한 지침(고용노동부 고시)에 따라 수행할 수 있다.

(2) 해석

위험성 평가의 실시에 관한 사항에 대하여 작성하는 문서로써 위험성 평가의 대상, 시기, 방법 및 대책에 관한 사항을 작성하는 문서로서 인증기준에서 요구하는 사항을 반드시 포함하여 작성하여야 한다. 위험성 평가의 방법에 관해서는 노동부 고시에서 정하는 방법을 따라 수행할 수 있으며, 조직의 규모와 능력에 맞춰 수행 가능한 방법을 정하여 실행한다. 산업재해를 예방하기 위한 중요한 계획 및 실행단계로서 전 조직원의 참여와 개선의지가 반영 되어야 한다.

위험성 평가에 관한 문서에서의 주된 문제점으로는 처음부터 위험성 평가의 대상을 누락시키는 경우, 정기적인 평가에서 기존 위험설비에 대한 평가를 누락시키는 경우, 평가 후 개선 절차에 대한 문서의 누락 및 개선 담당자가 누락된 문서의 제정 등이 있다. 매뉴얼과 절차서에는 실행단계의 과정이 순차적으로 진행될 수 있도록 세심하게 작성되어야 한다. 타 사업장을 참고하여 문서를 작성하는 경우, 위험성 평가 방법을 전혀 우리 사업장에서 적용할 수 없는 평가방법을 제정하고 운영하는 경우가 발생하기도 하는데, 예를 들면 단순기계를 사용하여 작업하는 작업장에 화학공장에서나 사용하는 HAZOP방법을 작성하는 경우와 또는 그 반대의 경우이다.

(3) 부적합, 관찰 및 권고사항

위험성 평가에 대해서 심사 시의 지적 사항으로는 다음과 같다.
- 위험성 평가 대상물의 누락
- 위험성 평가 계획의 미 수립

- 위험성 평가자의 자격관리 미흡
- 평가결과의 교육 미실시
- 개선조치 미확인
- 위험성 빈도와 강도의 적용 불일치
- 동일 사건에 대한 강도의 변화
- 문서에서 조치계획 미 표기
- 평가 팀원의 전문가 부족
- 빈도의 적용이 불분명 함
- 강도의 적용을 너무 약하게 적용(감전의 경우 부상으로 적용)
- 비 일상작업에 대한 평가 누락
- 위험성 평가서, 실행 계획서 등 양식을 정하지 않고 사용
- 관련 부서에 평가 계획을 통보하지 않고 평가 실시(문서화 필요)
- 개선후의 위험도 미기재
- 아차사고에 대한 위험성 평가 미실시

(4) 매뉴얼 제정

위험성 평가에 대한 기준의 제정은 인증기준을 참고하여 하나의 문서로 작성한다. 다음은 위험성 평가에 대한 참고문서이다.

(5) 절차서 제정

위험성 평가 절차서는 매뉴얼의 보완문서로서 위험성 평가를 실행하기 위한 기본적인 사항을 작성하는 문서로서 각 단계별로 진행과정을 상세하게 기록하여야 한다. 매뉴얼과 절차서를 보면 기본적인 엔지니어는 위험성 평가를 실시할 수 있을 정도로 쉽고 간략하면서 체계적이어야 한다. 절차서는 인증기준을 참고하여 기준의 누락이 없도록 하여야 하며 관련 양식을 제정하여 사용하여야 한다. 양식은 복잡하지 않고 단순하게 하여 근로자가 사용하는데 어려움이 없도록 하여야 한다. 위험성 평가 방법의 선택은 조직의 여건에 맞게 작성하여야 한다. 단순하면서 조직의 특성을 정확하게 파악하여 여러 가지 방법 중에서 선택하여야 한다.

다음은 매뉴얼 다음 페이지에 인증기준을 참고하여 절차서를 작성하였다.

<table>
<tr><td rowspan="4">○○(주)</td><td rowspan="2">안전보건경영 매뉴얼</td><td>문 서 번 호</td><td>KR-M-03</td></tr>
<tr><td>개(제) 정 일</td><td>2018.01.01</td></tr>
<tr><td rowspan="2">4.3.1 위험성 평가</td><td>개 정 번 호</td><td></td></tr>
<tr><td>페 이 지</td><td>of</td></tr>
</table>

1. 목적

본 장은 (주)○ ○(이하 '회사'라 한다)의 산업재해를 예방하기 위하여 위험성 평가를 실시하는 사항에 대하여 기본규정을 제정함을 목적으로 한다.

2. 적용범위

본 장은 회사의 안전사고를 예방하기 위한 다음과 같은 조직과 작업장소의 시설 및 공정에 적용한다.

2.1 조직 내부 또는 외부에서 작업장에 제공되는 유해위험시설

2.2 작업장에서 보유 또는 취급하고 있는 모든 유해위험물질

2.3 일상적인 작업(협력업체 포함) 및 비일상적인 작업(수리 또는 정비 등)

2.4. 발생할 수 있는 비상조치 작업

3. 책임

3.1 대표이사는 모든 위험성 평가와 관련하여 총괄승인 책임이 있다.

3.2 안전보건팀장은 위험성 평가를 실시하기 위한 계획을 수립한다.

3.3 안전보건팀장은 위험성 평가의 실시를 위한 사항을 총괄한다.

4. 위험성 평가

4.1 위험성 평가는 대표이사가 총괄하며 안전보건팀장, 각 부서장, 조직원이 참여하여 실시한다.

4.2 사업장은 보유 · 사용하고 있는 위험기계 · 기구 등 산업기계, 유해위험물질 및 유해 · 위험공정에 대한 위험성 평가를 실시한다.

4.3 사업장은 사업장의 특성 · 규모 · 공정특성을 고려하여 적절한 위험성 평가 기법을 활용하여 절차를 작성하고 실시한다.

4.4 위험성 평가 대상에는 모든 근로자(공사업체, 협력업체, 방문객 포함)에게 안전보건 상 영향을 주는 사항을 포함한다.

4.5 위험성 평가 결과에 따라 위험도가 높은 사항은 '위험성 감소 실행계획서(KR-P-01-02)(양식2)를 통하여 등록하고 실행한다.

4.6 위험성 평가 시 안전보건 상 영향을 최소화하기 위해 가능한 다음 사항을 고려한다.

1) 교대작업, 야간근로, 장시간 근로 등 열악한 근로조건에 대한 근로자의 건강증진 방안
2) 일시고용, 고령자 등 취약 계층 근로자의 안전보건 측면
3) 교통사고, 체육활동 등 행사 중 재해와 사고

4.7 위험성 평가는 사후적이 아닌 사전적으로 실시해야 하며, 주기적으로 재평가하고 그 결과를 문서화하여 유지한다.

4.8 안전보건팀장은 위험성 평가 결과, 위험을 제거 또는 감소시키기 위한 조치계획을 안전보건활동 추진계획에 포함하여 실시하고 모니터링한다.

4.9 위험성 평가는 사업장 위험성 평가에 관한 지침(고용노동부 고시)에 따라 수행할 수 있다.

5. 위험성 평가 감소대책

위험성 평가 조치계획은 다음과 같은 단계에 따라 수립되어야 한다.

1) 유해위험요인의 제거
2) 유해위험요인의 대체
3) 연동장치, 환기장치 설치 등 공학적 대책
4) 안전보건표지, 유해위험에 대한 경고, 작업절차서 정비 등 관리적 대책
5) 개인 보호구의 사용

6. 문서 및 기록의 관리

위험성 평가 관련 모든 문서 및 기록은 표준문서화 관리 절차서(KR-P-05), 문서관리 절차서(KR-P-06) 및 기록관리 절차서(KR-P-10)에 따른다.

7. 관련 문서

7.1 위험성 평가 절차서(KR-P-01)
7.2 표준문서화 관리 절차서(KR-P-05)
7.3 문서관리 절차서(KR-P-06)
7.4 기록관리 절차서(KR-P-10)

<table>
<tr><td rowspan="4">○○(주)</td><td rowspan="2">안전보건경영 절차서</td><td>문 서 번 호</td><td>KR-P-01</td></tr>
<tr><td>개(제) 정 일</td><td>2018.01.01</td></tr>
<tr><td rowspan="2">제1장 위험성 평가</td><td>개 정 번 호</td><td></td></tr>
<tr><td>페 이 지</td><td>of</td></tr>
</table>

1. 목적

본 절차서는 (주) ○○○○(이하 '회사'이라 한다)의 위험성 평가를 위한 절차를 규정하는 것으로서 위험요인의 파악과 위험도를 추정하여 개선하는 과정을 통하여 산업재해를 예방하고자 한다.

2. 적용범위

회사의 작업과 관련하여 조직원과 이해 관계자를 포함하는 모든 제반시설을 포함한다.

3. 용어의 정의

3.1 "위험성 평가"란 유해·위험요인을 파악하고 해당 유해·위험요인에 의한 부상 또는 질병의 발생 가능성(빈도)과 중대성(강도)을 추정·결정하고 감소대책을 수립하여 실행하는 일련의 과정을 말한다.

3.2 "유해·위험요인"이란 유해·위험을 일으킬 잠재적 가능성이 있는 것의 고유한 특징이나 속성을 말한다.

3.3 "유해·위험요인 파악"이란 유해요인과 위험요인을 찾아내는 과정을 말한다.

3.4 "위험성"이란 유해·위험요인이 부상 또는 질병으로 이어질 수 있는 가능성(빈도)과 중대성(강도)을 조합한 것을 의미한다.

3.5 "위험성 추정"이란 유해·위험요인별로 부상 또는 질병으로 이어질 수 있는 가능성과 중대성의 크기를 각각 추정하여 위험성의 크기를 산출하는 것을 말한다.

3.6 "위험성 결정"이란 유해·위험요인별로 추정한 위험성의 크기가 허용 가능한 범위인지 여부를 판단하는 것을 말한다.

3.7 "위험성 감소대책 수립 및 실행"이란 위험성 결정 결과, 허용 불가능한 위험성을 합리적으로 실천 가능한 범위에서 가능한 한 낮은 수준으로 감소시키기 위한 대책을 수립하고 실행하는 것을 말한다.

3.8 "기록"이란 사업장에서 위험성 평가 활동을 수행한 근거와 그 결과를 문서로 작성하여 보존하는 것을 말한다.

4. 책임과 권한

4.1 대표이사

1) 최고경영자의 철학이 모든 조직원에 전달될 수 있도록 평가를 총괄한다.
2) 위험성 평가의 실시 및 결과 개선조치 사항에 대한 총괄 승인, 경영지원을 한다.
3) 위험성 평가 실시 담당자에게 사고사례 등 정보 제공, 훈련 및 재정적 지원
4) 현장관리자 및 근로자의 참여 권장
5) 위험성 평가 결과에 의한 위험 감소 대책의 실행 확인
6) 위험성 평가의 결과 및 대책을 근로자에게 주지
7) 위험성 평가의 효과측정 및 지속적 개선

4.2 안전보건팀장

1) 각 부서별 위험성 평가에 대한 계획수립 및 평가의 일련 과정을 주관, 진행한다.
2) 각 부서별에서 작성된 위험성 평가서를 바탕으로 감소대책을 수립한다.
3) 평가팀의 구성
4) 평가자에 대한 위험성 평가 기법 및 방법 교육
5) 위험성 평가에 대한 계획(P)→실시(D)→평가(C)→조치(A)의 진행을 경영층에 보고
6) 다음 해의 안전보건계획 및 목표에 반영

4.3 각 부서별 팀장(관리감독자)

1) 공정별 · 작업별 평가대상 선정
2) 평가팀 중심 위험성 평가 실시
3) 각 부서별 중요 유해 · 위험 등록 및 등록서 유지
4) 유해 · 위험감소 대책의 실행
5) 위험성 평가의 효과분석 및 경영층에게 보고

4.4 평가팀구성

위험성 평가 실시를 위한 팀의 구성은 해당공정 및 설비에 경험이 있는 다음과 같은 전문가들로 구성한다.

1) 평가팀별 리더
2) 해당 공정 및 작업관리 책임자
3) 해당 설비의 검사 및 정비 담당자
4) 안전관리(담당)자
5) 평가대상 공정 · 작업의 해당근로자(수시참여 : 해당 작업 평가 시)

5. 실시절차

5.1 위험성 평가 실시 시기

위험성 평가는 다음의 경우에 실시한다.

1) 공정을 신설하는 경우
2) 새로운 설비 도입 및 공정·작업의 변경이 필요할 경우
3) 자율안전보건경영시스템 구축을 통해 허용 가능한 위험수준 이내로 개선하고자 할 경우
4) 새로운 물질을 사용할 경우
5) 기존공정 · 작업에 대한 위험성을 정기적으로 검토할 경우
6) 중대사고 또는 재해가 발생한 경우

5.2 평가기법

위험성 평가에 대한 기법은 4M방식 및 기타 방법으로 실시한다.

5.3 평가계획 수립 및 통보

1) 안전보건팀에서 위험성 평가 실시 계획을 수립하고 각 부서에 통보한다.
2) 위험성 평가 계획 수립에는 다음 사항을 포함한다.
   (가) 각 생산부서별 작업 및 공정 분석
   (나) 작업 및 공정의 평가대상 검토
   (다) 위험성 평가 대상 목록 작성
   (라) 대상 작업 공정에 대한 관련정보 수집
   (마) 위험요인이 재해로 발전하는 빈도에 대한 검토
   (바) 위험이 재해로 발전할 때 예상되는 손실 크기에 대한 검토
   (사) 위험의 허용한도에 대한 검토
   (아) 위험감소 대책의 실행절차
   (자) 감소 대책 실행 후 위험도의 재평가 등

5.4 평가팀 구성

대표이사를 포함하여 안전보건팀장 및 각 부서의 팀장이 협의하여 평가팀을 구성한다.

6. 위험성 평가 실시

6.1 위험성 평가 5단계

위험성 평가 흐름도 및 5단계 절차는 〈그림 1〉 및 〈그림 2〉와 같다.

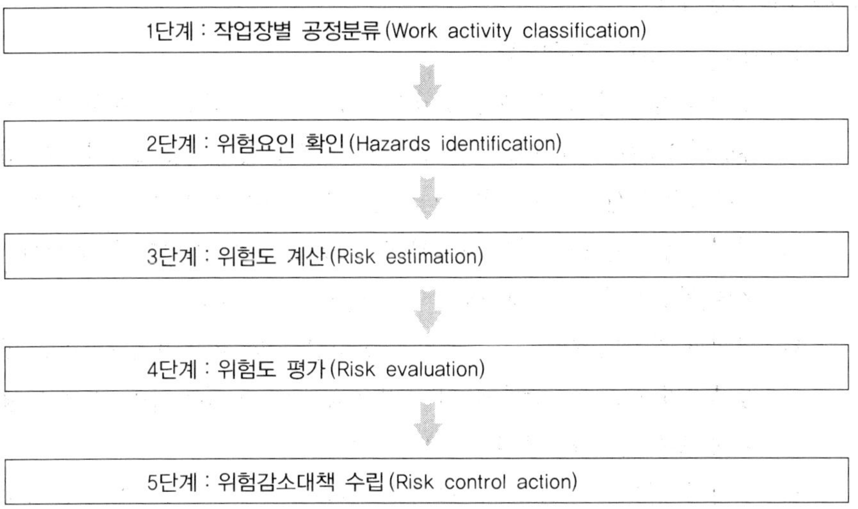

〈그림 1〉 위험성 평가 흐름도

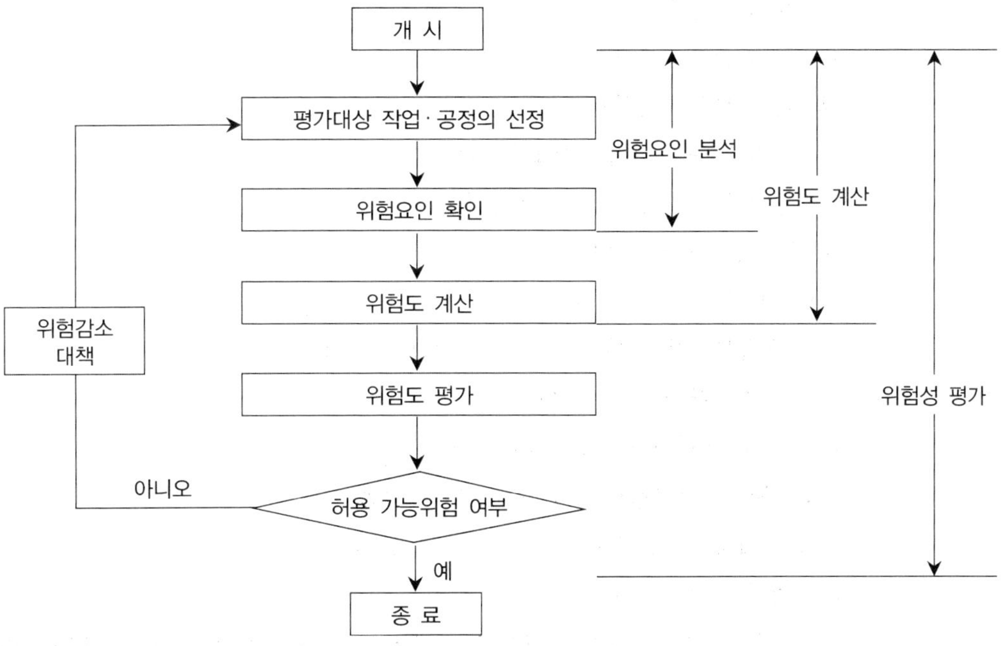

〈그림 2〉 위험성 평가의 5단계 절차

6.2 단계별 수행절차

1) 1단계 : 작업장별 공정분류

가. 위험성 평가의 첫 단계는 평가대상 공정 또는 작업을 분류하는 것이다. 분류방법으로는 장소(작업장, 공장)별 또는 생산 공정(작업)별 2가지가 있으며 생산부서별 생산 공정을 평가대상 단위로 분류하는 방법이 주로 사용된다.

나. 작업공정 흐름도에 따라 평가대상 작업·공정이 결정되면, 위험성 평가대상 목록〈붙임양식 5〉을 작성하여 평가대상을 확정한다.

다. 공정별 각 작업의 분류 시에는 정상적인 작업 이외에 년간 보수 및 보전작업 등 비정상적인 상황에 대한 대응적 작업을 추가하여 위험성 평가를 할 수 있도록 작업활동을 분류하도록 한다.

라. 위험성 평가 대상공정 및 작업에 대하여 다음과 같은 정보를 사전에 수집하고 평가 시 활용해야 한다.

(1) 과거 3년간 재해 현황(아차사고 포함)

(2) 작업운전기간 및 교대작업 유무

(3) 작업의 장소

(4) 작업자의 고용형태

(5) 작업자의 작업경력

(6) 작업에 대한 특별안전교육 필요 유무

(7) 안전작업 허가증 필요 작업 유무

(8) 작업할 기계·설비

(9) 사용하는 전기공구류

(10) 취급물질에 대한 크기, 단위, 무게, 운반높이

(11) 운반수단(운반차량, 인력)

(12) 사용 유틸리티(전기, 압축공기, 물)

(13) 사용 화학물질의 물질안전보건자료(MSDS) 확인

(14) 작업자의 노출물질(가스, 증기, 분진, 흄 등)

2) 2단계 : 위험요인의 확인

가. 1단계에서 위험성 평가 대상으로 선정된 세분화된 공정·작업에 대하여 다음의 3가지 질문을 기초로 하여 위험요인을 확인한다.

(1) 재해가 발생할 가능성이 있는 공정상 위험은 어떤 것이 있는가?

(2) 재해를 당할 가능성의 대상은 누구인가?

(3) 재해는 어떤 원인과 경로로 발생하는가?

나. 위험요인의 확인에는 다음 사항을 포함한다.

(1) 사용 기계 · 기구에 대한 위험원의 확인

(2) 사용물질에 대한 위험원 확인

(3) 예상되는 오사용 및 고장

(4) 노출 등 작업환경

(5) 작업 중 예상되는 작업자의 불안전한 행동

(6) 무리한 동작을 유발하는 불안정한 공정

(7) 작업자 특성(장애자, 연소자, 고령자, 외국인, 계약직, 미숙련자, 협력업체 직원 등)

3) 3 단계 : 위험도 계산

가. 2단계에서 파악된 평가대상 공정 및 작업의 유해 · 위험요인에 대하여 그 유해 · 위험요인이 사고로 발전할 수 있는 가능성(빈도)과 사고발생 시 나타날 사고의 중대성(피해크기)을 단계별로 수준(Level)을 정하고 양자를 조합하여 위험도를 계산하는 것으로 사업장 규모 및 특성에 따라 위험성 평가팀에 의하여 사전에 사내 표준으로 빈도와 피해 크기에 대한 수준을 정하여야 한다.

나. 각 위험요인에 대한 위험도(R) 계산은 가능성 수준과 중대성 수준의 조합으로 이루어진 위험도 수준을 결정한다.

위험도(R) = 사고의 가능성(L : Likelyhood) × 사고의 중대성(S : Severity)

–위험이 사고로 발전될 확률
–폭로빈도와 시간

–부상 및 건강장애정도
–재산손실 크기

다. 위험도 계산에 필요한 발생빈도의 수준을 5단계로, 피해크기의 수준을 4단계로 정한 예시는 〈표 1〉 및 〈표 2〉와 같으며 사업장 규모, 업종특성에 따라 발생빈도와 피해 크기의 단계를 축소하거나 확장하여 정할 수 있다.

라. 위험도(R, 위험의 크기) 계산 방법

각 위험요인에 대한 위험도(R) 계산은 가능성 수준과 중대성 수준의 조합으로 이루어진 위험 크기의 수준을 결정하는 것이다.

○ 앞에서 예시한 사고발생 가능성(발생빈도)과 사고발생 시 사고의 중대성(피해크기)를 조합하여 위험도를 결정하며, 〈표 3〉은 위험도 계산조합표의 예시이다. 평가팀에서 위험성 평가대상인 위험요인에 대해 사고가능성과 사고발생 시 피해크기의 수준이 얼마인지를 결정하여 유해·위험요인별로 위험성 평가서에 기입한다.

○ 최종적인 위험도를 결정할 때에는 현재의 안전조치 상황을 고려하여 가능성과 중대성의 수준을 정하여 〈붙임 양식 1〉에 기입한다.

〈표 1〉 사고의 발생 가능성(빈도)(예시)

가능성 구분	가능성수준	내용
가능성 거의 없음	1	10년 1회 정도 발생할 경우
가능성 낮음	2	3년 1회 정도 발생할 경우
가능성 있음	3	1년 1회 정도 발생할 경우
가능성 높음	4	1개월 1회 정도 발생할 경우
빈번함	5	1일 1회 정도 발생할 경우

〈표 2〉 사고의 중대성(피해크기)(예시)

중대성구분	중대성 수준	내용
영향 없음	1	재해로 인한 인적손실이 없는 경우
경미한 불휴업재해	2	경미한 재해를 포함한 불휴업 재해인 경우
경미한 휴업재해	3	휴업재해인 경우
중대재해	4	사망 또는 노동력 손실을 가져오는 치명적인 재해인 경우

〈표 3〉 위험도 계산 조합표(예시)

가능성 \ 중대성	수준 \ 수준	영향 없음	경미한 불휴업재해	경미한 휴업재해	중대재해
		1	2	3	4
거의 없음	1	1	2	3	4
없음	2	2	4	6	8
있음	3	3	6	9	12
높음	4	4	8	12	16
빈번함	5	5	10	15	20

4) 4단계 : 위험도 평가

위험도 평가는 3단계에서 행한 유해 · 위험요인별 위험도 계산값(수준)에 따라 그 위험이 허용될 수 있는 범위인가 또는 허용할 수 없는 범위인가를 평가하기 위한 것으로 유해 · 위험요인별 위험도의 수준에 따라 관리기준을 달리 정하여 5단계에서의 위험감소 대책에 대한 기준으로 삼는다. 〈표 4〉는 관리기준에 대한 예시이다.

〈표 4〉 위험도 수준에 따른 관리 기준(예시)

위험도수준		관리기준	비고
1~3	무시할 수 있는 위험	현재의 안전대책 유지	현 상태로 작업가능(수용함)
4~6	미미한 위험	안전정보 및 주기적 작업교육의 제공이 필요한 위험	
8	경미한 위험	위험의 표시부착, 작업절차서의 표기 등 관리적 대책이 필요한 위험	
9~12	상당한 위험	정기보수기간에 안전감소대책을 세워야 하는 위험	조건부 위험작업 수용(현재는 위험이 없으면 작업을 계속하되, 위험 감소활동을 실시하여야 한다.)
13~15	중대한 위험	긴급 임시안전대책을 세운 후 작업을 하되 정기보수기간에 안전대책을 세워야 하는 위험	
16~20	허용불가 위험	즉시 작업중단(작업을 지속하려면 즉시 개선을 실행해야 하는 위험)	위험작업불허(즉시 중단)

5) 5 단계 : 위험감소 대책 수립

가. 위험도를 평가한 후에는 각 위험도 수준별로 예시된 〈표 4〉의 관리기준에 따라 개선조치를 취하여야 하며 특히 위험의 정도가 허용할 수 없는 위험 즉「상당한 위험」 또는「중대한 위험」,「허용 불가 위험」인 경우에는 구체적인 위험감소 대책을 수립하여 감소대책이 완료된 이후에는 위험작업을 수용할 수 있는 범위에 들어갈 수 있어야 한다.

나. 위험요인별 구체적 위험감소 대책은 현재의 안전 대책을 고려하여 수립하며 위험성 평가서의 개선대책란에 기입한다.

다. 아무리 위험감소 대책을 취하여도 허용할 수 있는 범위로 위험도가 낮추어지지 않은 위험에 대한 관리는 위험을 근원적으로 제거할 수 있는 새로운 공정 또는 기계의 도입을 채택하거나 위험의 물질을 안전한 물질로 대체 사용하는 것이 좋다.(라) 위험감소 대책을 수립할 때는 위험수준과 재해감소 효과 또는 사업장의 생산활동 및 정기보수시기를 고려하여 위험감소 우선순위 및 실행계획(〈붙임 양식2〉 참조)을 작성한다. 감소 대책의 내용은 "합리적으로 실행 가능한 낮은 수준"의 정신에 입각하여 작성되어야 한다.

7. 평가 결과의 타당성 검토 및 보고

7.1 위험성 평가 타당성 검토

5단계까지 위험성을 평가하여 얻은 위험 감소대책의 실효성 여부 등 위험성 평가의 타당성을 안전팀을 포함한 평가팀에서 최종적으로 검토하여야 하며, 이때 고려할 사항은 다음과 같다.

1) 위험감소 대책에 기술적 난이도가 고려됐는지 여부
2) "합리적으로 실행 가능한 낮은 수준"으로 고려했는지 여부
3) 실행 우선순위가 적절한지 여부
4) 새로운 위험이 발생하지 않는지 여부
5) 위험감소 대책 실행 후 위험도가 허용 가능한 위험범위 이내인지 여부

7.2 평가결과의 보고

위험감소 대책을 포함한 위험성 평가 결과는 경영층에 보고하고, 위험성 평가에 대한 결과를 이해를 같이하는 노 · 사가 공동으로 위험감소대책을 실행하여야 한다.

8. 기록관리

위험성평가 지침에 따른 기록은 기록관리 절차서(KR-P-10)에 따른다.

9. 관련양식

9.1 위험성 평가표(양식 1)(kr-p-01-01)

9.2 위험성 감소 실행계획서(양식 2)(kr-p-01-02)

9.3 위험성 평가자 등록부(양식3)(kr-p-01-03)

9.4 위험성 평가 계획서(양식4)(kr-p-01-04)

9.5 위험성 평가 대상목록(양식5)(kr-p-01-05)

〈양식 1〉 위험성 평가표(예) (kr-p-01-01)

평가대상 공정명		위 험 성 평 가 표 (4M-Risk Assessment)	평가자 (리더 및 팀원)		
평가일시			평균위험도	현재	개선후

작업내용	평가 구분	위험요인 및 재해형태	현재 안전조치	현재위험도			개선대책	코드 번호	개선후 위험도		
				빈도	강도	위험도			빈도	강도	위험도
○○ 작업	기계적										
	물 질 · 환경적										
	인 적										
	관리적										

〈양식 2〉 위험성감소 실행계획서(예) (kr-p-01-02)

작성일: 년 월 일

<table>
<tr><td colspan="4">위험성 감소 실행계획서</td><td>부</td><td>팀</td></tr>
<tr><td>평가서
No</td><td>작업명</td><td>감소대책(개선대책)</td><td>실행일정</td><td>실행부서장확인</td><td>비고</td></tr>
<tr><td></td><td></td><td></td><td></td><td></td><td></td></tr>
<tr><td></td><td></td><td></td><td></td><td></td><td></td></tr>
<tr><td></td><td></td><td></td><td></td><td></td><td></td></tr>
<tr><td></td><td></td><td></td><td></td><td></td><td></td></tr>
</table>

〈양식 3〉 위험성평가자 등록부(예) (kr-p-01-03)

작성일: 년 월 일

<table>
<tr><td colspan="4" rowspan="2">위험성 평가자 등록부</td><td rowspan="2">결
재</td><td>담 당</td><td>안점보건책임자</td></tr>
<tr><td></td><td></td></tr>
<tr><td>차 례</td><td>소속</td><td>성명</td><td>등록일자</td><td colspan="2">담당분야</td><td>비고</td></tr>
<tr><td></td><td></td><td></td><td></td><td colspan="2"></td><td></td></tr>
<tr><td></td><td></td><td></td><td></td><td colspan="2"></td><td></td></tr>
<tr><td></td><td></td><td></td><td></td><td colspan="2"></td><td></td></tr>
<tr><td></td><td></td><td></td><td></td><td colspan="2"></td><td></td></tr>
</table>

〈양식 4〉 위험성평가 계획서(예)(kr-p-01-04)

작성일:　　년　　월　　일

<table>
<tr><td rowspan="2">(주)○○</td><td rowspan="2" colspan="4">위 험 성 평 가 계 획 서</td><td>년</td><td></td></tr>
<tr><td>페이지</td><td>/</td></tr>
<tr><td>평가일자</td><td colspan="2"></td><td>평가구분</td><td colspan="3">□ 정 기　□ 비정기</td></tr>
<tr><td>평가대상</td><td colspan="2"></td><td>평 가 팀</td><td colspan="3"></td></tr>
<tr><td>평가목적</td><td colspan="6"></td></tr>
<tr><td>평가범위
및
평가내용</td><td colspan="6"></td></tr>
<tr><td rowspan="3">평가일정</td><td>대상조직 / 담당</td><td>일 자</td><td>시 간</td><td>평 가 팀 원</td><td colspan="2">비 고</td></tr>
<tr><td></td><td></td><td></td><td></td><td colspan="2"></td></tr>
<tr><td></td><td></td><td></td><td></td><td colspan="2"></td></tr>
<tr><td>준비사항
및
요청사항</td><td colspan="6"></td></tr>
<tr><td colspan="2">작 성 자 / 일 자/ 인</td><td colspan="3">검 토 자 / 일 자/ 인</td><td colspan="2">승 인 자 / 일 자/ 인</td></tr>
<tr><td colspan="2"></td><td colspan="3"></td><td colspan="2"></td></tr>
</table>

〈양식 5〉 위험성평가 대상목록(kr-p-01-05)

<table>
<tr><td colspan="2" rowspan="2">위험성 평가 대상목록</td><td rowspan="3">결
재</td><td>작성</td><td>검토</td><td>승인</td></tr>
<tr><td rowspan="2"></td><td rowspan="2"></td><td rowspan="2"></td></tr>
<tr><td>부서(팀)</td><td>년 월 일</td></tr>
</table>

순서	평가대상 및 작업공정	위험성평가서 No

4.3.2 법규 및 그 밖의 요구사항의 검토

(1) 인증기준

법규 및 그 밖의 요구사항의 검토에 대하여 인증기준(KOSHA 18001)에서 제시하는 내용은 다음과 같다.

○ 사업장은 다음과 같은 적용되는 법규 및 조직이 동의한 그 밖의 요구사항을 파악하고 활용하기 위한 절차를 수립, 실행 및 유지하여야 한다.
  1. 사업장에 적용되는 안전보건 법규 및 조직이 동의한 그 밖의 요구사항
  2. 조직 구성원 및 이해관계자들과 관련된 안전보건기준과 지침
  3. 사업장 특성에 따라 구성원이 지켜야 할 안전보건상의 기술적인 지침
○ 법규 및 그 밖의 요구사항은 최신 것으로 유지하여야 한다.
○ 법규 및 그 밖의 요구사항은 조직 구성원 및 이해관계자 등에게 의사소통 및 정보제공이 되어야 한다.

(2) 해석

법규 및 그 밖의 요구사항의 검토는 사업장에서 필요한 법규 및 관계법령을 정리하여 등록한 후 정기적인 검토를 통한 사업장에 반영하기 위한 부분으로, 핵심사항으로는 현재 사용하고 있는 법규 등이 최신본인지의 확인 여부가 중요하다. 또한 등록된 법규 등이 사업장에서 필요한 내용을 모두 포함하여 관리되고 있어야 한다. 법규의 검토 주기가 적정하게 설정되어 관리되어야 한다. 최근의 문제로는 협력사와 원청업체와의 관계에서 협력사인 경우 원청업체에서 요구하는 사항에 대해서도 적절한 관리를 요구하고 있다. 협력사의 사고가 원청업체에 대해서도 처벌을 강화하는 추세의 영향을 받고 있다. 컨설턴트의 자문으로 시스템을 구축하는 경우와 공통사항의 법규를 모두 포함하여 작성하는 경우, 사업장과 아무 관련도 없는 법규를 관리하겠다고 하는 경우가 있는데, 이와 같은 경우는 별 효과가 없기 때문에 사업장과 밀접한 법규의 집중관리가 필요하다. 문서에는 취득한 정보나 변경 사항에 대하여 조직원에게 전달방법을 명시하여 실행하여야 한다. 사업장에서 취급하는 특수한 공정이 있는 경우는 관련 법규의 등록이 중요하며, 특히 방사선물질을 취급하는 경우에는 관련 안전법을 등록하여 활용하여야 한다. 각 부서별로 관련 법규를 준수하고 있는지를 정기적으로 평가하여야 한다.

(3) 부적합, 관찰 및 권고사항

심사에서 주로 발견되는 개선사항은 다음과 같다.

- 법규의 검토주기의 불일치
- 검토내용이 적절하지 못함
- 등록관리 법규 등이 부족함
- 변경내용에 대한 조직원에게 정보제공 누락
- 법규검토주기의 작성 누락
- 불필요한 법규를 등록하여 관리
- 최신본의 개념이 모호함
- 협력업체의 경우 원청업체에서 요구하는 사항에 대한 누락

(4) 매뉴얼 제정

법규 및 그 밖의 요구사항에 대한 매뉴얼의 제정은 인증기준을 참고하여 하나의 문서로 작성한다. 다음은 법규 및 그 밖의 요구사항에 대한 참고문서이다.

(5) 절차서의 제정

법규 및 그 밖의 요구사항에 대한 절차서의 제정은 매뉴얼 및 인증기준을 참고하여 하나의 문서로 작성한다. 다음은 매뉴얼 다음 페이지에 법규 및 그 밖의 요구사항에 대한 절차서의 참고문서이다.

<table>
<tr><td rowspan="4">○○(주)</td><td rowspan="2">안전보건경영 매뉴얼</td><td>문 서 번 호</td><td>KR-M-04</td></tr>
<tr><td>개(제) 정 일</td><td>2018.01.01</td></tr>
<tr><td rowspan="2">4.3.2 법규 및 그 밖의 요구사항의 검토</td><td>개 정 번 호</td><td></td></tr>
<tr><td>페 이 지</td><td>of</td></tr>
</table>

1. 목적

본 문서는 (주)○○(이하 회사라 한다)의 법규 및 그 밖의 요구사항에 대한 내용을 규정하여 회사의 안전보건경영시스템을 보다 효과적으로 수행하는데 그 목적이 있다.

2. 적용범위

안전보건경영시스템을 구축하여 실행하는데 필요한 조직원에게 적용된다.

3. 책임사항

3.1 대표이사는 안전보건경영시스템에 등록되어 관리하는 법규 등에 대하여 승인한다.

3.2 안전보건팀장은 사업장에 적용되는 안전보건경영 법규 및 그 밖의 사항에 대하여 문서의 작성, 배부 및 관리를 하여야 한다.

3.3 각 부서장은 안전보건경영 법규 및 그 밖의 사항에 대하여 제공받은 정보를 조직원에게 교육하여야 한다.

4. 문서의 제정기준과 관리

4.1 사업장은 다음과 같은 적용되는 법규 및 조직이 동의한 그 밖의 요구사항을 파악하고 활용하기 위한 절차를 수립하고, 실행 및 유지하여야 한다.

1) 사업장에 적용되는 안전보건 법규 및 조직이 동의한 그 밖의 요구사항

2) 조직 구성원 및 이해 관계자들과 관련된 안전보건기준과 지침

3) 사업장 특성에 따라 구성원이 지켜야 할 안전보건 상의 기술적인 지침

4.2 각 부서장은 필요한 법규 및 그 밖의 사항에 대하여 안전보건팀장에게 자료의 수집을 요청할 수 있다.

4.3 법규 및 그 밖의 사항에 대한 정보의 수집방법

1) 정부관보

2) 인터넷의 활용

3) 관련협회나 기관으로부터 정보수집

4) 법제처, 고용노동부, 한국산업안전보건공단, 소방서, 전기안전공사, 가스안전공사 등

4.4 안전보건팀장은 관계 법률에 대하여 년 2회 이상 정기적으로 파악, 검토하여야 한다.

4.5 안전보건경영 법규등록부는 최신본(년 2회 이상)으로 개정 관리되어야 한다.

5. 문서관리

5.1 법규 및 그 밖의 요구사항과 관련하여 모든 문서 및 기록은 표준문서 작성 및 관리절차서(KR-P-05), 문서관리 절차서(KR-P-06) 및 기록관리 절차서(KR-P-11)에 따른다.

6. 관련 문서

6.1 법규 및 준수평가(KR-P-02)

6.2 표준문서 작성 및 관리 절차서(KR-P-05)

6.3 문서관리 절차서(KR-P-06)

6.4 기록관리 절차서(KR-P-10)

<table>
<tr><td rowspan="4">○○(주)</td><td rowspan="2">안전보건경영 절차서</td><td>문 서 번 호</td><td>KR-P-02</td></tr>
<tr><td>개(제) 정 일</td><td>2018.01.01</td></tr>
<tr><td rowspan="2">제2장 법규 및 그 밖의
요구사항의 검토</td><td>개 정 번 호</td><td></td></tr>
<tr><td>페 이 지</td><td>of</td></tr>
</table>

1. 목 적

본 절차서는 (주) ○○(이하 '회사'이라 한다)의 안전보건경영시스템에 적용되는 관련 법규 등을 파악하여 관리하고 준수 여부를 평가하여 회사의 법규사항 준수 및 관계자의 요구사항을 실행하는데 그 목적이 있다.

2. 적용범위

본 절차서는 회사의 안전보건경영시스템을 구축하여 실행하는데 필요한 조직원에게 적용된다.

3. 용어의 정의

3.1 "법규"라 함은 성문의 법령을 의미하며, 즉 문서화 해서 일반 국민들이 자신의 권리와 의무에 관계되는 사항들을 알 수 있게 한 것을 말하며, 이는 회사의 안전보건 경영시스템에 관계되는 법규를 의미한다.

3.2 "그 밖의 요구사항"이라 함은 법령은 아니지만 제반 코드 및 협력사와 원청사와의 협약 등 자의적으로 적용하는 사항을 의미한다.

3.3 "정기 준수평가"라 함은 정기적으로 법규 및 그 밖의 요구사항에 대한 평가행위를 말한다.

3.4 "비정기 준수평가"라 함은 비정기적으로 법규 및 그 밖의 요구사항에 대한 평가행위를 말한다.

3.5 "검토"라 함은 등록된 법규 및 그 밖의 요구사항에 대하여 정기적으로 변경 및 추가사항을 확인하는 것을 의미한다.

4. 책임과 권한

4.1 대표이사 : 정기평가, 비정기평가 및 검토사항에 대하여 승인할 책임이 있다.

4.2 안전보건팀장

1) 안전보건 관련법규 및 그 밖의 사항에 대하여 변경내용을 입수, 등록, 유지 및 관리하고 각 부서장에 통보한다.
2) 안전보건 관련법규 및 그 밖의 사항에 대하여 변경된 내용을 파악하고 관련규정을 개정하여 반영한다.

4.3 각 부서장(이하 "관리감독자"라 한다)

1) 개정된 사항에 대하여 등록부에 반영한다.
2) 변경, 등록된 제 · 개정 내용을 근로자에게 교육한다.
3) 법규의 준수평가 결과, 발생된 부적합 사항에 대하여 원인을 파악하고 재발방지를 위한 조치를 하여야 한다.

5. 업무절차

5.1 법규 및 그 밖의 관련자료 입수

안전보건팀장은 정보의 수집방법에 따라 최신법규 및 그 밖의 관련요건을 입수한다.

5.2 대상 법규 및 그 밖의 요건

1) 산업안전보건법, 전기안전법, 가스안전법, 위험물안전관리법 등
2) 이해 관계자의 요구사항

5.3 관련법규 검토

1) 안전보건팀장은 입수한 정보가 사업장과 관련이 있는 내용을 최고경영자에게 보고한다.
2) 안전보건팀장은 안전보건 관련법 개정내용을 대표이사에게 승인을 받는다.

5.4 관련법규 등록 및 배포

1) 안전보건팀장은 사업장과 관련되는 법규 및 그 밖의 요구사항에 대하여 "안전보건 법규등록부(양식 1)"에 등록한다.
2) 안전보건팀장은 관련법 개정내용 적용 후 "안전보건 법규등록부(양식 1)"를 게시판 또는 SNS 등 전자매체를 통하여 전달한다.
3) 각 부서장은 관련법규 및 그 밖의 요구사항의 개정내용을 해당 근로자에게 교육을 실시하고 관련법규를 준수하도록 한다.

5.5 최신 법규관리

1) 안전보건팀장은 안전보건 법규 및 그 밖의 요구사항에 대하여 최신으로 관리하

기 위하여 년 2회 이상 관련법규의 변경 여부를 확인하여야 한다.

2) 안전보건팀장은 법규 및 그 밖의 요구사항은 최신본을 유지한다.

5.6 준수평가 주기

1) 정기 준수평가 : 년 1회 이상(내부심사 시에 실시 가능함)

2) 비정기평가

가. 법규 및 그 밖의 요구사항의 대해서 위반사항이 발생할 때

나. 법규 및 그 밖의 요구사항 변경으로 인해 위반사항의 발생 우려가 있는 경우

5.7 준수평가 업무 절차

1) 안전보건팀장은 법규준수평가 체크리스트(양식 2)를 사용하여 준수평가를 실시한다.

2) 안전보건팀장은 준수평가 결과 위반 사항이 발생하였을 경우 해당 작업부서장에게 통보한다.

3) 준수평가 위반사항을 통보받은 작업부서장은 위반 내용에 대하여 시정 및 개선 대책을 수립하고 실행하여야 한다.

4) 안전보건팀장은 준수평가에 결과에 대해 경영자 검토의 내용에 포함한다.

6. 기록관리

법규 및 그 밖의 요구사항에 대한 관련 기록은 기록관리 절차서(KR-P-11)에 따른다.

7. 관련양식

7.1 안전보건 법규등록부 (양식 1)(kr-p-02-01)

7.2 법규준수평가 체크리스트 (양식 2)(kr-p-02-02)

〈양식 1〉 안전보건 법규등록부(kr-p-02-01)

안 전 보 건 법 규 등 록 부

년 월 일

결재	구 분	작 성	검 토	승 인	배포가 필요한 부서
	직 위	안전보건담당	안전보건팀장	대표이사	
	성 명				
	서 명				

NO	관련법규	NO	관련법규
1		6	
2		7	
3		8	
4		9	
5		10	

문서번호			등록부서	
개정이력	차수	제(개)정일	개 정 근 거	
	최초			
	1차			
	2차			
	3차			

〈양식 2〉 법규준수평가 체크리스트(kr-p-02-02)

작성일: 년 월 일

법규 준수평가 체크리스트	결재	작 성	검 토	승 인

평가대상 부서		평가 일자		평가자 성명	

※ 준수평가 체크리스트

법 규 명	조항 및 내용	준수평가 내용	준수여부			부적합 내용
			적합	부적합	N/A	
산업안전 보건법	제10조(산업재해발생 기록 보고 등	재해발생시 기록 보존 여부				
		3일이상 재해발생시 요양신청 또는 노동부에 보고여부				
	제11조(법령요지게시)	법령을 사업장에 게시 여부				
	제12조(안전보건표지)	유해위험장소에 안전보건표지 부착 여부				
	제13조(안전보건관리 책임자)	안전보건관리책임자 선임여부				
	제14조(관리감독자)	관리감독자 지정 여부				
	제15조(안전관리자)	안전관리자 선임여부				
	제16조(보건관리자)	보건관리자 선임여부				
	제17조(산업보건의)	산업보건의 선임 여부				
	제18조(안전보건총괄 책임자)	안전보건관리총괄책임자 선입 여부				
	제19조(산업안전보건 위원회	정기적 산업안전보건위원회 개최 여부				
	제20조(안전보건관리 규정)	안전보건관리규정 수립 여부				

	제21조(안전보건관리규정 작성 변경)	안전보건관리규정 작성, 또는 변경시 산안위 또는 근로자 대표의 심의여부				
	제23조(안전조치)	법률상 안전조치 준수여부				
	제24조(보건조치)	법률상 보건조치 준수여부				
	제29조(도급사업시의 안전보건조치)	안전관리협의체를 구성하고 월 1회 회의를 개최 여부				
	제31조(안전보건교육)	안전교육 실시여부(채용시, 정기, 관리감독자, 작업내용시, 특별)				
	제32조(관리책임자등에 대한 교육)	관리책임자, 안전보건관리자 직무교육이수여부				
	제33조(유해위험기계기구 방호조치)	유해위험기계기구등에 방호조치 설치여부				
	제34조(안전인증)	의무안전인증대상기계, 기구등 사용여부				
	제36조(자율안전확인신고)	자율안전확인신고 기계기등의 사용여부				
	제41조 (물질안전자료)	GHS-MSDS 비치여부				
		용기등에 경고표지 부착여부				
		MSDS 교육 실시여부				
	제41조의2(위험성평가)	정기적으로 위험성평가 실시여부				
	제42조(작업환경측정)	정기적 작업환경 측정 여부				
		측정 후 노동부 보고 여부				
	제 43조(건강진단)	건강진단 실시여부(일반, 특수,배치전,수시,임시 검진)				

	제44조 (건강관리수첩)	건강장해발생작업장 근로자에게 건강관리수첩 발급 여부				
	제45조(질병자의 근로금지 제한)	노동부령으로 정하는 질병자에 대한 근로금지 여부				
	제48조(유해위험방지계획서)	제품 생산작업과 직접 관련된 건설물, 기계등에 대하여 설치 , 이전, 구조변경시 유해위험 방지계획서 제출 여부				
	제49조 (안전보건진단)	노동부장관이 안전보건진단 명할 시 실시 여부				
	제49조의 2(PSM)	공정안전보고서 제출 여부				
	제50조(안전보건개선계획)	안전보건개선계획 수립 여부(노동부장관 명할시)				
	제61조의2(명예산업안전감독관)	명예산업안전관 선임 여부				
소방법	소방관련규정	소방관련법내용준수여부				
전기안전법	전기안전관련 규정	전기안전관련법내용준수여부				
가스안전법	가스안전관련규정	가스안전관련법내용준수여부				
위험물 안전법	위험물안전규정	위험물안전관련법내용준수여부				
산재보상법	산업재해보상과 관련한 규정	산재보상에 대한 내용 반영여부				

4.3.3 목표

(1) 인증기준

목표설정에 관한 인증기준(KOSHA 18001)에서 정하고 있는 내용은 다음과 같다.

- ○ 사업장은 작업부서별(또는 작업단위, 계층별)로 안전보건 활동에 대한 안전보건 목표를 수립하여야 한다.
- ○ 사업장이 목표를 수립할 때에는 위험성 평가 결과, 법규 등 검토사항과 안전보건 활동상의 필수적 사항(교육, 훈련, 성과측정, 내부심사) 등이 반영되도록 하여야 한다.
- ○ 안전보건활동은 안전보건방침에서 추구하는 목표와 일치하여야 하며, 각 안전보건활동별로 목표를 측정 가능하도록 정하여야 한다.
- ○ 목표를 수립 시에는 목표달성을 위한 조직 및 인적 · 물적 지원 범위와 크기를 반영하여야 한다.

(2) 해석

목표수립의 원칙은 효과적인 시스템운용을 위한 기본을 설정하는 것으로서 최종적으로 시스템의 성공을 좌우하는 핵심사항이기 때문에 기본 원칙을 준수하여야 한다. 먼저 목표수립은 각 부서별로 수립하여야 한다. 예를 들어 생산 1, 2, 3, 4부가 구성되어 운용된다면 (물론, 이정도면 중견회사 수준으로 예상이 된다.) 목표설정은 각 부서장이 수립해야 한다는 점이다. 즉 자발적으로 해당 부서장이 안전에 대한 철학을 반영하여 무재해 달성을 위한 노력을 주문하는 것이다. 목표수립은 안전팀에서 제시하는 부분도 있겠지만 그러한 회사의 전체적인 목표를 달성하는데 각 부서장의 강력한 추진력이 요구되는 사항이다. 안전팀은 안전팀의 목표가 있는 것이다. 목표수립 시에 반영사항이 특히 중요한데 위험성 평가 결과, 법 개정사항에 대한 문제, 교육, 훈련, 성과측정, 내부심사 등에서 발견된 문제점에 대한 사항을 목표수립 시에 반드시 반영하여야 한다. 즉 피드백을 적용하라는 의미인 것이다.

자율안전보건경영시스템의 가장 큰 원칙이 계획(Plan), 실행(Do), 확인(Check), 반영(Action)으로서 목표를 수립하는 경우에도 그러한 사이클을 적용하여야 한다. 목표수립에서 또 하나의 중요한 점이 안전보건경영방침을 기본으로 수립하라는 점이다. 그래서 방침을 정하는 경우 조직의 궁극의 목표를 위하여 경영자의 철학을 수렴하여 방침을 정하는 것이 중요한 사항이 된다. 현장에서 목표를 수립할 경우 많은 실수를 행하고 있는 부분은 목표수립의 정량화가 아주 미미하다는 점이다.

정량화 목표란 무엇인가? 예를 들면 대학을 진학하기 위해서는 대부분 수능시험을 응시할 것이다. 그런데 우리의 목표가 "나는 올해 수능시험을 보겠다"라는 목표를 설정했을 때 결과는 어떠할 것인지 고민하지 않아도 답은 알 것이다. 수능에서 몇 등급을 달성할 것인지 과목별로 목표를 정해야만 한다. 사업장에서 목표를 수립할 때 매월 1회의 안전교육 실시가 목표라면 아마도 거의 100점을 달성할 것이다. 그러나 목표를 100% 달성했다고 년말에 경영자 검토를 한다면 문제가 없겠는가? 100% 달성 했으니까 만족하고 내년에도 100% 달성하자고 할 것인가? 그럼 종업원의 수준이 100점을 유지한다는 것인가? 아닐 것이다.

그러므로 그 해결책을 알아보면 다음과 같다. 교육의 실질적인 효과로서 종업원이 지식의 정도는 100점을 향해서 나아가야 한다. 교육을 실시하고 그 종업원 수준을 평가해서 90점 이상을 달성하도록 하는 점이 목표가 된다. 즉 목표는 올해는 90점 이상, 내년에는 95점 이상을 목표로 설정해야 하는 것이다. 물론 정량화가 어려운 부분도 있다. 하지만 중요한 점은 정량화를 추구해야 성과측정이 가능하다는 점이다. 아차보고서 발굴이 목표가 아니라 아차보고서 몇 건 발굴이 목표인 것이다. 다음 해는 발굴을 통해서 위험노출 수준을 최소화하는 목표로 개선해 나가야 한다.

목표를 설정할 때 조직의 활동을 위한 지원 범위와 크기(예산, 물질 등)를 반영해야 한다. 안전보건활동을 실행하기 위해서는 필요한 예산이나 물품이 발생하는데 그러한 사항을 목표설정에 반영해야 한다.

(3) 부적합, 관찰 및 권고사항

- 예산반영이 없음
- 지원물품에 대한 사항 누락
- 각 부서의 목표가 없음
- 산업안전보건법에서 요구하는 사항 위주로 작성
- 시스템에 대한 교육 계획이 없음
- 목표의 정량화 부족
- 목표사항 누락(검진, 비상훈련 등)

(4) 매뉴얼 제정

목표에 대한 매뉴얼의 제정은 인증기준을 참고하여 하나의 문서로 작성한다. 다음은 목표에 대한 참고용 매뉴얼이다.

○○(주)	안전보건경영 매뉴얼	문 서 번 호	KR-M-05
		개(제) 정 일	2018.01.01
	4.3.3 목표	개 정 번 호	
		페 이 지	of

1. 목적

본 문서는 (주)○○(이하 회사라 한다)의 목표수립에 대한 내용을 규정하여 회사의 안전보건경영시스템을 보다 효과적으로 수행하는데 그 목적이 있다.

2. 적용범위

안전보건경영시스템을 구축하여 실행하는데 필요한 조직원에게 적용된다.

3. 책임사항

3.1 대표이사는 안전보건경영시스템을 운용하기 위한 목표를 승인한다.

3.2 안전보건팀장은 사업장에 적용되는 목표수립에 총괄하여 목표수립문서의 작성, 배부 및 관리를 하여야 한다.

3.3 각 부서장은 안전팀장이 요구하는 목표사항을 포함하는 부서의 목표를 수립하고 안전팀장 및 부서원에게 전달한다.

4. 목표수립의 제정기준과 관리

4.1 사업장은 다음과 같은 기본원칙을 참고하여 목표를 수립하여야 한다.

1) 사업장은 작업 부서별(또는 작업단위, 계층별)로 안전보건 활동에 대한 안전보건 목표를 수립하여야 한다.

2) 사업장이 목표를 수립할 때에는 위험성 평가 결과와 법규 등의 검토사항과 안전보건활동 상의 필수적 사항(교육, 훈련, 성과측정, 내부심사) 등이 반영되도록 하여야 한다.

3) 안전보건활동은 안전보건방침에서 추구하는 목표와 일치하여야 하며, 각 안전보건활동별로 목표를 측정 가능하도록 정하여야 한다.

4) 목표를 수립 시에는 목표달성을 위한 조직 및 인적·물적 지원 범위와 크기를 반영하여야 한다.

4.2 각 부서장은 목표수립에 필요한 자료를 안전보건팀장에게 수집, 요청할 수 있다.

4.3 목표수립의 양식은 추진계획의 양식과 병행하여 사용한다.

4.4 안전보건팀장은 목표수립을 년 1회를 원칙으로 하고 변경 사항이 발생되는 경우는 즉시 반영한다.

4.5 안전보건목표의 달성 정도는 다음을 기준으로 안전보건지표를 사용하여 측정한다.

1) 사고 발생의 빈도 및 치명도
2) 사고 손실에 따른 비용
3) 개선사항에 대한 조치 현황
4) 각 부서장의 점검에 따른 조치실적
5) 진단결과 유소견자 감소 및 증가
6) 산업안전보건법 및 기타 법규에 따른 교육실시 및 성과

5. 문서관리

5.1 목표수립과 관련하여 모든 문서 및 기록은 표준문서 작성 및 관리 절차서(KR-P-05), 문서관리 절차서(KR-P-06) 및 기록관리 절차서(KR-P-10)에 따른다.

6. 관련 문서

6.1 안전보건추진계획 절차서(KR-P-03)
6.2 표준문서 작성 및 관리 절차서(KR-P-05)
6.3 문서관리 절차서(KR-P-06)
6.4 기록관리 절차서(KR-P-10)

4.3.4 안전보건활동 추진계획

(1) 인증기준

안전보건활동 추진계획에 관한 인증기준(KOSHA 18001)에서 정하고 있는 내용은 다음과 같다.

○ 사업장은 안전보건상의 목표를 달성하기 위한 활동 추진계획을 해당업무(작업), 단위별(팀별, 부·과별)로 다음 사항을 수립하고 문서화하여 실행하여야 한다.
1. 조직의 전체 목표 및 부서별 세부목표와 이를 추진하고자 하는 책임자 지정
2. 목표달성을 위한 안전보건활동계획(수단·방법·일정·예산·인원)
3. 안전보건활동별 성과지표

○ 안전보건활동 추진계획은 정기적으로 검토되고 조직의 운영 변경 또는 새로운 계획의 추가 사유가 발생할 때에는 수정하여야 한다.

(2) 해석

목표설정에 따른 목표달성을 위한 추진계획의 수립원칙은 현실적으로 추진할 수 있는 방향으로 설정하여야 한다. 먼저 각 부서별로 목표를 수립하고 그 목표를 달성하기 위한 계획을 수립하는 일이다. 계획의 수립은 문서화를 통해서 실행하여야 하며 누락됨이 없어야 한다. 인증기준에서와 같이 추진 책임자를 반드시 지정하여야 하며 책임자는 목표의 달성에 대하여 관심과 책임을 다해야 한다. 목표달성을 위한 수단과 방법, 일정, 예산 및 인원(대상자)에 대하여 반영이 되는 추진계획서를 작성하여야 한다. 특히 예산의 반영은 누락이 많이 발생하는기 때문에 주의해야 할 부분이다.

또한 중요한 점은 성과지표의 적절한 반영이다. 성과는 앞에서도 언급했지만 지표가 정량화가 되어야 측정이 가능함을 명심하여야 한다. 수능응시가 목표인 경우는 모두 100점을 우리는 알고 있다. 수능에서 1등급을 받기 위해서 추진하는 계획과 수능응시를 위한 추진계획의 차이는 표현하기 어려울 정도이다. 수능응시에 목적을 두면 날짜와 교통수단을 중요시 하겠지만 1등급이 목표라면 몇 시간 동안 어디를, 어떻게 공부해야 하는지를 중요시할 것이고 그에 따라 실력도 향상이 될 것임은 자명하다. 즉 성과지표를 수치화하는 정량적 목표를 수립하고 추진 계획을 수립하여야 한다.

교육에 대한 목표를 수립할 경우 2시간의 목표만을 세우는 것은 성과를 거두기 위한 방

법으로는 효과가 아주 미미하다. 2시간의 교육시간에 우리 조직원의 교육 내용의 이해정도를 어느 정도(상, 중) 달성시키고자 하는 뚜렷한 목표가 설정되어야 한다. 위험성 평가에 대한 교육시간의 경우 위험성 평가를 혼자서도 능숙하게 할 수 있을 정도의 이해력 또는 실시능력을 달성시켜야겠다는 확실한 목표가 있어야 성과측정이 가능한 것이다. 그 평가는 강사가 정하여 타당한 합리적인 방법으로 효과를 측정해야 한다. 위험성 평가의 종류에 대해서 설명하고 잘 이해를 하였는지의 여부를 질문했을 때 하나도 대답을 못한다면 목표의 달성은 실패이다. 그러므로 그 원인을 분석해서 다음의 교육시간에는 방법을 달리하든가 또는 교재를 달리하고 교육시간을 바꾸는 방법으로 추진해야 할 것이다. 여기서 교육시간 달성이 목표라면 100% 목표를 달성하는 결과를 얻을 것이다. 얼마나 모순되는 일인가? 그래서 성과지표의 정확한 지정이 주요한 의미를 갖는 것이다.

사업장에서 추진계획의 수치화가 어려운 부분도 있지만 최대한 수치(정량)화 하도록 하는 점이 중요하다. 성과지표의 작성이 어렵다고 쉬운 목표만 작성하고 100% 달성하고 있다고 성과측정을 보고하지 말고 진정으로 시스템의 효과를 얻기 위하여 고민에 고민을 거듭해서 모든 조직원이 목표를 설정하고 지식을 높여가든지 훈련을 잘 소화하여 위기 상황에서 적절한 대처가 가능하도록 하여야 한다.

소방훈련도 년 2회 실시가 목표가 아니다. 실질적으로 화재가 발생했을 때 진압이 가능한지를 검토해야한다. 소방시설에 대한 이해력과 조작방법과 사용방법을 정확히 얼마나 알고 있는지를 측정해야 한다. 소화전 최초 방사 시간이 몇 분 걸리는지를 성과목표로 설정해야 측정이 가능하고 미달 시, 대책을 수립할 수 있을 것이며 조직원의 수준을 파악할 수 있는 것이다. 훈련을 하는 것이 목표라면 개선 사항이 별로 없을 것이며, 불참했을 경우 경유서만 쓰라고 공문만 보내는 현실이 될 것이다. 안전보건팀 담당자는 성과지표의 개발에 많은 노력을 해야 할 것이다.

(3) 부적합, 관찰 및 권고사항

- 구체적이지 못함
- 수단과 방법이 모호함
- 추진계획의 변경을 반영할 수 있는 양식이 부적절 함
- 성과지표의 모호성
- 예산을 편성하지 않음

(4) 매뉴얼 제정

안전보건활동 추진계획에 대한 매뉴얼의 제정은 인증기준을 참고하여 하나의 문서로 작성한다. 다음은 안전보건활동 추진계획에 대한 참고용 매뉴얼이다.

(5) 절차서의 제정

안전보건활동 추진계획에 대한 절차서 제정은 인증기준 및 매뉴얼을 참고하여 하나의 문서로 작성한다. 매뉴얼 다음은 안전보건활동 추진계획에 대한 참고용 절차서이다.

<table>
<tr><td rowspan="4">○○(주)</td><td rowspan="2">안전보건경영 매뉴얼</td><td>문 서 번 호</td><td>KR-M-06</td></tr>
<tr><td>개(제) 정 일</td><td>2018.01.01</td></tr>
<tr><td rowspan="2">4.3.4 안전보건활동 추진계획</td><td>개 정 번 호</td><td></td></tr>
<tr><td>페 이 지</td><td>of</td></tr>
</table>

1. 목 적

본 문서 ㈜○○(이하 '회사'라 한다)의 안전보건목표를 달성하기 위한 각 부서별 세부 실천방안 및 추진계획을 체계적으로 작성 · 운영하는데 그 목적이 있다.

2. 적용범위

본 문서 안전보건 추진계획의 작성, 시행 및 관리에 따라 각 부서에 적용한다.

3. 책임사항

3.1 대표이사는 안전보건경영목표에 따른 추진계획을 승인할 책임이 있다.

3.2 안전보건팀장은 안전보건경영 추진계획을 총괄 · 수립할 책임이 있고, 각 부서의 안전보건 추진계획을 취합하여 대표이사에게 보고할 책임이 있다.

3.3 안전보건팀장은 최종 승인된 안전보건 추진계획을 해당 부서 팀장에게 통보하고 추진에 따른 실적을 관리하여야 한다.

3.4 각 부서장은 추진계획을 수립하고 정기적으로 실적을 작성하여 안전보건팀장에게 제출한다.

4. 안전보건 추진계획의 수립의 원칙

4.1 사업장은 안전보건 상의 목표를 달성하기 위한 활동 추진계획을 해당업무(작업), 단위별(팀별, 부 · 과별)로 다음 사항을 수립하고 문서화 하여 실행하여야 한다.

1) 조직의 전체 목표 및 부서별 세부목표와 이를 추진하고자 하는 책임자 지정

2) 목표달성을 위한 안전보건활동계획(수단 · 방법 · 일정 · 예산 · 인원)

3) 안전보건활동별 성과지표

4.2 안전보건활동 추진계획은 정기적으로 검토되고 조직의 운영변경 또는 새로운 계획의 추가사유가 발생할 때에는 수정하여야 한다.

5. 안전보건 추진계획의 실행

5.1 각 부서장은 안전보건 추진계획에 따라 실적을 정기적으로 안전팀장에게 보고한다.

5.2 안전보건팀장은 정기적으로 안전보건성과를 확인하여야 하며, 정기적으로 대표이사에게 보고하여야 한다.

5.3 추진계획의 변경사항이 발생하는 경우 추진계획을 정기적으로 반영하여 실행한다.

6. 목표의 변경 또는 추진계획의 변경

6.1 다음의 경우 안전보건팀장은 안전보건 추진계획의 변경 필요성을 검토하여야 한다.

1) 안전보건경영 방침 및 안전보건목표의 변경이 필요할 때
2) 안전보건경영시스템의 보완이나 개정이 필요할 때
3) 안전보건심사(실태, 인증, 사후, 연장)에서 부적합이 발생할 때
4) 안전보건경영시스템의 성과측정에서 반영이 필요할 때
5) 안전사고발생으로 인하여 긴급히 개선조치가 필요할 때

6.2 추진계획의 변경이 발생된 경우에는 안전팀장은 각 부서장에게 통보하고 통보를 받은 각 부서장은 모든 조직원에게 통보하고 실행해야 한다.

7. 문서 및 기록의 관리

7.1 목표달성을 위한 안전보건 추진계획문서는 표준문서 작성 및 관리 절차서(KR-P-05), 문서관리 절차서(KR-P-06) 및 기록관리 절차서(KR-P-10)에 따른다.

8. 관련문서

8.1 안전보건 추진계획 절차서(KR-P-03)

8.2 표준문서 작성 및 관리 절차서(KR-P-05)

8.3 문서관리 절차서(KR-P-06)

8.4 기록관리 절차서(KR-P-10)

<table>
<tr><td rowspan="4">○○(주)</td><td rowspan="2">안전보건경영 절차서</td><td>문 서 번 호</td><td>KR-P-03</td></tr>
<tr><td>개(제) 정 일</td><td>2018.01.01</td></tr>
<tr><td rowspan="2">제3장 안전보건활동 추진계획</td><td>개 정 번 호</td><td></td></tr>
<tr><td>페 이 지</td><td>of</td></tr>
</table>

1. 목 적

본 절차서는 (주)○○(이하 '회사'이라 한다)의 목표설정에 따른 추진계획을 수립하여 안전보건경영시스템이 효과적으로 실행되어 산업재해를 예방하는데 있다.

2. 적용범위

본 절차서는 회사의 안전보건목표를 달성하기 위한 인적 및 물품을 활용하여 안전보건 추진계획 수립하는 경우에 적용한다.

3. 용어의 정의

3.1 "목표"는 안전보건 성과측면에서 조직이 달성하기 위해 설정하는 세부목표로서 가능한한 정량화된 것을 말한다.

3.2 "추진계획"이라 함은 목표를 달성하기 위해 인증기준에서 제시하는 방법을 이용하여 실행할 계획을 말한다.

4. 책임과 권한

4.1 대표이사는 안전보건목표를 승인할 책임이 있다.

4.2 안전보건팀장은 안전보건경영목표달성을 위한 추진계획(이하 "안전보건추진계획"이라 한다)을 총괄 수립할 책임이 있다.

4.3 각 부서장은 (이하 "관리감독자"라 한다) 해당 부서의 년간 안전보건추진계획을 안전팀장과 협의하여 작성하고 그 실행 결과를 정기적으로 안전팀장에게 통보한다.

4.4 각 부서장은 안전보건 추진계획을 실행한다.

5. 안전보건 추진계획 절차

5.1 안전보건 목표 수립

1) 안전보건팀장은 매년 12월 말까지 사업장의 안전보건 목표 달성을 위한 추진계

획을 대표이사의 승인을 득한다.

2) 안전보건팀장은 대표이사가 승인한 안전보건 목표 달성을 위한 추진계획을 각 부서장에게 통보한다.

5.2 작업구역별 안전보건 추진계획 수립

1) 안전보건팀장은 안전보건 목표를 바탕으로 각 부서의 추진계획서를 각 부서와 협의 후 확정하여 해당 부서에 통보한다.

2) 안전보건팀장은 각 부서장과 협의하여 안전보건 추진계획 수립하는 경우, 다음 사항을 충분히 고려하여야 한다.

가. 안전보건경영방침을 바탕으로 작성

나. 안전보건관련 법규 및 그 밖의 요구사항

다. 위험성평가 결과의 개선에 관한 사항

라. 회사의 여건 반영

마. 회사와 관련 관계자의 요청사항

6. 교육, 실행 및 성과 측정

6.1 교육

각 부서장은 안전보건 추진계획을 부서원에게 교육하여야 한다.

6.2 실행

1) 각 부서장은 부서의 안전보건 목표에 따라 안전보건 추진계획별로 담당자를 선정한다.

2) 각 부서장은 부서에서 수립한 안전보건 추진계획을 실행하여야 하며 필요 시에는 예산을 포함한 자원을 제공한다.

6.3 안전보건 성과측정

1) 각 부서장은 반기 1회 이상 안전보건 추진계획의 실행 실적을 파악하여 안전보건 추진계획서에 기록하여야 한다.

2) 안전보건팀장은 각 부서의 실행 실적을 내부 심사 시 확인하여 그 결과를 대표이사에게 보고한다.

3) 안전보건팀장은 목표에 다른 안전보건 추진계획의 실행 성과가 낮은 부서에 대하여 부적합사항 시정조치 및 예방조치 절차서(KR-P-10)에 따라 시정조치를 한다.

4) 안전보건팀장으로부터 시정조치를 요구받은 부서장은 성과가 낮은 원인을 분석

하고 시스템 효과를 달성하기 위한 시정조치 계획을 수립한 후 개선한 후 그 결과를 안전보건팀장에게 통보한다.

7. 안전보건 추진계획 변경절차

7.1 변경 시기의 기준

안전보건팀장은 다음과 같은 경우 안전보건 추진계획을 변경한다.

1) 안전보건경영 방침 및 안전보건목표의 변경이 필요할 때
2) 안전보건경영시스템의 보완이나 개정이 필요할 때
3) 안전보건심사(실태, 인증, 사후, 연장)에서 부적합이 발생할 때
4) 안전보건경영시스템의 성과측정에서 반영이 필요할 때
5) 안전사고발생으로 인하여 긴급히 개선조치가 필요할 때

7.2 변경 절차

1) 7.1에 따라 안전보건 추진계획의 변경 사유가 발생되었을 경우 안전보건팀장은 해당 사항을 변경하고 사본을 각 부서장에게 배포한다.
2) 각 부서장은 변경된 안전보건 추진계획을 확인하고 변경사항에 대한 불합리한 점이 발견되는 경우는 안전보건팀장과 협의하여 결정한다.
3) 협의 후 해당 부서장은 변경사항을 부서원에게 교육하고 실행한다.

8. 기록관리

본 절차서에 따른 기록은 기록관리 절차서(KR-P-10)에 따라 보관하여야 한다.

9. 관련양식

9.1 안전보건목표 및 추진계획서(양식 1)(kr-p-03-01)

〈양식 1〉 안전보건목표 및 추진계획서(kr-p-03-01)

(　　　)년도 안전보건 목표 및 추진계획서(실적) (　　　　　) 팀	작성자	
	검토자	
	승인자	

안전보건목표	세부 추진 목표	안전보건추진계획			추진일정		변경사유발생		소요 예산	담당자 (추진팀)	성과측정 (목표대비 달성도)
	세부추진목표 내용	추진 계획 내용	목표	성과 지표	추진 예정 일정	완료 일자	변경 내용 및 일정	완료 일자			
무재해 달성	1. 위험성평가를 통한 개선활동	1.1 위험성 평가 실시(정기평가)	1회	개선실행 100%	4월	3개월 이내			필요시 (20만원)	○○○	
		1.2 수시평가	1회	개선실행 100%	9월	3개월 이내			필요시 (10만원)	○○○	
	2. 교육실시	2.1 신규채용 및 작업내용변경시 안전보건교육 실시	실시	90점(상)이상	필요시				2만원	안전팀	
		2.2 정기교육	실시	90점(상)이상	매월				2만원	안전팀	
		2.3 특별안전교육	실시	90점(상)이상	필요시				2만원	안전팀	
		2.4 비상사태교육 및 훈련	실시	90점(상)이상	3월				5만원	안전팀	
		2.5 내부심사원	실시	90점(상)이상	10월				2만원	안전팀	

안전보건목표	세부 추진 목표	안전보건추진계획			추진일정		변경사유발생		소요 예산 (단위 : 천원)	담당자 (추진팀)	성과측정 (목표대비 달성도)
	세부추진목표내용	추진 계획 내용	목표	성과 지표	추진 예정 일정	완료 일자	변경 내용 및 일정	완료 일자			
	2. 교육실시	2.6 위험성평가	실시	90점(상)이상	4월	-			2만원	안전팀	
		2.7 경영자검토결과	실시	90점(상)이상	12월	-			2만원	안전팀	
		2.8 KOSHA 18001 시스템(구조·책임등)	실시	90점(상)이상	3,6,9월	-			6만원	안전팀	
	3. 안전보건경영시스템 운용	3.1 정기 내부심사실시	1회	내부심사 후 시정조치완료 100%	10월	1개월 이내			5만원	안전팀	
		3.2 성과측정 및 모니터링 평가 실시	1회	100% 달성	11월	-			2만원	안전팀	
		3.3 경영자 검토 실시	1회	5가지 항목 실시	12월	1개월 이내			2만원	안전팀	
		3.4 정기 법규준수평가 실시	1회	법규준수율 100%	8월	-			2만원	안전팀	
	4. 법규준수(건강)	4.1 건강진단 실시	년중	실시율100%	년중	-			보험	안전팀	
	5. 기타 자율 안전보건 관리 활동	5.1 안전보호구구매	필요	필요시 100%	년중	즉시			100만원	안전팀	
		5.2 무재해운동	진행	무재해진행여부	년중	-			-	안전팀	
		5.3 아차사고 발굴	실시	팀별2가지 이상	매월	-			-	안전팀	
		5.4 안전인상시상	실시	시상	짝수월				60만원	안전팀	

4.4. 실행 및 운영

4.4.1 구조 및 책임

(1) 인증기준

구조 및 책임에 관한 인증기준(KOSHA 18001)에서 정하고 있는 내용은 다음과 같다.

- ○ 최고경영자는 공표한 안전보건 방침, 목표를 달성할 수 있도록 모든 부서에서 안전보건경영체제가 올바르게 실행 및 운영되고 있는가에 대하여 주기적으로 점검 확인하여야 한다.
- ○ 사업장의 안전보건활동 업무를 효율적으로 수행하기 위하여 활동계획 및 업무별로 담당자를 정하고 그의 역할, 책임과 권한을 문서화 하고 조직 내에서 공유하여야 한다.
- ○ 사업장은 안전보건경영체제의 실행 및 운영과 개선에 필요한 자원(인적 · 물적)의 제공과 이를 실행하기 위하여 구성원에게 교육, 훈련 등을 제공하여야 한다.

(2) 해석

인증기준에서는 구조 및 책임에 관한 사항을 제시하고 있는데 기본적으로 시스템을 운용하기 위해 최고경영자를 포함하는 각 부서장의 역할과 임무를 정하는데 목표를 두고 있다. 가급적 산업안전보건법에서 정하는 임무를 포함해서 시스템운용을 위한 임무를 정하면 보다 효과적이라고 하겠다. 이 문서에서 중요한 요소로서 각각의 임무를 빠짐없이 정하는 것이다. 자율안전보건경영시스템은 전 사원이 참여하여 방침에서 설정된 목표를 달성하여야 하기 때문에 각 계층별로 주어진 임무를 적극적으로 정하여 운용해야 한다.

이 시스템은 사업장 내에서 근무하는 경우는 물론이고 사업장을 출입하는 경우도 안전사고를 예방하기 위하여 모두 지켜야 할 규정이다. 인증기준에서 정하고 있는 것처럼 교육을 담당하는 부서장은 정기적으로 시스템과 관련하여 교육과 훈련을 실시해야 한다. 현장에서의 부적합 발견사항으로는 대표적으로 대표이사의 임무의 부적절과 각 부서장의 임무가 불분명하고 누락이 되는 경우이다.

(3) 부적합, 관찰 및 권고사항

- 최고경영자의 업무에 시스템 운용에 대한 구체적인 임무 누락
- 각 부서장의 역할 불분명
- 부서원의 임무가 구체적이지 못함

(4) 매뉴얼 제정

구조 및 책임에 대한 매뉴얼의 제정은 인증기준을 참고하여 하나의 문서로 작성한다. 다음은 구조 및 책임에 대한 참고용 매뉴얼이다.

<table>
<tr><td rowspan="4">○○(주)</td><td rowspan="2">안전보건경영 매뉴얼</td><td>문 서 번 호</td><td>KR-M-07</td></tr>
<tr><td>개(제) 정 일</td><td>2018.01.01</td></tr>
<tr><td rowspan="2">4.4.1 구조 및 책임</td><td>개 정 번 호</td><td></td></tr>
<tr><td>페 이 지</td><td>of</td></tr>
</table>

1. 목 적

본 문서는 (주)○ ○(이하 '회사'라 한다)의 안전보건경영시스템을 효과적으로 실행하기 위한 사업장의 구조 및 책임을 정하고 안전사고를 예방하는데 있다.

2. 적용범위

본 문서는 안전보건경영시스템과 관련된 활동을 실행하는데 필요한 조직과 역할에 적용한다.

3. 조직의 구조

안전보건경영시스템을 운용하기 위한 조직의 구조는 항상 최신판으로 유지하고 "첨부 1"과 같이 운영한다.

4. 문서작성의 기본원칙

문서작성을 위한 기본원칙은 인증기준에서 정하고 있는 다음 사항을 기본으로 한다.

4.1 최고경영자는 공표한 안전보건 방침, 목표를 달성할 수 있도록 모든 부서에서 안전보건경영체제가 올바르게 실행 및 운영되고 있는가에 대하여 주기적으로 점검 확인하여야 한다.

4.2 사업장의 안전보건활동 업무를 효율적으로 수행하기 위하여 활동계획 및 업무별로 담당자를 정하고 그의 역할, 책임과 권한을 문서화하고 조직 내에서 공유하여야 한다.

4.3 사업장은 안전보건경영체제의 실행 및 운영과 개선에 필요한 자원(인적·물적)의 제공과 이를 실행하기 위하여 구성원에게 교육, 훈련 등을 제공하여야 한다.

4.4 상위자는 하위자에게 자신의 역할의 위임은 가능하지만 책임의 위임은 불가능하다.

5. 책임과 권한

5.1 대표이사 : 사업장내의 안전보건관리 책임자로서 안전보건경영시스템운용에 대한 총괄·관리 및 지휘하며, 각 부서장과 부서원의 업무 수행에 필요한 권한을 부여하고 시설·장비·예산 및 그 밖의 임무수행에 필요한 물적·인적 지원을 하여야 한다. 대표이사의 주요 책임사항은 다음과 같다.

1) 산업안전보건법에서 정하는 임무
2) 안전보건경영방침을 수립하고 정기적으로 유효성 검토
3) 안전보건경영목표의 승인 및 유효성 검토 승인
4) 안전보건경영체제의 운용 및 유지 확인
5) 안전보건경영체제의 실행을 위한 지원
6) 비상사고에 대한 총괄 지휘 및 사고대책 수립
7) 경영자검토의 결과를 수행하고 지속관리

5.2 안전보건팀장 : 최고경영자를 보좌하고 안전보건경영시스템의 운용에 관한 실무를 담당하며 주요 책임사항은 다음과 같다.

1) 최고경영자의 지휘를 받아 안전보건경영시스템 운용을 위한 안전보건경영방침 및 안전보건경영 목표의 변경 및 작성
2) 안전보건경영시스템 매뉴얼의 작성 및 개정
3) 안전보건경영시스템 실행을 위한 계획수립
4) 안전보건경영시스템 목표 달성을 위한 추진계획 수립 및 관리
5) 안전보건법규 및 그 밖의 요구사항 관리
6) 위험성 평가의 총괄 관리
7) 안전보건경영시스템의 내부심사 실행
8) 안전보건경영시스템 실행을 위한 자격절차를 포함하여 교육계획의 수립 및 실시
9) 안전보건경영시스템 관련 내·외부 이해 관계자와의 의사소통
10) 안전보건경영시스템의 성과 측정 및 평가
11) 기타 안전보건경영시스템의 인증기준과 관련된 업무

5.3 각 부서장 : 각 부서의 관리감독자로서 각 부서의 안전보건경영시스템을 수행하여야 하며 주요 책임 사항은 다음과 같다.

1) 부서의 안전보건경영시스템의 실행
2) 안전보건방침 및 목표달성을 위한 실행
3) 각종 안전사고 기록의 유지 및 개선대책 수립
4) 안전보건경영시스템의 성과측정 및 평가
5) 유해위험요인에 대한 조사
6) 위험성 평가의 실시
7) 부서의 추진계획을 수립하고 정기적인 목표달성 여부의 측정
8) 추진실적을 안전보건팀장에게 통보
8) 부서의 교육계획을 수립하고 교육실시
9) 비상사태 발생 시 긴급조치 및 원인분석
10) 부서원의 개인보호구의 지급 및 착용 관리 감독
11) 기타 안전보건경영방침을 달성하기 위한 수단과 자원의 제공

5.4 부서원 : 각 부서원은 안전보건경영시스템의 효과를 유지하고 목표를 달성하기 위하여 다음 업무를 수행한다.
1) 각종 기계기구 및 설비의 안전장치를 최상의 상태로 유지
2) 안전보건경영시스템에서 운영절차를 작성한 안전보건활동의 내용 준수
3) 개인보호구 착용 및 위생관리
4) 작업현장 정리정돈
5) 산업안전보건기준에서 정하는 안전수칙의 준수
6) 기타 부서장의 지시사항 준수

6. 문서 및 기록 관리

구조와 책임과 관련한 모든 문서와 기록은 표준문서작성 및 관리절차서(KR-P-05), 문서관리 절차서(KR-P-06) 및 기록관리 절차서(KR-P-10)에 따른다.

7. 관련문서

7.1 표준문서 작성 및 관리 절차서(KR-P-05)
7.2 문서관리 절차서(KR-P-06)
7.3 기록관리 절차서(KR-P-10)

8. 첨부

8.1 안전보건 조직도(첨부 1)

(첨부 1)

안전보건 조직도

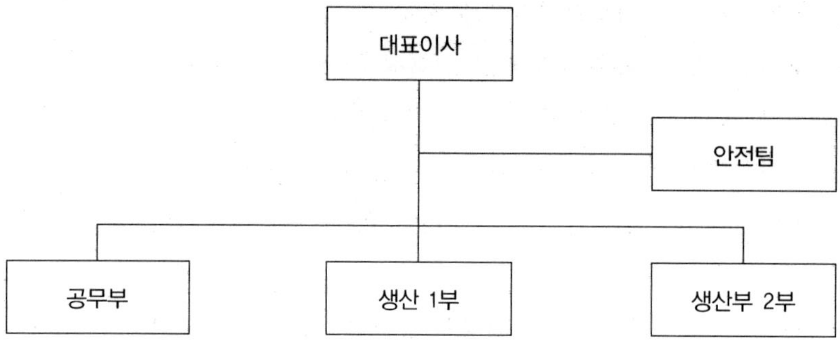

4.4.2 교육, 훈련 및 자격

(1) 인증기준

교육, 훈련 및 자격에 관한 인증기준(KOSHA 18001)에서 정하고 있는 내용은 다음과 같다.

○ 사업장에서 안전보건에 영향을 미치는 작업자는 업무수행에 필요한 교육, 훈련 또는 경험 등 적격한 능력을 보유하여야 하며 업무수행 상의 자격이 필요한 경우 자격절차를 수립하고 교육과 훈련을 통하여 자격을 유지하도록 하여야 한다.

○ 안전보건교육 및 훈련계획 수립 시에는 조직의 계층, 조직의 위험요인, 근로자의 업무 또는 작업 특성을 고려하되 다음 사항을 포함하여야 한다.
1. 안전보건 방침, 안전보건경영체제상 수행하여야 할 안전보건활동과 담당자의 역할 및 책임
2. 근로자의 업무 또는 작업이 안전보건에 미치는 영향과 결과
3. 위험성 평가 결과, 개선내용 및 잔여 위험요인과 그 대책
4. 비상 시 대응절차 및 규정된 대응절차로부터 벗어날 때 발생할 수 있는 2차적 피해

○ 안전보건 교육 및 훈련계획 수립 시 교육훈련의 필요성을 파악하고 교육훈련 후에는 교육성과를 평가하여야 한다.

(2) 해석

인증기준에서는 교육, 훈련 및 자격에 관한 사항을 제시하고 있는데 기본적으로 시스템을 운용하기 위한 부분도 있지만 위험기계를 취급하는 경우, 사고를 방지하기 위한 기본교육 및 훈련을 실행하는 기준을 제시하고 있다. 한 가지 예로서, 용접작업의 경우 가급적 용접관련 자격보유자가 작업해야 하지만 인원이 부족하면 비 자격자도 용접을 하는데 이러한 경우에 관리가 필요할 것이다. 비 자격자인 경우에 어떻게 훈련하고 그 수준을 유지하는 절차를 수립하여 실행하라는 의미이다.

교육계획을 수립하는 경우 교육내용의 선정이 중요하다는 점을 강조하고 있다. 통상적으로 교육계획을 수립할 때 산업안전보건법에서 정하는 내용만을 수립하는 경우가 많다. 물론 그러한 사항은 기본적으로 계획을 수립해야 타당하다고 할 수 있으나, 시스템을 운용하기 위해서는 시스템과 관련한 교육내용도 포함하라는 의미이다. 심사에서 많은 회사가 지적받고 있는 부분이며 시스템 교육의 중요성을 강조한 부분이다.

다음으로 교육 및 훈련의 필요성과 교육효과의 부분으로 많은 지적사항이 발생되는 부분

이다. 인증기준에서는 안전보건 교육 및 훈련계획의 수립 시 교육훈련의 필요성을 파악하고 교육훈련 후에는 교육성과를 평가하도록 규정하고 있다. 즉, 왜 교육 및 훈련을 실시해야 하는지를 미리 파악하라는 의미지만 그러한 절차가 누락이 되고 있는 실정이다. 예를 들어 용접교육계획을 수립할 때 왜 그러한 과목을 설정했는지를 파악하라는 의미인데 그러한 검토가 생략이 되고 계획을 세우고 있는 것이다. 전기안전교육의 과목 또한 마찬가지로 근로자의 전기안전에 관한 수준이 너무 낮아 위험하다는 자료를 근거로 계획을 수립하여야 하지만 왜 그 과목을 선정했는지 이유가 없는 것이다. 미리 설문조사를 진행하여 "아, 우리 회사원의 전기상식이 부족하구나"라는 결과를 바탕으로 계획을 수립하라는 의미이다. 산업재해보상법에 대한 교육계획을 수립할 때에는 관련 근거 법규에 따라서 진행하면 되는 것이다. 즉 미리 교육의 필요성을 파악하고 진행하면 최상의 결과인 것이다.

마지막으로 교육의 성과를 파악하라는 의미로서 많은 회사에서 어려움을 겪고 있는 부분이다. "어떤 방법으로 평가를 할 것인가?"라는 문제가 어려움을 겪게 만들고 있다. 평가 방법은 다양하며 시험지법, 질문지법, 문답법, 토의법 등이 있으며 이를 회사의 사정에 따라 적절한 방법으로 선정하여 실시해야 한다. 어떤 회사는 시험의 콤플렉스가 많아 절대 실시할 수 없다고 주장을 이해는 한다. 하지만 다른 방법을 적용하여 교육을 실시하고 근로자가 충분히 이해하고 그 부분에 대하여 지식이 많아지고 있는지를 확인하여야 한다. 2시간 교육 시키고 교육내용을 질문 했는데 전혀 모르고 있다면 다음 교육 계획을 수립할 경우에 강사의 교체라든지 교육 방법의 변경이나 참여의 동기부여를 강화하든지 무엇인가 변경을 해야만 한다. 이러한 과정이 없다면 의미 없는 교육이 되는 것은 자명하다. 방향이 빗나가는 경우지만 어떤 회사는 강사를 평가하고 강사에 대한 만족도를 조사하여 교육의 성과를 판단하는 회사도 있다. 물론 전혀 무관하다고는 할 수 없지만 피 교육생의 교육효과를 평가해야 함을 명심해야 한다.

(3) 부적합, 관찰 및 권고사항

- 자격절차 미 수립
- 교육 필요성 파악서 누락
- 교육성과의 파악 누락
- 교육 계획의 내용에서 시스템과 관련한 사항의 누락

(4) 매뉴얼 제정

교육, 훈련 및 자격에 대한 매뉴얼의 제정은 인증기준을 참고하여 하나의 문서로 작성한다. 다음은 구조 및 책임에 대한 참고용 매뉴얼이다.

(5) 절차서의 제정

교육, 훈련 및 자격에 대한 절차서의 제정은 인증기준을 참고하여 하나의 문서로 작성한다. 매뉴얼 다음은 구조 및 책임에 대한 참고용 절차서이다.

<table>
<tr><td rowspan="4">○○(주)</td><td rowspan="2">안전보건경영 매뉴얼</td><td>문 서 번 호</td><td>KR-M-08</td></tr>
<tr><td>개(제) 정 일</td><td>2018.01.01</td></tr>
<tr><td rowspan="2">4.4.2 교육, 훈련 및 자격</td><td>개 정 번 호</td><td></td></tr>
<tr><td>페 이 지</td><td>of</td></tr>
</table>

1. 목 적

본 문서는 (주)○ ○(이하 '회사'라 한다)의 안전보건경영시스템 활동을 실행하는 모든 근로자에 대한 교육 및 훈련에 관한 사항을 규정함을 목적으로 한다.

2. 적용범위

본 문서는 교육 및 훈련에 대한 안전보건경영시스템과 관련한 모든 관계자에게 적용한다.

3. 책임과 권한

3.1 최고경영자는 안전보건경영시스템의 교육 및 훈련에 대한 사항을 지원할 의무가 있으며 안전보건팀장에게 필요한 지시를 한다.

3.2 안전보건팀장은 안전보건시스템운용을 위하여 모든 근로자들의 안전보건과 관련하여 교육의 필요성을 각 부서장과 협의하여 파악한다.

3.3 안전보건팀장은 인증기준에서 정하는 내용을 포함하는 교육계획에 의하여 교육을 총괄관리하고 교육의 성과를 평가한다.

3.4 각 부서장은 각 부서의 작업자에 대한 교육의 필요성을 안전보건팀장과 협의하여 실행한다.

4. 교육 및 훈련 계획과 관련한 문서작성 기준

4.1 사업장에서 안전보건에 영향을 미치는 작업자는 업무수행에 필요한 교육, 훈련 또는 경험 등 적격한 능력을 보유하여야 하며 업무수행 상의 자격이 필요한 경우 자격절차를 수립하고 교육과 훈련을 통하여 자격을 유지하도록 하여야 한다.

4.2 안전보건교육 및 훈련 계획 수립 시에는 조직의 계층, 조직의 위험요인, 근로자의 업무 또는 작업특성을 고려하되 다음 사항을 포함 하여야 한다.

1) 안전보건 방침, 안전보건경영체제 상 수행하여야 할 안전보건활동과 담당자의

역할 및 책임

2) 근로자의 업무 또는 작업이 안전보건에 미치는 영향과 결과

3) 위험성 평가 결과, 개선내용 및 잔여 위험요인과 그 대책

4) 비상시 대응절차 및 규정된 대응절차로부터 벗어날 때 발생할 수 있는 이차적 피해

4.3 안전보건 교육 및 훈련계획 수립 시 교육훈련의 필요성을 파악하고 교육훈련 후에는 교육성과를 평가하여야 한다.

4.4 교육방법은 이론 강의를 기본으로 하고 필요에 따라 현장에서 실시한다.

4.5 해당 교육 및 훈련기록은 유지 · 관리한다.

5. 자격요구사항

5.1 산업안전보건법에서 정하는 사항에 관해서는 관계법규에 따른다.

5.2 내부심사원 및 위험성 평가요원에 대해서는 별도의 절차를 작성하여 운용한다.

6. 문서 및 기록의 관리

6.1 교육 · 훈련 및 자격 관련 모든 문서와 기록은 표준문서작성 및 관리절차서(KR-P-05), 문서관리 절차서(KR-P-06) 및 기록관리 절차서(KR-P-10)에 따른다.

7. 관련 문서

7.1 교육훈련 절차서(KR-P-04)

7.2 표준문서 작성 및 관리 절차서(KR-P-05)

7.3 문서관리 절차서(KR-P-06)

7.4 기록관리 절차서(KR-P-10)

<table>
<tr><td rowspan="4">○○(주)</td><td rowspan="2">안전보건경영 절차서</td><td>문 서 번 호</td><td>KR-P-04</td></tr>
<tr><td>개(제) 정 일</td><td>2018.01.01</td></tr>
<tr><td rowspan="2">제4장 교육, 훈련 및 자격</td><td>개 정 번 호</td><td></td></tr>
<tr><td>페 이 지</td><td>of</td></tr>
</table>

1. 목 적

본 절차서는 (주) ○○(이하 '회사'이라 한다)의 안전보건경영시스템에 적용하여 교육 및 훈련에 관한 매뉴얼에서 정하는 사항을 바탕으로 시스템을 실행하기 위한 절차서를 규정함을 목적으로 한다.

2. 적용범위

본 절차서는 모든 조직원을 대상으로 하고 안전보건교육 및 훈련에 관한 사항에 적용한다.

3. 책임과 권한

3.1 대표이사는 안전보건경영시스템을 총괄하여 운영한다.

3.2 안전보건팀장은 다음과 같은 책임이 있다.

1) 연간 안전보건교육 및 훈련계획의 수립

2) 인적자원을 포함한 기술적 교육자원 관리

3) 안전보건경영체제 및 안전보건사항에 대한 교육 및 훈련을 실시하고 년 2회 성과측정

3.3 각 부서장(이하 "관리감독자"라 한다)은 부서원이 필요한 교육을 파악하고 교육 및 훈련 계획을 수립하여 안전보건팀장과 협의하여 실시한다.

4. 업무 절차

4.1 교육대상

교육 훈련 대상은 사업장 전 근로자로 한다.

4.2 교육구분 및 내용

1) 안전보건교육은 아래와 같이 구분하여 실시한다.

가. 정기 교육

나. 신규근로자 채용 시 교육

다. 작업내용 변경 시 교육

라. 특별교육

마. 관리감독자 교육

2) 안전보건교육에 대한 교육내용은 산업안전보건법에서 정한 내용에 따라 실시한다.

4.3 교육훈련 자격자 기준

1) 안전관리자 및 관리감독자

2) 안전보건관리 책임자가 임명하는 자

3) 외부 전문가

4.4 교육계획의 수립

1) 안전보건팀장은 안전보건관련 교육계획을 수립하기 전에 교육의 필요성을 파악한 후, 안전보건 훈련계획을 매년 말까지 수립하고 공지한다.

2) 교육훈련 계획을 수립하는 경우 다음 사항을 포함한다.

가) 교육의 구분 및 대상

나) 교육방법(수단)

다) 교육강사(책임자)

라) 교육내용, 일정 및 시간

마) 위험성평가 결과에 따른 개선내용

바) 기타 평가에 관한 사항

4.5 교육 필요성 파악

교육계획을 수립하기 전에 교육의 필요성을 다음과 같은 방법으로 실시한다.

1) 교육 필요성 파악서의 양식을 활용

2) 설문지 조사에 의한 방법(또는 건의 함)

3) 타 회사 또는 타 부서의 사고사례 전파의 필요성

4) 관련 법규에서 요구하는 사항

5) 연말에 설문지를 작성하여 조직원에게 부족한 부분을 파악하여 계획수립

4.6 교육의 평가 및 사후관리

1) 안전보건과 관련된 교육훈련 후에는 가능한 시험지법을 포함하는 객관적인 방법으로 교육성과를 측정함을 원칙으로 하고 필요 시 강사에 의한 질문법(보통=80점 이상)으로 평가할 수 있으며 그 결과는 차기 교육에 반영한다.

2) 교육결과는 서명, 날인하여 3년간 보관한다.

3) 평가양식은 "양식 4"의 교육 참석자 명단의 항목에 삽입하여 사용한다.

4.7 교육 불참자 처리

교육 불참자에 대해서는 (휴가, 사외교육, 근무교대 등) 별도 교육시간을 수립하여 감독자가 재교육을 실시하고 재평가하여 관리하고 교육수강을 회피하는 경우에는 회사 처벌규정에서 정하는 바에 의해 처벌한다.

5. 사업장 내 안전 보건교육

5.1 근로자 정기교육

1) 교육대상 : 전 근로자

2) 교육시간 : 생산직은 분기 6시간 이상, 사무직은 분기 3시간 이상

3) 교육내용

가. 산업안전 및 사고 예방에 관한 사항

나. 산업보건 및 직업병 예방에 관한 사항

다. 건강증진 및 질병 예방에 관한 사항

라. 유해 · 위험 작업환경 관리에 관한 사항

마. '산업안전보건법' 및 일반관리에 관한 사항

바. KOSHA 18001시스템 인증 및 실행에 관한 교육

사. 산업재해보상보험 제도에 관한 사항

아. 위험성 평가 결과, 개선내용 및 잔여 위험요인과 그 대책

2) 교육강사 : 안전보건팀장이 실시

5.2 관리감독자 교육

1) 교육대상 : 관리감독자의 지위에 있는 자

2) 교육시간 : 연간 16시간 이상

3) 교육내용

가. 작업공정의 유해 · 위험과 재해 예방대책에 관한 사항

나. 표준안전작업방법 및 지도 요령에 관한 사항

다. 관리감독자의 역할과 임무에 관한 사항

라. 산업보건 및 직업병 예방에 관한 사항

마. 유해 · 위험 작업환경 관리에 관한 사항

바. '산업안전보건법' 및 일반관리에 관한 사항

4) 교육방법 : 인터넷 교육(16시간) 및 외부 교육기관 집합교육 참가(2일)

5.3 신규채용 시 안전보건 교육

1) 교육대상 : 신규채용자

2) 교육시간 : 작업작업 배치 전 8시간 이상

3) 교육내용

가. 산업안전 및 사고예방에 관한 사항

나. 산업보건 및 직업병 예방에 관한 사항

다. 건강증진 및 질병에 관한 사항

라. 유해·위험 작업환경 관리에 관한 사항

마. 산업재해보상보험 제도에 관한 사항

바. 물질안전보건자료에 관한 사항

사. 「산업안전보건법」 및 일반관리 및 KOSHA 18001에 관한 사항

4) 교육방법 : 안전보건팀장이 실시

5.4 작업내용 변경자 교육

1) 교육대상 : 작업내용 변경자

2) 교육시간 : 작업작업 배치 전 2시간

3) 교육내용

가. 산업안전 및 사고예방에 관한 사항

나. 산업보건 및 직업병 예방에 관한 사항

다. 건강증진 및 질병에 관한 사항

라. 유해·위험 작업환경 관리에 관한 사항

마. 산업재해보상보험 제도에 관한 사항

바. 물질안전보건자료에 관한 사항

사. 「산업안전보건법」 및 KOSHA 18001에 관한 사항

4) 교육방법 : 안전보건팀장이 실시

5.5 특별안전보건교육

1) 교육대상 : 유해 또는 위험한 작업장의 근로자

2) 교육시간 : 연간 16시간 이상

3) 교육내용 : 산업안전보건법(규칙별표 8의 2)(첨부 1)에 의한다.

4) 교육방법 : 안전보건팀장이 실시

5.6 물질안전보건자료(MSDS교육)교육

1) 교육대상 : 유해물질을 취급하는 해당 근로자

2) 교육시간 : 교육 시간은 별도로 없으나 정기교육시간에 포함

3) 교육내용

가. 대상 화학물질의 명칭

나. 물리적 위험성 및 건강 유해성

다. 취급상의 주의사항

라. 적절한 보호구

마. 응급조치요령 및 사고 시 대처방법

바. 물질안전보건자료 및 경고표지를 이해하는 방법

4) 교육방법 : 안전보건팀장이 실시

6. 관련기록

교육훈련에 관한 모든 기록은 기록관리 절차서(KR-P-11)에 따른다

7. 관련양식

7.1 교육필요성 평가표 (양식 1)(kr-p-04-01)

7.2 연간 안전보건 교육훈련 계획(실적)서 (양식 2)(kr-p-04-02)

7.3 교육실시 결과보고서 (양식 3)(kr-p-04-03)

7.4 교육참석자 명단 (양식 4)(kr-p-04-04)

8. 첨부 1

(첨부 1) 산업안전보건법(규칙별표 8)

〈양식 1〉 교육필요성평가표(kr-p-04-01)

년 월 일

( ) 년도 교육 필요성 평가표	결재	작 성	검 토	승 인

NO	교 육 구 분			교육 내용	교육 필요성 검토(설문지 또는 질문법)결과	교육 기관(장소)	대상 인원	소요 예산	비 고
	법정 교육	위탁 교육	자체 교육						

〈양식 2〉 연간 안전보건 교육훈련계획서(kr-p-04-02) 년도

<table>
<tr><td colspan="8" rowspan="2">(　　　　　)년도 안전보건 교육·훈련계획(실적)서</td><td colspan="3" rowspan="2">결
재</td><td colspan="4">작 성</td><td colspan="3">검 토</td><td colspan="3">승 인</td></tr>
<tr><td colspan="4"></td><td colspan="3"></td><td colspan="3"></td></tr>
<tr><td colspan="21"></td></tr>
<tr><td rowspan="2">NO</td><td rowspan="2">교육
구분</td><td rowspan="2">교육
내용</td><td rowspan="2">교육
방법</td><td rowspan="2">교육
대상</td><td rowspan="2">교육팀
(교육담당)</td><td rowspan="2">교육
시간</td><td colspan="13">교 육 일 정(월)</td><td rowspan="2">성과
측정
(%)</td></tr>
<tr><td>구분</td><td>1</td><td>2</td><td>3</td><td>4</td><td>5</td><td>6</td><td>7</td><td>8</td><td>9</td><td>10</td><td>11</td><td>12</td></tr>
<tr><td rowspan="2"></td><td rowspan="2"></td><td rowspan="2"></td><td rowspan="2"></td><td rowspan="2"></td><td rowspan="2"></td><td rowspan="2"></td><td>계획</td><td></td><td></td><td></td><td></td><td></td><td></td><td></td><td></td><td></td><td></td><td></td><td></td><td rowspan="2"></td></tr>
<tr><td>실적</td><td></td><td></td><td></td><td></td><td></td><td></td><td></td><td></td><td></td><td></td><td></td><td></td></tr>
<tr><td rowspan="2"></td><td rowspan="2"></td><td rowspan="2"></td><td rowspan="2"></td><td rowspan="2"></td><td rowspan="2"></td><td rowspan="2"></td><td>계획</td><td></td><td></td><td></td><td></td><td></td><td></td><td></td><td></td><td></td><td></td><td></td><td></td><td rowspan="2"></td></tr>
<tr><td>실적</td><td></td><td></td><td></td><td></td><td></td><td></td><td></td><td></td><td></td><td></td><td></td><td></td></tr>
<tr><td rowspan="2"></td><td rowspan="2"></td><td rowspan="2"></td><td rowspan="2"></td><td rowspan="2"></td><td rowspan="2"></td><td rowspan="2"></td><td>계획</td><td></td><td></td><td></td><td></td><td></td><td></td><td></td><td></td><td></td><td></td><td></td><td></td><td rowspan="2"></td></tr>
<tr><td>실적</td><td></td><td></td><td></td><td></td><td></td><td></td><td></td><td></td><td></td><td></td><td></td><td></td></tr>
<tr><td rowspan="2"></td><td rowspan="2"></td><td rowspan="2"></td><td rowspan="2"></td><td rowspan="2"></td><td rowspan="2"></td><td rowspan="2"></td><td>계획</td><td></td><td></td><td></td><td></td><td></td><td></td><td></td><td></td><td></td><td></td><td></td><td></td><td rowspan="2"></td></tr>
<tr><td>실적</td><td></td><td></td><td></td><td></td><td></td><td></td><td></td><td></td><td></td><td></td><td></td><td></td></tr>
</table>

〈양식 3〉 교육/훈련 결과보고서(kr-p-04-03)

결재	작성	검토	승인

교육실시 결과보고서

보고일자 :

	년　월　일	교육 대상	교육 구분	교 육 과 정	교 육 시 기
교육 일시	시작시간: 종료시간:	근로자	■	정기교육	분기(6시간)
			□	채용시교육	신규채용후작업종사전
교육 내용	- - - - - - -		□	작업내용변경시 교육	작업내용변경 전
			□	특별안전보건교육	안전담당자지정 작업배치전(영별표2)
		관리 감독자	□	정기교육	년16시간
		기타	□	위험성평가, 내부심사결과등 각종교육	필요시 1/2시간이상
교육 인원	계 :	비 고(불참자 관련)			
교육 과목					
교육 장소					
교육 방법	■강의식　　□기타( )				
강 사	소 속	직 위	성 명		
기 타	※ 교육평가는 참석자 명단에 기재 함				

〈양식 4〉 교육참석자 명단 (kr-p-04-04)

년 월 일

연 번	소 속	성 명	날 인	강사에 의한 평가		
				우수	보통	미흡
1						
2						
3						
4						
5						
6						
7						
8						
9						
10						
11						
12						
13						
14						
15						
16						
17						
18						
19						
20						

(첨부 1) 산업안전보건법(규칙별표 8)

[별표 8] 〈개정 2016.2.17〉

산업안전 · 보건 관련 교육과정별 교육시간

1. 사업 내 안전 · 보건교육(제33조제1항 관련)

<table>
<tr><th>교육과정</th><th colspan="2">교육대상</th><th>교육시간</th></tr>
<tr><td rowspan="4">정기교육</td><td colspan="2">사무직 종사 근로자</td><td>매분기 3시간 이상</td></tr>
<tr><td rowspan="2">사무직 종사 근로자 외의 근로자</td><td>판매업무에 직접 종사하는 근로자</td><td>매분기 3시간 이상</td></tr>
<tr><td>판매업무에 직접 종사하는 근로자 외의 근로자</td><td>매분기 6시간 이상</td></tr>
<tr><td colspan="2">관리감독자의 지위에 있는 사람</td><td>연간 16시간 이상</td></tr>
<tr><td rowspan="2">채용시의 교육</td><td colspan="2">일용근로자</td><td>1시간 이상</td></tr>
<tr><td colspan="2">일용근로자를 제외한 근로자</td><td>8시간 이상</td></tr>
<tr><td rowspan="2">작업내용 변경시의 교육</td><td colspan="2">일용근로자</td><td>1시간 이상</td></tr>
<tr><td colspan="2">일용근로자를 제외한 근로자</td><td>2시간 이상</td></tr>
<tr><td rowspan="2">특별교육</td><td colspan="2">별표 8의2 제1호라목 각 호의 어느 하나에 해당하는 작업에 종사하는 일용근로자</td><td>2시간 이상</td></tr>
<tr><td colspan="2">별표 8의2 제1호라목 각 호의 어느 하나에 해당하는 작업에 종사하는 일용근로자를 제외한 근로자</td><td>- 16시간 이상(최초 작업에 종사하기 전 4시간 이상 실시하고 12시간은 3개월 이내에서 분할하여 실시가능)
- 단기간 작업 또는 간헐적 작업인 경우에는 2시간 이상</td></tr>
<tr><td>건설업 기초안전 · 보건교육</td><td colspan="2">건설 일용근로자</td><td>4시간</td></tr>
</table>

2. 안전보건관리책임자 등에 대한 교육(제39조제2항 관련)

교육대상	교육시간	
	신규교육	보수교육
가. 안전보건관리책임자	6시간 이상	6시간 이상
나. 안전관리자	34시간 이상	24시간 이상
다. 보건관리자	34시간 이상	24시간 이상
라. 재해예방 전문지도기관 종사자	-	24시간 이상

3. 검사원 양성교육(제43조제2항 관련)

교육과정	교육대상	교육시간
양성교육	-	28시간 이상

4.4.3 의사소통 및 정보제공

(1) 인증기준

의사소통 및 정보제공에 관한 인증기준(KOSHA 18001)에서 정하고 있는 내용은 다음과 같다.

○ 사업장은 안전보건경영체제 확립을 위하여 조직 구성원과 이해 관계자가 안전보건활동에 참여하고 활동에 대한 의사소통 및 필요한 정보를 제공할 수 있도록 다음사항을 포함하여 절차를 수립하여야 한다.
1. 제공할 안전보건의 정보종류와 필요 시 전문가의 자문
2. 내·외부의 안전보건에 관한 문서접수처리 및 회신
3. 안전보건 문제 및 활동에 대한 근로자의 참여(견해, 개선 아이디어, 관심사항)와 검토 회신

○ 사업주는 안전보건목표 설정 및 안전보건계획의 수립 등 주요한 사항에 대해서 산업안전보건위원회를 활용하는 등 근로자의 의견을 반영하여야 한다.

(2) 해석

인증기준에서는 의사소통 및 정보제공에 관한 사항을 제시하고 있는데 기본적으로 시스템을 운용하기 위한 최고경영자를 포함하는 각 부서장 및 부서원 간의 정보제공을 통한 효과적 운용을 유지하기 위하여 절차서의 제정을 정하고 있다. 외부정보의 습득과 내부에서의 문서의 소통을 통한 정보의 전달에 관한 사항을 규정한다. 근로자의 의견을 어떤 절차에 따라 반영하거나 새로운 정보가 발생하였을 경우 어떻게 전달할 것인지 규정하여야 한다. 산업안전보건위원회를 개최하여 산업재해를 예방하기 위한 시스템의 적절한 활용을 추구하도록 하는 기회이다. 관리자의 일방적인 요구사항이 아니라 근로자와 관리자 간에 적절한 의사소통을 원할하게 하고자 하는 목적이 있다.

(3) 부적합, 관찰 및 권고사항

- 개선사항의 반영절차 미비
- 산업안전보건위원회 미개최
- 산업안전보건위원회가 없는 경우의 근로자 대표의 확인 미비

(4) 매뉴얼 제정

의사소통 및 정보제공에 대한 매뉴얼 및 절차의 제정은 인증기준을 참고하여 하나의 문서로 작성한다. 다음은 구조 및 책임에 대한 참고용 매뉴얼 및 절차이다.

<table>
<tr><td rowspan="4">○○(주)</td><td rowspan="2">안전보건경영 매뉴얼</td><td>문 서 번 호</td><td>KR-M-09</td></tr>
<tr><td>개(제) 정 일</td><td>2018.01.01</td></tr>
<tr><td rowspan="2">4.4.3 의사소통 및 정보제공</td><td>개 정 번 호</td><td></td></tr>
<tr><td>페 이 지</td><td>of</td></tr>
</table>

1. 목 적

이 문서는 회사의 안전보건경영시스템과 관련하여 이해 관계자로부터 관련 정보를 접수 및 문서화하고 회신하는 절차 등을 규정함을 목적으로 한다.

2. 적용 범위

이 문서는 회사의 안전보건경영시스템과 관련하여 조직 내부 및 이해 관계자의 의사소통 방법 및 정보제공 절차 등에 대하여 적용한다.

3. 책임 및 권한

3.1 대표이사

1) 이해 관계자의 안전보건관련 민원 수집, 의사소통 및 정보제공 등을 총괄관리

2) 의사소통 및 정보제공에 대한 경영자 검토 실시

3.2 안전보건팀장

1) 안전보건관련 민원수집 및 정보관리활동

2) 계층 간의 의사소통절차 수립 및 변경

3) 사고발생 시 관련 기관과의 의사소통 절차 관리

4) 이해 관계자의 안전보건 민원 접수, 처리결과 통보

3.3 부서장

안전보건팀장이 요청하는 관련 업무실행

4. 업무 절차

4.1 내부 의사소통

1) 각 부서장은 안전보건경영활동 결과 및 건의사항을 안전보건팀장에게 송부한다.

2) 안전보건팀장은 접수된 안전보건경영활동 결과 및 건의사항을 접수하고 그 효

과성을 검토한다.

3) 안전보건팀장은 안전보건경영체제의 성과측정, 감사 및 경영자검토 결과를 효과적인 방법으로 각 부서에 통보한다.

4) 안전보건팀장은 교육, 훈련 및 기타방법(사보, 게시판, 공고간행물, 회의, 사내 전산망 등)으로 시스템 결과물을 전 부서원에게 통보한다.

5) 모든 부서원은 안전보건팀장의 전달사항에 대하여 열람하여 열람여부를 각 부서장에게 통보하고 각자의 업무에 반영한다.

6) 각 부서장은 시스템에서 필요하다고 판단되는 결과물이나 정보가 있을 경우 안전보건팀장에게 통보한다.

4.2 외부민원 접수 및 전달

1) 각 부서장은 이해 관계자로부터 안전보건 민원을 접수하면 안전보건팀장에게 통보한다.

2) 안전보건팀장은 각 부서장 또는 외부 이해 관계자로부터 안전보건관련 민원을 접수하면 정리 및 분석하여 필요하다고 판단이 되는 경우 업무에 반영한다.

3) 안전보건팀장은 민원의 처리를 위하여 각 부서장에게 발생 사항을 통보하여 처리를 의뢰할 수 있다.

4) 안전보건팀장은 민원의 처리결과를 내·외부 이해 관계자에게 통보한다.

4.3 의사소통 관리

안전보건팀장은 안전보건과 관련한 민원의 접수 및 처리결과를 최고경영자에게 보고하고 최고경영자의 별도지시가 있는 경우 지시에 따른다.

5. 안전보건관련법규 정보 및 그 밖의 요구사항의 입수 경로

5.1 안전보건공단의 홈페이지

5.2 대한산업보건협회 또는 법제처

5.3 안전신문 등 안전보건관련 신문

5.4 외부 공문 및 행정기관 관보

5.5 사고사례 및 중대재해의 자료

6. 문서 및 기록 관리

의사소통 및 정보제공 관련 모든 문서와 기록은 표준문서 작성 및 관리 절차서(KR-P-05), 문서관리 절차서(KR-P-06) 및 기록관리 절차서(KR-P-10)에 따른다.

7. 관련 문서

7.1 표준문서 작성 및 관리 절차서(KR-P-05)

7.2 문서관리 절차서(KR-P-06)

7.3 기록관리 절차서(KR-P-10)

4.4.4 문서화

(1) 인증기준

문서화에 관한 인증기준(KOSHA 18001)에서 정하고 있는 내용은 다음과 같다.

○ 사업장은 안전보건경영체제를 성공적으로 정착하기 위해 안전보건경영 구성요소와 요소 간의 상관 관계를 문서화하여야 한다.

○ 안전보건경영체제에 대한 문서는 구성원 모두가 이해하기 쉽도록 간략하게 작성되고 효과성과 효율성을 위해 최소한도로 유지되어야 한다.

(2) 해석

문서화에 관한 인증기준의 부분은 시스템의 기본 구성요소 사이에 상관관계를 정립하는 것으로서 문서의 기본으로부터 최종단계의 문서까지 제정하는데 원칙을 정하고 있다. 또한 모든 문서는 간결하게 작성하여야 한다. 안전보건경영시스템 운영책임자는 시스템이 효과적이고 효율적으로 실행됨을 보장하기 위해 충분한 자료를 문서화하고 그 문서를 최신의 것으로 유지하여야 한다.

(3) 부적합, 관찰 및 권고사항

- 문서구성과 실제문서의 차이
- 구성은 3단계(매뉴얼, 절차서, 지침서)이나 실제는 절차서가 없음
- 매뉴얼과 절차서의 차이 발생

(4) 매뉴얼 제정

문서화에 대한 매뉴얼의 제정은 인증기준을 참고하여 하나의 문서로 작성한다. 다음은 문서화에 대한 참고용 매뉴얼이다.

(5) 절차서의 제정

인증기준과 매뉴얼을 기본으로 문서화에 대한 절차서를 작성하고 시스템을 실행한다.

<table>
<tr><td rowspan="4">○○(주)</td><td rowspan="2">안전보건경영 매뉴얼</td><td>문 서 번 호</td><td>KR-M-10</td></tr>
<tr><td>개(제) 정 일</td><td>2018.01.01</td></tr>
<tr><td rowspan="2">4.4.4 문서화</td><td>개 정 번 호</td><td></td></tr>
<tr><td>페 이 지</td><td>of</td></tr>
</table>

1. 목 적

본 문서는 (주)○ ○(이하 '회사'라 한다)의 안전보건경영시스템 문서 관리체제를 수립함으로써 안전보건경영체제 업무를 효과적으로 수행하도록 하는데 그 목적이 있다.

2. 적용범위

본 문서는 안전보건경영시스템과 관련된 문서체계에 대하여 적용한다.

3. 책임과 권한

3.1 대표이사는 안전보건경영시스템 관련문서(매뉴얼, 절차서, 지침서)의 제정, 개정 및 승인한다.

3.2 안전보건팀장은 안전보건경영시스템 관련문서(매뉴얼, 절차서, 지침서)를 작성 및 검토한다.

3.3 각 부서장은 해당 각 부서의 매뉴얼 및 절차서에 따라 실행한다.

4. 안전보건경영체제 문서화의 범위 및 목표

4.1 본 문서화는 안전보건경영시스템 요건과 그 밖의 해당되는 안전관련법규와 관련한 활동에 적용한다.

4.2 본 문서화는 안전보건경영시스템을 효과적으로 운영할 수 있어야 한다.

4.3 회사는 서류나 전자매체 형태로 문서를 수립하고 유지한다.

5. 안전보건경영체제 문서화의 요건

5.1 조직은 통합경영시스템이 효과적이고 효율적으로 실행됨을 보장하기 위하여 충분한 자료를 문서화하고 문서를 최신의 것으로 유지하여야 한다.

5.2 조직은 문서를 서류나 전자매체 형태로 수립하고 유지하여야 한다.

1) 통합경영시스템의 핵심 요소들과 그들의 상호작용을 기술

2) 관련된 문서에 대한 방향을 제시

3) 통합경영시스템의 문서화는 다음 사항을 포함하여야 한다.
   (가) 시스템에서 요구하는 문서화된 방침 및 목표
   (나) 시스템에서 요구하는 문서화된 절차 및 기록
   (다) 프로세스의 효과적인 기획, 운영 및 관리를 보장하기 위하여 조직이 필요로 하는 문서

5.3 통합경영시스템 매뉴얼, 절차서, 지침서의 정의
   1) 매뉴얼 : 규격의 요구사항을 사업장이 어떻게 실행하고 있는가를 전체적으로 요약해서 보여주는 문서로써, 통합경영시스템에 대한 기본방침 및 요건을 정한 문서
   2) 절차서 : 조직의 방침에 따라 업무성과를 소기의 목적대로 달성하기 위한 책임, 권한, 업무처리 절차 등을 포함한 문서
   3) 지침서(표준) : 조직의 방침에 따라 구체적인 작업의 순서, 방법, 유의 사항, 이상발생 시 처리 사항 등을 정한 문서

5.4 통합경영시스템의 문서 구성의 단계는 매뉴얼, 절차서, 지침서로 한다.

6. 문서 및 기록의 관리

6.1 안전보건경영체제 관련 모든 문서와 기록은 표준문서 작성 및 관리 절차서(KR-P-05), 문서관리 절차서(KR-P-06) 및 기록관리 절차서(KR-P-10)에 따른다.

7. 관련 문서

7.1 표준문서 작성 및 관리 절차서(KR-P-05)
7.2 문서관리 절차서(KR-P-06)
7.3 기록관리 절차서(KR-P-10)

<table>
<tr><td rowspan="4">○○(주)</td><td rowspan="2">안전보건경영 절차서</td><td>문 서 번 호</td><td>KR-P-05</td></tr>
<tr><td>개(제) 정 일</td><td>2018.01.01</td></tr>
<tr><td rowspan="2">제5장 문서화</td><td>개 정 번 호</td><td></td></tr>
<tr><td>페 이 지</td><td>of</td></tr>
</table>

1. 목적

본 절차서는 (주) ○○(이하 '회사'라 한다) 안전보건경영 매뉴얼, 절차서, 지침서 등 문서의 작성, 개정 업무를 효율적으로 수행하는데 그 목적이 있다.

2. 적용범위

본 절차서는 안전보건경영시스템 업무에 관계되는 문서를 제정하고 개정하는 사항에 적용한다.

3. 용어의 정의

3.1 "관리번호"라 함은 안전보건경영 매뉴얼, 절차서, 지침서의 관리 및 배부를 위하여 각 문서에 부여된 일련번호를 말한다.

3.2 "문서"라 함은 안전보건활동의 절차, 방법 등을 정한 매뉴얼, 절차서, 지침서, 표준, 기준 등의 문서를 말한다.

4. 책임과 권한

4.1 대표이사는 안전보건경영시스템 관련문서(매뉴얼, 절차서, 지침서)의 제정, 개정 및 승인한다.

4.2 안전보건팀장은 안전보건경영시스템 관련문서(매뉴얼, 절차서, 지침서)를 작성 및 검토한다.

4.3 각 부서장은 해당 각 부서의 매뉴얼 및 절차서에 따라 실행한다.

5. 절차

5.1 표준문서 체계

1) 회사의 표준문서의 체계는 다음과 같다.

분 류	문서명
LEVEL Ⅰ	매뉴얼
LEVEL Ⅱ	절차서
LEVEL Ⅲ	지침서

2) 표준문서의 번호 부여체계는 다음과 같다.

구 분	번호부여방법	비 고
매뉴얼	회사명-M-일련번호	
절차서	회사명-P-일련번호	
지침서	회사명-J-일련번호	
양식	회사명 - 해당 절차서(지침) - 일련번호 - 양식번호	

5.2 표준문서의 제정, 개정 및 폐기 사유

1) 제정

가. 부서의 개편으로 새로운 직무가 시작되는 경우

나. 안전보건관련법규의 규정에 따라 새로운 직무가 시작되는 경우

다. 안전보건경영시스템 문서의 오류로 새로운 문서가 필요한 경우

라. 그 밖에 문서의 제정이 필요할 때

2) 개정

가. 안전보건경영시스템의 인증 요건이 신설 및 개정될 경우

나. 표준문서의 내용이 실행 면에서 불합리할 경우

다. 표준문서 유효성 평가 결과에 따라 문서의 변경이 요구되는 경우

라. 부서의 개편으로 직무변경이 발생한 경우

마. 그 밖에 표준문서의 개정 필요성이 나타난 경우

3) 폐기

가. 직무 수행 영역의 변경으로 현행 표준문서가 필요 없을 경우

나. 표준문서의 개정으로 현행 표준문서가 필요 없을 경우

다. 그 밖에 표준문서의 폐기가 필요한 경우

5.3 표준문서의 제정 (작성, 검토, 승인)

표준문서의 작성, 검토 및 승인권자는 다음과 같다.

표준문서 종류	작 성 자	검 토 자	승 인 자
매뉴얼	안전보건팀원	안전보건팀장	대표이사
절차서	안전보건팀원	안전보건팀장	대표이사
지침서	안전보건팀원	안전보건팀장	대표이사

5.4 표준문서의 교육 및 준수

1) 표준문서의 교육

각 부서장은 해당 표준문서의 내용을 근로자에게 교육시켜야 한다.

2) 표준문서는 최신의 유효본에 의해 준수되어야 한다.

6. 관련 양식

6.1 표준문서 개정이력양식 (양식1 kr-p-05-01)

6.2 표준문서 작성양식 (양식 2 kr-p-05-02)

〈양식 1〉 표준문서 개정이력양식(kr-p-05-01)

순번	개정일자	개정항목	개정내용 요약
0			
1			
2			
3			
4			
5			
6			

〈양식 2〉 표준문서 작성양식(kr-p-05-02)

<table>
<tr><td rowspan="4">○○(주)</td><td rowspan="2">안전보건경영 표준문서</td><td>문 서 번 호</td><td></td></tr>
<tr><td>개(제)정일자</td><td></td></tr>
<tr><td rowspan="2">제 목</td><td>개(제)정번호</td><td></td></tr>
<tr><td>페 이 지</td><td></td></tr>
</table>

4.4.5 문서관리

(1) 인증기준

문서관리에 관한 인증기준(KOSHA 18001)에서 정하고 있는 내용은 다음과 같다.

○ 사업장은 이 기준에서 요구하는 모든 문서가 작성 절차에 따라 다음 사항을 포함하여 관리되도록 하여야 한다.

1. 승인된 문서는 안전보건활동을 수행하는 조직에 전체 또는 해당업무에 관련된 일부문서를 적절한 장소에 비치
2. 문서는 정기적으로 검토하고 필요에 따라 개정하며 권한을 가진 자가 승인
3. 구(舊)문서는 달리 사용되지 않도록 문서 및 비치장소에서 신속히 제거조치
4. 문서규정에 의하여 또는 보전을 목적으로 보유하고 있는 모든 구(舊) 문서는 최신 문서와 적절하게 식별되도록 조치
5. 문서는 읽기 쉽도록 유지되고 쉽게 식별 및 추적이 가능하도록 관리하여야 한다.

○ 조직 내의 문서를 작성하고 수정하는데 필요한 절차와 책임에 대한 내용을 명시하고 있어야 한다.

(2) 해석

문서를 제정하여 실행을 하게 되는데 개정이나 수정이 필요한 경우를 위해서 문서관리의 인증기준을 제정하였다. 문서관리의 중요사항으로는 적절한 장소에 비치하여야 하고 비치에 관한 사항을 작성해야 한다. 문서의 개정의 요건을 작성하고 승인자에 대해서도 작성해야 한다. 개정되어 승인된 문서를 새롭게 비치하는 경우 구 문서의 폐기에 관한 사항을 작성해야 한다. 문서의 작성과 개정의 책임자를 명시해야 한다.

(3) 부적합, 관찰 및 권고사항

- 개정된 매뉴얼 및 절차서의 표지에 개정일자 기록이 없이 결재 및 사용
- 개정여부 및 최신본의 확인이 곤란
- 매뉴얼과 절차서의 문서관리 차이
- 법 개정으로 관련 규정을 추가하여야 하나 미 개정
- 인증기준의 변경사항 미반영 문서 사용

(4) 매뉴얼 제정

문서관리에 대한 매뉴얼의 제정은 인증기준을 참고하여 하나의 문서로 작성한다. 다음은 문서화에 대한 참고용 매뉴얼이다.

(5) 절차서의 제정

인증기준과 매뉴얼을 기본으로 문서관리에 대한 절차서를 작성하고 시스템을 실행한다.

<table>
<tr><td rowspan="4">○○(주)</td><td rowspan="2">안전보건경영 매뉴얼</td><td>문 서 번 호</td><td>KR-M-11</td></tr>
<tr><td>개(제) 정 일</td><td>2018.01.01</td></tr>
<tr><td rowspan="2">4.4.5 문서관리</td><td>개 정 번 호</td><td></td></tr>
<tr><td>페 이 지</td><td>of</td></tr>
</table>

1. 목 적

본 문서는 (주)○ ○(이하 '회사'라 한다)의 안전보건경영시스템 업무를 수행하는데 필요한 문서가 올바르게 작성되고, 승인된 유효한 문서가 적정한 장소에서 바르게 사용되도록 함으로써 업무의 효율을 극대화하는데 그 목적이 있다

2. 적용범위

본 문서는 사업장의 안전보건경영시스템에 관련된 문서의 작성, 검토, 승인, 배포 및 개정 업무에 대하여 적용한다.

3. 책임과 권한

3.1 안전보건팀장은 안전보건경영시스템 매뉴얼, 절차서, 지침서를 작성하고 배부한다.

3.2 안전보건팀장은 안전보건경영시스템과 관련된 법규 또는 안전보건자료 같은 사외 문서를 관리한다.

3.4 각 부서장은 배부된 문서를 관리하고 유지한다.

4. 문서관리체계의 기본요건

4.1 사업장은 이 기준에서 요구하는 모든 문서가 작성 절차에 따라 다음 사항을 포함하여 관리되도록 하여야 한다.

1) 승인된 문서는 안전보건활동을 수행하는 조직에 전체 또는 해당업무에 관련된 일부문서를 적절한 장소에 비치

2) 문서는 정기적으로 검토하고 필요에 따라 개정하며 권한을 가진 자가 승인

3) 구(舊) 문서는 달리 사용되지 않도록 문서 및 비치장소에서 신속히 제거조치

4) 문서규정에 의하여 또는 보전을 목적으로 보유하고 있는 모든 구(舊) 문서는 최신문서와 적절하게 식별되도록 조치

5) 문서는 읽기 쉽도록 유지되고 쉽게 식별 및 추적이 가능하도록 관리하여야 한다.

4.2 조직 내의 문서를 작성하고 수정하는데 필요한 절차와 책임에 대한 내용을 명시하고 있어야 한다.

5. 문서 및 기록의 관리

5.1 안전보건문서관리와 관련된 모든 문서 및 기록은 표준문서 작성 및 관리 절차서(KR-P-05), 문서관리 절차서(KR-P-06) 및 기록관리 절차서(KR-P-10)에 따른다.

6. 관련문서

6.1 표준문서 작성 및 관리 절차서(KR-P-05)

6.2 문서관리 절차서(KR-P-06)

6.3 기록관리 절차서(KR-P-10)

<table>
<tr><td rowspan="4">○○(주)</td><td rowspan="2">안전보건경영 절차서</td><td>문 서 번 호</td><td>KR-P-06</td></tr>
<tr><td>개(제) 정 일</td><td>2018.01.01</td></tr>
<tr><td rowspan="2">제6장 문서관리</td><td>개 정 번 호</td><td></td></tr>
<tr><td>페 이 지</td><td>of</td></tr>
</table>

1. 목 적

본 절차서는 (주)○○(이하 '회사'라 한다)에서 사용하는 문서관리의 절차 및 관리방법을 체계화하고, 효율적으로 관리하여 업무에 활용되도록 하는데 그 목적이 있다.

2. 적용범위

본 절차서는 회사의 안전보건경영관련 업무에 사용되는 문서의 작성, 개정, 승인, 발송 및 접수, 및 유지관리에 대해 적용한다.

3. 용어의 정의

3.1 "문서"라 함은 안전보건활동의 절차, 방법 등을 정한 매뉴얼, 절차서, 지침서, 표준, 기준 등의 문서를 말한다.

3.2 "자료"라 함은 안전보건경영시스템 관련 제반 업무를 수행하는데 필요한 규정, 법령, 그 밖의 요구사항 등 업무를 수행하는데 참고가 되는 문서를 말한다.

3.3 "안전보건경영 표준문서"라 함은 안전보건경영시스템 운영에 관한 원칙과 방법을 정한 것을 말한다.

4. 책임과 권한

4.1 대표이사 : 안전보건경영에 관한 문서 제정 및 개정사항 승인

4.2 안전보건팀장

1) 접수문서 검토

2) 발송문서 검토 및 조치사항 확인

3) 문서의 초안, 개정안 검토

4) 대외문서 접수, 등록 및 배포

5) 기술자료 등록 및 관리

6) 발송문서 등록 및 발송

7) 문서관리

5. 절차

5.1 작성

1) 표준문서의 작성은 안전보건팀장이 주축이 되어 표준문서 작성 양식지에 작성한다.
2) 매뉴얼, 절차서, 지침서 등 표준문서의 구성 내용은 다음 순서에 따르되 가감, 조정 혹은 선택하여 작성할 수 있다.
   가. 목적 : 업무수행의 의의 혹은 목적을 간단히 서술
   나. 적용범위 : 업무의 적용 범위, 예외사항 등을 명시
   다. 용어의 정의 : 절차서의 사용되는 주요 용어를 설명
   라. 책임과 권한 : 관계자의 책임 및 협조 사항을 명시
   마. 절차 : 효율적인 수행방법, 순서, 보고, 조치, 기록 등의 서술
   바. 양식 : 양식의 관리부서와 보존연한을 명시
   사. 관련 문서 : 절차서, 표준서 등을 명시
3) 매뉴얼 등 표준문서의 항목번호 부여 방법은 아래와 같다.
   가. 상위 항목번호
   상위 항목번호는 숫자와 마침표로 작성한다.
   [보기] 1.------------- 대항목 번호
   1.1 ------------- 중항목 번호
   나. 중항목 이하의 하위 항목번호는 아래와 같이 사용한다.
   [보기] 1.1------------- 중항목 번호
   1)
   가.
   (1)
   (가)
   다. 영문자 표기 및 순서

KR	M, P, J		00	00
회사약자	M	매뉴얼	순서(번호)	양식번호
	P	절차서		
	J	지침서		

5.2 검토

1) 표준문서 제·개정안의 검토는 안전보건팀장이 주관한다.

2) 안전보건팀장은 제출된 표준문서에 대해 다음 사항을 검토한다.

가. 산업안전보건법 및 관련 법규의 충족 여부

나. 안전보건경영매뉴얼과의 절차서의 적합성 및 유효성

3) 표준문서와의 일치 여부

4) 그 밖의 사항으로 안전보건경영시스템과 일치 여부

5) 검토 결과 불일치 사항이 발견되는 경우 안전보건팀장과 부서장이 협의하고 의견이 상충될 경우 승인권자의 결정에 따른다.

5.3 승인

1) 안전보건팀장은 검토 완료된 표준문서에 대해 각 문서별 승인권자의 승인을 받는다.

2) 승인권자는 표준문서의 제반사항을 검토 후 서명하고 서명일을 기록하여 표준문서의 효력발생을 실행한다.

3) 승인된 표준문서는 안전보건팀에서 문서대장에 기록하고 관리한다.

4) 표준문서는 최종 승인일 이후부터 효력이 발생된다.

5.4 표준문서의 개정 및 폐기

1) 표준문서의 개정이 필요한 경우에는 관련 팀에서 요청하고 안전보건팀장은 해당부서와 협의하고 승인권자의 승인을 받는다.

2) 안전보건경영매뉴얼, 절차서 및 지침서는 각 문서 단위로 개정 관리함을 원칙으로 한다.

3) 안전보건팀장은 배부된 개정본 배부시 구본은 회수하여 폐기하고 외부에 배포된 구본은 폐기를 요청한다.

5.4 문서의 발행 및 배포

1) 문서의 발행

안전보건팀장은 제정 또는 개정이 완료되어 승인된 표준문서를 발행하며, 발행된 표준문서가 최신본임을 식별하기 위해 표준문서 관리대장에 등록하여 유지관리한다.

2) 문서의 배포

가. 표준문서는 해당 부서에 비치하여 각 부서원이 활용할 수 있도록 한다.

나. 안전보건팀장은 등록된 표준문서에 대해 관리본과 비관리본을 구분하여야

하며, 배포대장에 배포처 및 배포일자를 기록하여 배포현황을 관리한다.

다. 외부로 배포할 경우에는 안전보건팀장의 승인에 따른다.

라. 안전보건관련 업무에는 관리본을 사용한다.

마. 안전보건팀장은 표준문서가 최종 승인된 후, 즉시 배포하고 구문서는 즉시 회수하여 폐기한다.

5.5 표준문서의 관리

1) 표준문서는 다음과 같이 관리한다.

가. 원본 : 안전보건팀장은 원본에 대한 사항을 관리한다.

나. 관리본 : 관리본(사본)은 각 부서에서 관리하며, 각 부서장은 관리본 보관, 파손 및 분실 방지에 대한 책임이 있다. 관리본의 표시는 표지의 상단에 '관리본'고무인을 찍거나 별도의 표시를 한다.

다. 구본 : 표준문서의 개정으로 인하여 구문서는 안전보건팀장이 각 부서장이 관리하는 문서를 반납받아 즉시 폐기한다.

2) 표준문서는 대외비로 관리하며 안전보건팀장의 허가 없이는 복사나 사외로 유출할 수 없다.

3) 표준문서는 사업장의 법과 같은 효력을 지닌 문서이므로 손상을 방지할 수 있는 장소에서 보관하고 쉽게 이용할 수 있도록 개방된 장소에 보관한다.

4) 표준문서에 임의로 수정, 표기 및 낙서를 금지하고 개정이나 수정이 필요한 경우 절차에 따라 실행한다.

5) 표준문서는 인쇄본 또는 전자매체로 보관이 가능하고 전자매체의 경우 안전하게 백업시스템에 등록하여 관리하며 각 부서원이 쉽게 접근할 수 있도록 개방한다.

5.6 개정

1) 문서의 개정은 작성절차와 동일하게 실행한다.

2) 개정번호는 최초에는 "0"이며, 개정이 실행될 때마다 1씩 증가한다.

3) 경미한 변경

편집상의 오류, 글자 오류 등의 경미한 변경은 검토, 승인을 받지 않아도 되며, 경미한 사항의 결정은 안전보건팀장이 실행한다.

5.7 유효성 평가

최신 자료를 사용함을 원칙으로 하고 문서의 유효성 평가는 년 1회 경영자 검토 사항에 포함하여 실행한다.

6. 관련 문서

6.1 표준문서 작성 및 관리 절차서(KR-P-05)

4.4.6 운영관리

(1) 인증기준

운영관리에 관한 인증기준(KOSHA 18001)에서 정하고 있는 내용은 다음과 같다.

○ 사업장은 안전보건 측면에 영향을 미칠 수 있는 기계기구, 사용물질, 작업 등에 대한 안전보건상의 기준을 수립하여야 한다.

○ 사업장은 다음과 같은 안전보건활동과 관련하여 해당 사항에 대한 운영절차를 수립하고 이행하여야 한다.

1. 운영절차가 필요한 안전보건활동
   - 작업장의 안전조치
   - 중량물 · 운반기계에 대한 안전조치
   - 개인보호구 지급 및 관리
   - 위험기계 · 기구에 대한 방호조치
   - 떨어짐 · 무너짐에 대한 방지조치
   - 안전검사 실시
   - 폭발 · 화재 및 위험물 누출 예방활동
   - 전기재해 예방활동
   - 쾌적한 작업환경 유지활동
   - 근로자 건강장해 예방활동
   - 협력업체의 안전보건 활동지원
   - 안전 · 보건관계자 역할과 활동
   - 산업안전보건위원회 운영
   - 산업재해조사 활동
   - 무재해운동 추진 및 운영
2. 작업내용 변경에 따른 유해 · 위험예방조치
3. 안전작업허가제도 운영

○ 사업장은 다음 사항이 포함된 구매절차서를 수립하고 이행하여야 한다.

1. 안전보건과 관련된 구매 또는 임대물품의 안전보건상의 요구사항
2. 구매 및 임대 물품에 대한 입고 전 안전성 확인
3. 공급자와 계약자 간의 사용설명서 등의 안전보건 정보 공유 사항

(2) 해석

운영관리에 대한 핵심사항으로는 인증기준에서 요구하는 안전보건활동을 누락 없이 제정하고 실행해야 한다는 점이다. 회사 내에서 사용하고 있는 기계나 위험물질에 대한 대책을 수립하여 취급하고 사용하라는 의미로서 인증기준에서 제시하는 기준은 가급적 누락 없이 준비해야 한다. 물론 경우에 따라서 회사의 규모가 적어 해당 서류가 필요 없는 경우에는 관련 내용의 문서는 작성할 필요는 없다. 문서작성이 누락되는 항목과 구매절차서에 관한 사항이 많은 회사에서 누락되고 있다. 또한 작업내용 변경에 따른 위해·위험예방조치 사항에 대해서 문서작성이 누락되는 경우가 많다. 문서를 작성하는 이유로는 미리 위험에 대처하는 선행해결이라는 관점이기 때문에 해당 회사의 규모에 맞게 미리 준비가 반드시 필요하다 할 것이다.

(3) 부적합, 관찰 및 권고사항

- 구매절차서의 누락 및 내용이 부적절
- 안전작업허가제도에 관한 사항
- 작업내용 변경에 따른 위해·위험예방조치 사항 누락
- 무재해 운동 추진 누락
- 협력업체의 안전보건 활동지원 사항 누락
- 떨어짐·무너짐에 대한 방지조치 누락
- 개인보호구 지급절차 작성 누락

(4) 매뉴얼 제정

운영관리에 대한 매뉴얼의 제정은 인증기준을 참고하여 하나의 문서로 작성한다. 다음은 운영관리에 대한 참고용 매뉴얼이다.

<table>
<tr><td rowspan="4">○○(주)</td><td rowspan="2">안전보건경영 매뉴얼</td><td>문 서 번 호</td><td>KR-M-12</td></tr>
<tr><td>개(제) 정 일</td><td>2018.01.01</td></tr>
<tr><td rowspan="2">4.4.6 운영관리</td><td>개 정 번 호</td><td></td></tr>
<tr><td>페 이 지</td><td>of</td></tr>
</table>

1. 목 적

본 문서는 (주)○ ○(이하 '회사'라 한다)의 모든 안전보건경영측면의 관리에 필요한 기준을 규정함을 목적으로 한다.

2. 적용범위

본 문서는 중요한 안전보건영향과 안전보건방침 · 목표 및 세부목표에 관련이 있는 회사의 위험기계기구 등을 포함한 유해 · 위험 설비 및 유해 위험작업에 적용한다.

3. 책임과 권한

3.1 대표이사는 회사 내 안전보건에 관한 관리업무의 총괄 관리

3.2 안전보건팀장은 안전활동에 필요한 규정 및 절차서를 작성하고 유지

3.3 각 부서장은 안전보건경영 상에 변화를 일으킬 수 있는 활동, 설비 및 공정을 파악하여 업무를 수행

4. 일반사항

안전보건활동을 수립하기 위한 기본 사항은 다음과 같다.

4.1 중요한 안전보건경영 측면과 관련 있는 운영과 활동을 식별하고 관련 규정에 운영기준을 규정하여야 한다.

4.2 회사에 필요한 중요한 안전보건경영 영향에 관련된 절차를 수립, 유지한다.

4.3 안전보건경영방침과 안전보건목표, 세부목표를 달성하는데 필요한 문서는 여러 상황을 가정하여 선제적으로 문서화된 절차를 수립하고 유지하여야 한다.

5. 안전보건활동에 관한 지침작성의 원칙

5.1 사업장은 안전보건 측면에 영향을 미칠 수 있는 기계기구, 사용물질, 작업 등에 대한 안전보건 상의 기준을 수립하여야 한다.

5.2 사업장은 안전보건활동과 관련하여 해당 사항에 대한 운영절차를 수립하고 이행하여야 한다.

5.3 사업장은 다음 사항이 포함된 구매절차서를 수립하고 이행하여야 한다.

1) 안전보건과 관련된 구매 또는 임대물품의 안전보건 상의 요구사항
2) 구매 및 임대 물품에 대한 입고 전 안전성 확인
3) 공급자와 계약자 간의 사용설명서 등의 안전보건 정보 공유 사항

5.4 안전보건활동과 관련하여 문서를 제정하는 경우에는 다음 사항을 참고하여 작성한다.

1) 유해 · 위험기계기구의 구조 및 종류
2) 위험성 평가 및 개선사항의 종결유무
3) 유해화학물질의 종류 및 특성 확인
4) 설비의 안전장치 상태
5) 정비 및 점검이력사항
6) 관련법규

6. 문서 및 기록의 관리

6.1 안전보건활동과 관련된 모든 문서 및 기록은 표준문서 작성 및 관리 절차서(KR-P-05), 문서관리 절차서(KR-P-06) 및 기록관리 절차서(KR-P-11)에 따른다.

7. 관련문서

7.1 표준문서 작성 및 관리 절차서(KR-P-05)

7.2 문서관리 절차서(KR-P-06)

7.3 기록관리 절차서(KR-P-10)

7.4 지침서

1) 작업장의 안전조치지침(KR-J-01)
2) 중량물 · 운반기계에 대한 안전조치지침(KR-J-02)
3) 개인보호구 지급 및 관리지침(KR-J-03)
4) 위험기계 · 기구에 대한 방호조치지침(KR-J-04)
5) 떨어짐 · 무너짐에 대한 방지조치지침(KR-J-05)
6) 안전검사 실시 지침(KR-J-06)
7) 폭발 · 화재 및 위험물 누출 예방활동지침(KR-J-07)

8) 전기재해 예방활동지침(KR-J-08)

9) 쾌적한 작업환경 유지활동지침(KR-J-09)

10) 근로자 건강장해 예방활동지침(KR-J-10)

11) 협력업체의 안전보건 활동지원 지침(KR-J-11)

12) 안전 · 보건관계자 역할과 활동지침(KR-J-12)

13) 산업안전보건위원회 운영지침(KR-J-13)

14) 산업재해조사 활동지침(KR-J-14)

15) 무재해운동 추진 및 운영지침(KR-J-15)

16) 작업내용 변경에 따른 유해 · 위험예방조치지침(KR-J-16)

17) 안전작업허가제도 운영지침(KR-J-17)

18) 구매절차서지침(KR-J-18)

○○(주)	안전보건경영 지침서	문 서 번 호	KR-J-01
		개(제) 정 일	2018.01.01
	제1장 작업장의 안전조치	개 정 번 호	
		페 이 지	of

1. 목 적

이 지침은 사업장 내에서 다양한 형태의 사고에 대한 예방 지침을 제시함으로써 사업장 내의 신체의 안전을 확보하여 상해 및 사망사고 등 사고를 예방하는 지침을 정함을 목적으로 한다.

2. 적용범위

이 지침은 회사의 작업장에 적용한다.

3. 용어의 정의

3.1 이 지침에서 사용하는 용어의 정의는 다음과 같다.

1) "조도(Lux, Intensity of illumination)"라 함은 밝기의 척도이며 어떤 물체에서 나오는 빛의 밀도를 말한다. 즉, 1촉광(cd)의 점광원으로부터 1m 떨어진 구면에 비치는 광의 밀도를 1 lux라 한다.
2) "유체(Fluid)"라 함은 기체 및 액체를 말한다.
3) "바닥(Floor)"이라 함은 통로나 작업대에서 발과 직접 접촉하는 요소를 말한다.
4) "작업대(Working platform)"라 함은 작동, 유지정비, 검사, 보수 등 기계류와 관계된 여러 작업에 사용되는 수평면을 말한다.
5) "미끄럼방지(Slip resistant)"라 함은 바닥면의 미끄러움을 줄이기 위한 조치를 말한다.
6) "답단 높이(Climbing height)"라 함은 두개의 계단 발판 사이의 수직거리를 말한다.
7) "계단참(Landing)"이라 함은 계단의 끝부분에 위치한 수평면의 정지 지역을 말한다.
8) "층계(Step)"라 함은 계단과 발판 사이를 오르내리기 위해 한 발을 놓는 수평 표면을 말한다.

3.2 그 밖에 이 지침에서 사용하는 용어의 정의는 이 지침에 특별한 규정이 있는 경우를 제외하고는 산업안전보건법, 같은 법 시행령, 같은 법 시행규칙, 산업안전보건기준에 관한 규칙 및 관련고시에서 정하는 바에 의한다.

4. 작업장의 안전조치 사항

작업장 내 사고의 대부분은 사람, 물품, 그리고 차량의 이동 중에 발생한다. 이러한 이동 중 사고는 물품의 들어올리기와 이동 그리고 미끄러짐과 걸림, 추락, 혹은 정지 및 이동 상태의 설비 및 장비와의 충돌에 의한 것이다. 정지 중의 사고는 대개 기계사용 중에 일어난다.

4.1 작업장 바닥의 미끄럼방지

1) 바닥의 상태 확인

가. 각 부서는 기름과 같은 미끄러운 물질의 발견 시 즉시 제거한다.

나. 어떠한 종류의 액체는 바닥에 흐르지 않게 하고 발견 시 즉시 제거한다.

2) 청소실시 및 관리

가. 쓰레기는 매일 제거한다.

나. 부서장은 청소상태를 확인한다.

다. 작업화는 바닥에 접착능력이 우수한 제품을 사용함을 원칙으로 한다.

라. 처음부터 오염 가능성을 피하여 세척의 필요성을 줄인다.

마. 액체를 뚜껑 있는 용기에 담아 보관하거나, 다른 용기로 옮길 때는 관으로 연결한다.

4.2 안전통로의 구분 및 설치기준

작업장의 통로 및 계단을 설치할 때 다음 사항을 고려하여야 한다.

1) 떨어짐에 의한 위험

2) 떨어지는 물체에 의한 위험

3) 보행자의 넘어짐에 의한 위험

4) 보행자의 실족에 의한 위험

5) 거리가 긴 두 지점 사이를 오르내릴 때의 과도한 육체적 피로에 의해 야기되는 위험

6) 통로 및 계단 설치 주변의 기계류에 의해 발생하는 다음과 같은 위험

가. 기계의 회전부

나. 기계의 왕복 운동부 및 이송부

다. 방사선, 복사열, 고온, 소음 등

라. 공기 중의 독성물질 등 환경에 의한 위험

7) 다음의 경우 이동통로를 반드시 설치하여야 한다.

가. 인력에 의한 재료를 이송하고 하역할 때

나. 작업자가 이동 중에 연속적인 관찰과 조작이 필요할 때

다. 작업자가 이동하면서 제어가 필요할 때

라. 통로를 설치할 때는 이용 빈도를 고려하여야 한다.

마. 비상 탈출구로서의 사다리는 동시에 많은 사람이 이용할 수 없기 때문에 사다리를 전용 비상 탈출구로는 사용하지 말아야 하며 별도의 통로를 설치하여야 한다.

8) 이동통로 선정 시에 검토할 사항

가. 이용자가 가능한 최소의 노력으로 이동할 수 있도록 한다.

나. 필요에 따라 설비나 공구를 운반하기 위한 통로 또는 비상 통로 등의 이동통로를 감안한다.

다. 이용자의 수와 이동방법을 고려한다.

9) 통로 선택의 우선순위

통로를 설치하고자 하는 때에는 다음 우선순위에 따라 선정하여야 한다.

가. 바닥이나 지면을 직접 이용하는 통행로

나. 승강기 또는 승강 장치를 이용한 통행로

다. 경사로 또는 계단

라. 발판 사다리 및 사다리

4.3 정리정돈

1) 작업자는 작업하는 장소를 항상 청결하게 유지 · 관리하여야 하며, 폐기물은 정해진 장소에만 버려야 한다.

2) 잘 수리된 작업장을 유지하여야 한다.

3) 모서리에서 사람 혹은 물질의 추락을 방지할 수 있는 펜스 혹은 가로대 설치와 같은 예방책을 수립한다.

4) 안전하게 이동하고 접근할 수 있는 공간을 확보한다.

5) 장애물이 없는 바닥과 복도, 계단을 유지한다.

6) 불필요한 도구는 정해진 위치에 보관한다.

4.4 안전표시의 설치 및 유지

1) 위험물질 관리

기계작업, 용접, 도색 그리고 세척작업 등에서 위험물질에 노출될 위험성이 상존한다.

가. 개인보호구 착용으로 먼지, 불꽃, 증기 등이 피부와 접촉하는 것을 방지한다.

나. 니켈-구리와 니켈-크롬, 납, 스테인레스-니켈 합금, 화학물질 등은 명확한 표식 부착으로 위험을 경고한다.

다. 금속작업 시 피부질환 유발을 방지하기 위해 피부노출을 피한다.

라. 위험물질을 다루는 자는 적절한 교육을 받아야 한다.

2) 안전표시

가. 안전·보건표지를 설치하거나 부착할 때에는 근로자가 쉽게 알아볼 수 있는 장소·시설 또는 물체에 설치하거나 부착하여야 한다.

나. 안전·보건표지를 설치하거나 부착할 때에는 흔들리거나 쉽게 파손되지 아니 하도록 견고하게 설치하거나 부착하여야 한다.

다. 안전·보건표지의 성질 상 설치하거나 부착하는 것이 곤란한 경우에는 해당 물체에 직접 도장(塗裝)할 수 있다.

라. 안전·보건표지의 종류별 색채, 안전·보건표지에 사용되는 색채의 색도기준 및 용도는 산업안보건법 시행규칙에 따른다.

마. 안전·보건표지는 그 표시내용을 근로자가 빠르고 쉽게 알아볼 수 있는 크기로 제작하여야 한다.

바. 안전·보건표지 속의 그림 또는 부호의 크기는 안전·보건표지의 크기와 비례하여야 하며, 안전·보건표지 전체 규격의 30퍼센트 이상이 되어야 한다.

사. 안전·보건표지는 쉽게 파손되거나 변형되지 아니하는 재료로 제작하여야 한다. 〈신설 2017.10.17.〉

아. 야간에 필요한 안전·보건표지는 야광물질을 사용하는 등 쉽게 알아볼 수 있도록 제작하여야 한다. 〈개정 2017.10.17.〉

5. 안전보건활동과 관련된 모든 문서 및 기록은 표준문서 작성 및 관리 절차서(KR-P-05), 문서관리 절차서(KR-P-06) 및 기록관리 절차서(KR-P-10)에 따른다.

<table>
<tr><td rowspan="4">○○(주)</td><td rowspan="2">안전보건경영 지침서</td><td>문 서 번 호</td><td>KR-J-02</td></tr>
<tr><td>개(제) 정 일</td><td>2018.01.01</td></tr>
<tr><td rowspan="2">제2장 중량물·운반기계에 대한 안전조치</td><td>개 정 번 호</td><td></td></tr>
<tr><td>페 이 지</td><td>of</td></tr>
</table>

1. 목 적

이 지침은 사업장 내에서 다양하게 사용되고 있는 중량물·운반기계에 대한 안조치사항을 제시함으로써 안전을 확보하여 상해 및 사망사고 등 사고를 예방하고자 함을 그 목적으로 한다.

2. 적용범위

이 지침은 회사의 작업장에 적용한다.

3. 용어의 정의

3.1 이 지침에서 사용하는 용어의 정의는 다음과 같다.

1) "중량물"은 별도로 법규적으로 정하지 않고 사용하고 있다. 다만 작업자의 연령, 성별 및 건강상태에 따라 사업장 내에서 규정하여 관리할 수 있다.

2) "운반기계"란 작업장 내에서 사용되는 물품을 운반하기 위한 기계를 의미한다.

3.2 그 밖에 이 지침에서 사용하는 용어의 정의는 이 지침에 특별한 규정이 있는 경우를 제외하고는 산업안전보건법, 같은 법 시행령, 같은 법 시행규칙, 산업안전보건기준에 관한 규칙 및 관련고시에서 정하는 바에 의한다.

4. 중량물 취급의 안전조치 사항

4.1 지게차 운반 작업안전

1) 작업전 확인사항

가. 팔레트는 적재 화물의 중량에 견디도록 충분한 강도를 가지고 심한 손상이나 변형이 없는 것으로 선정하여 사용한다.

나. 팔레트에 적재되어 있는 화물은 안전하고 확실하게 적재되어 있는지를 확인하며 불안정한 적재 또는 화물이 무너질 우려가 있는 경우에는 밧줄로 묶거나 그 밖에 안전조치를 한 후에 하역한다.

다. 작업구역 내에는 장애물이 없도록 해야 하며 통제를 위해 적절한 방책과 안전표지를 설치한다.

라. 지게차 전용의 작업구역에는 보행자 및 다른 차량의 출입을 원칙적으로 금지한다. 작업 시 주변에 보행자가 있을 경우 특별히 주의를 기울이고, 가능한 보행자 통로 근처에는 작업을 하지 아니한다.

마. 지게차 운전자는 안전한 운전을 위해 최대하중, 화물중심과의 거리, 회전반경 및 타이어 공기압 등 지게차의 성능과 운전 시 유의사항에 대해 숙지하고 있어야 한다.

2) 지면(평탄노면)에서의 작업

가. 운반하는 화물을 하역하는 경우에는 다음과 같은 순서에 따라야 한다.

(1) 운반하고자 하는 화물의 바로 앞에 오면 안전한 속도로 감속한다.

(2) 화물 앞에 가까이 갔을 때에는 일단 정지하여 마스트를 수직으로 한다.

(3) 팔레트 또는 스키드에 포크를 꽂아 넣을 때에는 지게차를 화물에 대해 똑바로 향하고, 포크의 꽂아 넣는 위치를 확인한 후에 천천히 포크를 넣는다.

나. 팔레트 또는 스키드로부터 포크를 빼낼 때에도 넣을 때와 마찬가지로 접촉 또는 비틀리지 않도록 조작한다.

다. 지면으로부터 화물을 들어올릴 때에는 다음과 같은 순서에 따라 작업을 실시한다.

(1) 일단 포크를 지면으로부터 5~10㎝ 들어 올린 후에 화물의 안정상태와 포크에 대한 편하중이 없는지 등을 확인한다.

(2) 이상이 없음을 확인한 후에 마스트를 충분히 뒤로 기울이고, 포크를 바닥면으로부터 약 10~30㎝의 높이를 유지한 상태에서 주행한다.

3) 적치(내려쌓기)작업

가. 화물을 적치(내려쌓는 작업)하는 경우에는 다음과 같은 순서로 한다.

(1) 적치하는 장소의 바로 앞에 오면 안전한 속도로 감속한다.

(2) 적치하는 장소 앞에 가까이 접근하였을 때에는 일단 정지한다.

(3) 적재되어 있는 화물의 붕괴, 파손 등의 위험이 없는지 확인한다.

(4) 마스트를 수직으로 하고 포크를 수평으로 한 후, 내려놓을 위치보다 약간 높은 위치까지 올린다.

(5) 내려놓을 위치를 잘 확인한 후, 천천히 전진하여 예정된 위치에 내린다.

(6) 천천히 후진하여 포크를 10~20㎝ 정도 빼내고, 다시 약간 들어 올려 안전하고 올바른 적재위치까지 밀어넣고 내려야 한다.

나. 적치하는 경우에 포크를 완전히 올린 상태에서는 틸트(뒤로 기울임)장치를 거칠게 조작하지 않는다.

다. 적치를 하는 상태에서는 운전자가 절대로 차에서 내리거나 이탈하여서는 안 된다.

4) 주행 시의 안전

가. 앉아서 조작하는 방식의 지게차를 운전하는 근로자는 반드시 좌석안전띠를 착용하여야 한다.

나. 사업주는 미리 작업장소의 지형 및 지반상태 등에 적합한 제한속도를 정하고(최대제한속도가 10 km/hr 이하인 것을 제외한다), 지게차 운전자는 제한속도를 초과하여 운전하여서는 안 된다.

다. 비포장도로, 좁은 통로, 언덕길 등에서는 급출발이나, 급브레이크 조작, 급선회 등을 하지 않는다.

라. 지게차는 전방 시야가 나쁘므로 전후좌우를 충분히 관찰하여야 하며, 적재화물이 운전자의 시야를 가리지 않도록 하고 시야를 현저하게 방해할 때에는 다음과 같은 조치를 한다.

(1) 유도자를 배치하여 안전작업이 되도록 한다.

(2) 후진으로 진행하며, 후진 시에는 경고음과 경광등으로 위험을 경고한다.

마. 옥내 주행 시는 전조등을 켜고 주행한다.

사. 화물적재 상태에서 30㎝ 이상으로 들어 올리거나 마스트를 수직이나 앞으로 기울인 상태에서 주행하지 말고 마스트를 뒤로 젖힌 상태에서 가능한 한 낮추고 운행한다.

아. 포크나 포크 등에 의해 지지되고 있는 화물 아래에 사람이 출입하지 않도록 한다.

자. 선회하는 경우에는 후륜이 바깥쪽으로 크게 회전하므로 사람이나 건물에 접촉 또는 충돌하지 않도록 천천히 선회한다.

차. 도로상을 주행할 때에는 포크의 선단에 표식을 부착하는 등 보행자, 작업자가 식별할 수 있도록 한다.

5) 주차시의 안전

가. 안전하고 감시가 쉬운 정해진 지역에 주차하며, 경사면에 주차하지 않는다.

나. 포크를 바닥까지 완전히 내리고 마스트는 포크가 바닥에 닿을 때까지 앞으로 기울인다.

다. 방향전환 레버는 중립 위치에 놓는다.

라. 시동을 끄고 열쇠는 운전자가 지참하며 주차 브레이크를 확실히 작동시켜 둔다.

마. 주차 시 운전자 신체의 일부를 차체 밖으로 나오지 않게 한다.

4.2 구내운반차 작업안전

1) 주행을 제동하거나 정지상태를 유지하기 위하여 유효한 제동장치를 갖출 것

2) 경음기를 갖출 것

3) 핸들의 중심에서 차체 바깥 측까지의 거리가 65cm 이상일 것

4) 운전석이 차 실내에 있는 것은 좌우에 한 개씩 방향지시기를 갖출 것

5) 전조등과 후미등을 갖출 것. 단, 필요한 조명이 있는 장소에서 사용하는 구내운반차에 대해서는 제외

4.3 인력운반기준

1) 인력운반 시작 전 준수사항

가. 허리를 중심으로 요통을 방지하기 위한 운동 실시

나. 운반통로를 확인하고, 통로상의 장애물을 제거

다. 작업자의 체력을 고려한 작업 배치

라. 규정에 맞는 복장 및 보호구를 착용

마. 작업조건, 작업환경, 작업 대상물의 형상, 근로자의 성별 및 연령 등을 고려한 중량 결정

2) 인력운반 작업 시 고려 사항

가. 들어 올리는 방법

나. 운반자세의 종류와 신체에 걸리는 부하

다. 낮은 곳에 있는 것의 취급 시 자세

라. 높은 곳에 있는 것의 취급 시 자세

마. 어깨에 매는 자세

3) 운반구에 의한 취급작업 시 고려사항

가. 적합한 운반구 선정

나. 방호덮개 설치 · 사용

다. 손잡이 설치 · 사용

라. 제한 하중 초과 금지

마. 운반구를 뒤로 끌 때 자세

4.4 크레인 운반 작업안전

1) 운반작업 전 점검

가. 화물이 시야를 가리지 않는가를 확인

나. 모서리 및 돌기가 없는가를 확인

다. 중량물 확인과 운반장소의 받침목을 준비

라. 적합한 후크 및 와이어로프 또는 줄걸이를 검사

2) 크레인 작업 표준 신호

가. 크레인을 이용한 작업 시 신호방법

나. 데릭을 이용한 작업 시 신호방법

다. 마그네틱 크레인을 이용한 작업시 신호방법

3) 크레인 작업 시 안전수칙

가. 과부하 제한 기타 안전수칙에 정해진 사항 준수

나. 운전자 교체 시 인수인계를 확실히 하고 필요 시 조치

다. 크레인 승강은 지정된 사다리 이용

라. 매일 작업개시 전 권과방지장치, 브레이크, 클러치, 컨트롤러의 기능, 와이어 로프의 이상 여부 점검

마. 크레인 주행 시는 경적을 울리거나 경광등 사용

바. 권상 시에는 화물의 무게 중심과 후크 중심이 일직선이 되도록 할 것

사. 화물 위에 작업자 탑승 금지

아. 운전 중에 점검, 급유 등을 하지 말 것

4.5 컨베이어 작업안전

1) 컨베이어 주위는 사전에 점검 실시

2) 운전범위가 크거나 넓을 때는 경고나 방송

3) 컨베이어 조작은 작업표준에 의함

4) 운전 정지 시에는 컨베이어 위에 대상물이 없는 상태에서 정지

5) 컨베이어의 정지상태를 연락

5. 중량물 취급 시 안전대책

다음 표 1은 중량물 취급 시 세부 조치내역을 나타내고 있다.

6. 안전보건활동과 관련된 모든 문서 및 기록은 표준문서 작성 및 관리 절차서(KR-P-05), 문서관리 절차서(KR-P-06) 및 기록관리 절차서(KR-P-10)에 따른다.

〈표 1〉 중량물 취급 시 세부조치내역

항목	세부조치내역
1. 인력 및 이동 대차 작업	① 화물의 종류, 형상 등에 적합한 운반·취급 방법 선정 ② 적재 화물의 종류별로 규정된 적재방법 준수 ③ 올바른 인력운반 취급요령 준수 ④ 임의 구름방지장치 부착 등 이동대차 안전장치 부착 ⑤ 인력 및 이동대차 운반 안전통행로 확보
2. 지게차 작업	① 무자격자(기능, 경험)에 의한 운전 금지 ② 헤드가드, 백레스트, 안전벨트 등 운전자 보호장치 부착 ③ 지게차와 보행자 운행통로 구획 관리 ④ 적재하중 및 제한속도 준수
3. 크레인 작업	① 과부하 방지장치 등 크레인 각종 방호장치 정상 기능 유지 ② 운전자와 지정신호수간 일정한 신호에 의한 화물 운반 ③ 안전모, 안전화 등 개인보호구 착용 ④ 크레인 작업반경 내 출입금지 및 급격한 조작금지
4. 기타 운반기계 작업	① 출입문 연동장치 등 리프트/화물용 승강기 각종 방호장치 정상 가능 유지 ② 승강로 바닥 주변에 방호울 설치 ③ 화물 이탈 방지 등을 위한 컨베이어 방호장치 부착 ④ 수리·점검 중 전원 차단 및 "조작금지" 표지판 부착

<table>
<tr><td rowspan="4">○○(주)</td><td rowspan="2">안전보건경영 지침서</td><td>문서번호</td><td>KR-J-03</td></tr>
<tr><td>개(제) 정 일</td><td>2018.01.01</td></tr>
<tr><td rowspan="2">제3장 개인보호구의 지급 및 관리</td><td>개정번호</td><td></td></tr>
<tr><td>페 이 지</td><td>of</td></tr>
</table>

1. 목 적

이 지침은 사업장 내에서 사용하는 개인보호구의 지급 및 관리에 대한 지침을 제시함으로써 사업장 내의 신체의 안전을 확보하여 상해 및 사망사고 등 사고를 예방하는 지침을 정함을 목적으로 한다.

2. 적용범위

이 지침은 회사의 작업장에 적용한다.

3. 용어의 정의

이 지침에서 사용하는 용어의 정의는 다음과 같다.

3.1 "개인보호구"라 함은 근로자의 건강과 안전에 가해지는 위험으로부터 근로자를 보호하는 모든 장비를 말한다. 개인보호구에는 안전모, 안전화, 보안경, 안전장갑 그리고 안전대 등이 포함된다.

3.2 그 밖에 이 지침에서 사용하는 용어의 정의는 이 지침에 특별한 규정이 있는 경우를 제외하고는 산업안전보건법, 같은 법 시행령, 같은 법 시행규칙, 산업안전보건기준에 관한 규칙 및 관련고시에서 정하는 바에 의한다.

4. 책임과 권한

4.1 안전보건팀장

1) 적정 보호구의 선정, 구입 및 지급

2) 보호구의 취급, 착용에 관한 독려 및 교육 실시

3) 작업내용과 보호구의 적합성에 대한 사항 확인

4.2 각 부서장

1) 보호구 착용상태 관리 감독

2) 안전보건팀장이 필요하다고 인정하여 지시하는 사항에 대한 준수

4.3 근로자

1) 해당 작업에 사용되는 보호구 착용

2) 지급된 보호구 관리

5. 개인보호구의 일반기준

5.1 개인보호구 사용에 관한 교육훈련

1) 개인보호구를 정확히 사용하기 위해서는 그것이 왜 필요한지, 언제 사용되고, 대체되어야 하는지, 그것의 한계는 무엇인지 등에 대해서 근로자에게 알려 주어야 한다.

2) 개인보호구를 올바르게 사용하는 방법을 훈련시키고 교육시켜서 근로자가 이것을 확실히 사용할 수 있게 하여야 한다.

3) 개인보호구는 다른 보호방법들을 고려한 이후 마지막 선택이기 때문에 근로자가 위험에 노출되어 있을 때는 항상 보호구를 착용하는 것이 중요하다. 단 몇 분 동안의 작업 중이라도 예외는 결코 허용되지 않는다.

4) 개인보호구가 사용되고 있는지를 정기적으로 검사하고 그렇지 않을 경우 그 이유를 완벽하게 조사해야 한다. 안전보건표지는 근로자가 개인보호구를 착용 하는데 도움이 된다.

5.2 작업별 보호구 선정기준(산업안전보건기준에 관한 규칙 제1편 제4장)

선정기준은 아래 표를 참고한다.

작업명	보호구	보호대상
감전의 위험이 있는 작업	절연용 보호구	머리. 손
고열에 의한 화상 등의 위험이 있는 작업	방열복	몸
선창 등에서 분진(粉塵)이 심하게 발생하는 하역작업	방진마스크	호흡기
섭씨 영하 18도 이하인 급냉동 어창(수산물보관소, 창고)에서 하는 하역작업	방한모 · 한복 · 방한화 · 한장갑	몸
물체가 떨어지거나 날아올 위험 또는 근로자가 추락할 위험이 있는 작업	안전모	머리
높이 또는 깊이 2미터 이상의 추락할 위험이 있는 장소에서 하는 작업	안전대(安全帶)	몸
물체의 낙하 · 충격, 물체에의 끼임, 감전 또는 정전기의 대전(帶電)에 의한 위험이 있는 작업	안전화	발
물체가 흩날릴 위험이 있는 작업	보안경	눈
용접 시 불꽃이나 물체가 흩날릴 위험이 있는 작업	보안면	눈. 얼굴

5.3 개인보호구의 유지 관리

1) 사용하지 않을 때는 이상 유무를 검사하고 오염되지 않도록 조치하는 등 적절하게 보관해야 한다. 예를 들어 건조하고 깨끗한 벽장에 보관하고, 눈 보호대 같은 작은 물품들의 경우에는 상자에 보관해야 한다.

2) 청결하고 보수가 잘 되어 있어야 하며, 교환시기 및 유효기간 명시를 포함하여 제조자의 유지관리사항을 따라야 한다. 단순한 유지보수는 훈련받은 착용자 자신이 이행할 수 있으나 보다 복잡한 수리 등은 전문가에 의해서만 이루어져야 한다.

5.4 보호구의 지급기준

보호구의 지급기준은 다음(첨부 1)과 같다. 단, 작업특성에 따라 안전보건 팀장의 판단으로 추가지급이 필요한 경우에는 추가지급 한다.

5.5 재지급

지급된 보호구의 사용 기간이 만료된 경우에는 즉시 재지급하며, 다음과 같은 경우에는 안전보건팀장의 판단으로 기간을 연장 또는 단축할 수 있다.

1) 사용기간 만료 후에도 양호한 상태

2) 사용기간 만료 전 파손으로 인하여 불량한 경우

5.7 반납

지급된 보호구는 다음의 경우 반납하여야 한다.

1) 보호구를 지급 받은 자가 퇴직하여 착용할 필요가 없어진 경우

2) 설비 및 작업방법 개선으로 불필요한 경우

5.8 폐품 판정기준

지급된 보호구의 폐품 판정기준은 다음과 같다.

1) 지급된 보호구의 유효기간이 만료된 경우로 재사용이 불가능한 경우

2) 사용 중 훼손 또는 마모되어 보호구의 성능을 유지하기 어려운 경우

3) 수선을 요하는 품목으로서 신품을 구입하여 사용하는 것이 경제적인 경우

6. 보호구의 청구 및 지급

6.1 청구

각 부서장은 지급 해당분기 말일에 재고량을 확인한 후 안전보건팀장의 결재를 득하고 적정 소요량을 구매를 요청한다.

6.2 구매

1) 구매부서팀은 사용팀에서 청구된 보호구를 구매하여 안전보건팀장의 관리 하에 지급하여야 한다.
2) 구매부서팀은 신규로 보호구를 구매할 경우에는 산업안전보건법의 기준에 따라 안전인증을 획득한 제품을 구매한다.

6.3 지급 및 예비품관리

보호구의 월간 소요량은 매월 말일 경에 지급하며 필요 시 지급함을 원칙으로 한다. 단, 긴급하게 필요하다고 인정되는 경우에는 즉시 지급한다. 예비품은 지급되는 양을 파악하여 구매주관 부서에서 적정한 수량을 비치한다.

7. 보 칙

7.1 기록 및 보고

안전보건팀장은 보호구를 지급받는 부서의 확인 및 기록을 안전보호구 수불대장(양식 1)에 기록하게 한다.

8. 관련기록

기록명	보존년한	담당팀/담당자
안전보호구 수불대장	3년	안전보건팀/안전보건팀장

9. 안전보건활동과 관련된 모든 문서 및 기록은 표준문서 작성 및 관리 절차서(KR-P-05), 문서관리 절차서(KR-P-06) 및 기록관리 절차서(KR-P-10)에 따른다.

10. 첨부

10.1 보호구 지급기준(첨부 1)

11. 관련양식

11.1 안전보호구 수불대장(양식 1)(kr-J-03-01)

〈첨부 1〉 보호구 지급기준

보 호 구 지 급 기 준

분　류	보호구 명	지급기준	작업용도	비　고
보안경	보안경	수시	도장작업	※ 보호구 훼손 정도에 따라 지급 기준이 변경될 수 있음
	일반방진	1개월	도장작업(스프레이 작업)	
마스크	방진용	1개월	분진 발생작업	
	방독면	6개월	도장작업(스프레이 작업)	
	일회용	수시	분진 발생작업	
보호 우의	방진복	1회지급시 3회사용	분진 발생 청소작업	
청력보호구	귀마개	항상비치	소음 발생작업	
장갑류	절연용 장갑	요청시	화기작업	
	면장갑	수시	일반작업	
	반코팅장갑	수시	일반작업	
	PVC 장갑	해당작업시	유기용제 취급작업	
기　타	안전화 (절연화포함)	6개월	일반작업(도장작업)	
	안전벨트	6개월	고소작업	
	안전모	12개월	고소작업	

〈양식 1〉 안전보호구 수불대장(kr-j-03-01)

안전보호구 수불대장

담당 :

연번	지급일자	수령자	서명	품목	업무명	비고
1						
2						
3						
4						
5						
6						
7						
8						
9						
10						
11						
12						
13						
14						
15						
16						

<table>
<tr><td rowspan="4">○○(주)</td><td rowspan="2">안전보건경영 지침서</td><td>문 서 번 호</td><td>KR-J-04</td></tr>
<tr><td>개(제) 정 일</td><td>2018.01.01</td></tr>
<tr><td rowspan="2">제4장 기계 · 기구에 대한 방호조치</td><td>개 정 번 호</td><td></td></tr>
<tr><td>페 이 지</td><td>of</td></tr>
</table>

1. 목 적

이 지침은 사업장 내에서 사용하는 기계 · 기구에 대한 지침을 제시함으로써 사업장 내의 신체의 안전을 확보하여 상해 및 사망사고 등 사고를 예방하는 지침을 정함을 목적으로 한다.

2. 적용범위

이 지침은 위험기계에 대하여 적용한다. 다만, 근로자에게 위험을 미칠 우려가 없을 경우에 이 지침에서 제시하는 방호조치와 동등 이상의 성능을 가지는 방호 조치가 되어 있을 경우에는 그러하지 아니하다.

3. 용어의 정의

이 지침에서 사용하는 용어의 정의는 다음과 같다.

3.1 "방호조치"라 함은 위험기계 · 기구의 위험장소 또는 부위에 근로자가 통상적인 방법으로는 접근하지 못하도록 하는 제한조치를 말하며 방호망, 방책, 덮개 또는 각종 방호장치 등을 설치하는 것을 포함한다.

3.2 "압력방출장치"란 공기압축기에 부속된 압력용기의 과도한 압력상승을 방지하기 위하여 설치하는 안전밸브, 언로드밸브 등의 장치를 말한다.

3.3 "금속절단기 날접촉 예방장치"란 띠톱, 둥근톱 등 금속절단기의 절단날 또는 비산물로부터 작업자를 보호하기 위하여 설치하는 장치를 말한다.

3.4 "헤드가드"란 지게차를 이용한 작업 중에 위쪽으로부터 떨어지는 물건에 의한 위험을 방지하기 위하여 운전자의 머리 위쪽에 설치하는 덮개를 말한다.

3.5 "백레스트"란 지게차를 이용한 작업 중에 마스트를 뒤로 기울일 때 화물이 마스트 방향으로 떨어지는 것을 방지하기 위해 설치하는 짐받이 틀을 말한다.

3.6 "구동부 방호 연동장치"란 진공포장기, 랩핑기의 구동부에 설치되는 방호장치 등이 개방되었을 때 기계의 작동이 정지되도록 하거나 방호장치가 닫힌 상태에서만 기

계가 작동되도록 상호 연결시키는 것을 말한다.

3.7 그 밖에 이 지침에서 사용하는 용어의 정의는 이 지침에 특별한 규정이 있는 경우를 제외하고는 산업안전보건법, 같은 법 시행령, 같은 법 시행규칙, 산업안전보건기준에 관한 규칙 및 관련 고시에서 정하는 바에 의한다.

4. 책임과 권한

4.1 안전보건팀장

1) 위험기계의 정기적인 검사관리
2) 기계의 위험성에 관한 교육 실시
3) 작업내용과 기계의 적합성에 대한 사항 확인

4.2 각 부서장

1) 관리대상의 기계의 안전장치 관리 · 감독
2) 안전보건팀장이 필요하다고 인정하여 지시하는 사항에 대한 준수

4.3 근로자

1) 해당 작업에 사용되는 기계의 정리 및 관리
2) 기계의 안전장치 유지관리

5. 기계 · 기구의 방호장치의 일반기준

5.1 방호장치의 관리

1) 각 부서장은 기계 · 기구 또는 설비에 설치한 방호장치를 해체하거나 사용을 정지해서는 아니 된다. 다만, 방호장치의 수리 · 조정 및 교체 등의 작업을 하는 경우에는 그러하지 아니하다.
2) 방호장치에 대하여 수리 · 조정 또는 교체 등의 작업을 완료한 후에는 즉시 방호장치가 정상적인 기능을 발휘할 수 있도록 하여야 한다.
3) 사업주는 보일러의 안전한 가동을 위하여 보일러 규격에 맞는 압력방출장치를 1개 또는 2개 이상 설치하고 최고사용압력(설계압력 또는 최고허용압력을 말한다. 이하 같다) 이하에서 작동되도록 하여야 한다. 다만, 압력방출장치가 2개 이상 설치된 경우에는 최고사용압력 이하에서 1개가 작동되고, 다른 압력방출장치는 최고사용압력 1.05배 이하에서 작동되도록 부착하여야 한다.
4) 압력방출장치는 매년 1회 이상 「국가표준기본법」 제14조제3항에 따라 산업통상자원부장관의 지정을 받은 국가교정업무 전담기관(이하 "국가교정기관"이라 한다)

에서 교정을 받은 압력계를 이용하여 설정압력에서 압력방출장치가 적정하게 작동하는지를 검사한 후 납으로 봉인하여 사용하여야 한다. 다만, 영 제33조의6에 따른 공정안전보고서 제출 대상으로서 고용노동부장관이 실시하는 공정안전보고서 이행상태 평가결과가 우수한 사업장은 압력방출장치에 대하여 4년마다 1회 이상 설정압력에서 압력방출장치가 적정하게 작동하는지를 검사할 수 있다.

5) 정비부서는 기계 또는 방호장치의 결함이 발견된 경우 반드시 정비한 후에 근로자가 사용하도록 하여야 한다.
6) 정비가 완료될 때까지는 해당 기계 및 방호장치 등의 사용을 금지하여야 한다.
7) 각 부서장은 양중기에 과부하방지장치, 권과방지장치(捲過防止裝置), 비상정지장치 및 제동장치, 그 밖의 방호장치(승강기의 파이널 리미트 스위치(final limit switch), 속도조절기, 출입문 인터 록(inter lock) 등을 말한다)가 정상적으로 작동될 수 있도록 미리 조정해두어야 한다.

5.2 방호장치의 점검 및 유지관리

1) 방호장치는 기계를 사용하는 작업자가 매일 점검하고 이상이 발견되는 경우 각 부서장에게 보고한다.
2) 부서장은 이상발견 즉시 정비부서에 통보하고 정비부서는 즉시 확인하여 정상적인 기능을 할 수 있도록 수리한다.

5.3 유해 · 위험 방지를 위하여 방호조치가 필요한 기계 · 기구 등

1) 예초기
2) 원심기
3) 공기압축기
4) 금속절단기
5) 지게차
6) 포장기계(진공포장기, 랩핑기로 한정한다)

5.3 방호조치의 설치

1) 위험기계 · 기구의 방호조치를 함에 있어서는 그 기계 · 기구 본래의 기능 및 작업공정에 적합한 방호장치 등을 선택하여 적정한 위치에 설치하여야 한다.
2) 방호장치 등은 사용에 따라 항상 성능이 유지되도록 하여야 하며, 이탈 또는 변형되지 않도록 견고히 설치하되, 주유 및 이상 유무 점검 등 일상적인 업무에 지장이 없도록 설치하여야 한다.

6. 기계별 방호조치

6.1 원심기 방호조치

1) 회전통에 설치되는 덮개는 내부 물질이 비산되어 충격이 가해지더라도 변형 또는 파손되지 않을 정도의 충분한 강도일 것
2) 개방 시 회전운동이 정지되며, 덮개를 닫은 후 자동으로 작동되지 않고 별도의 조작에 의하여 회전통이 작동되도록 회로를 구성할 것
3) 회전체 접촉 예방 장치의 요건
   가. 회전체 접촉 예방장치가 작동 중 열리지 않도록 잠금장치를 설치할 것
   나. 작동 중 기계의 진동에 의한 이탈, 이완의 위험이 없도록 체결볼트에는 와셔 등을 이용하여 풀림방지 조치를 할 것
   다. 급정지로 인하여 기계에 파손위험이 있는 경우에는 순차정지회로를 구성하는 등의 조치를 할 것

6.2 공기압축기

1) 적용대상
   동력에 의해 구동되고 다음 각 호의 어느 하나에 해당되는 공기압축기에 적용한다.
   가. 토출압력이 0.2MPa 이상으로서 몸통 내경이 200mm 이상이거나 그 길이가 1,000mm 이상인 것
   나. 토출압력이 0.2MPa 이상으로서 토출량이 분당 $1m^3$ 이상인 것
2) 방호장치
   공기압축기에는 다음 각 호에 해당하는 압력방출장치를 설치하여야 한다.
   가. 공기 토출구의 차단밸브를 닫아도 용기의 압력이 설정압력 이하에서 작동하는 구조의 언로드밸브
   나. 다음 각 목의 요건에 적합한 안전밸브
      (1) 법 제34조에 따른 안전인증(KCs)을 받은 것일 것
      (2) 내후성이 좋고 장기간 정지하여도 밸브시트에 접착되지 않을 것
3) 설치방법
   가. 언로드밸브는 작동상태를 확인하기 쉽고 응축수 등에 의한 부식의 위험이 없는 위치에 설치하여야 한다.
   나. 안전밸브는 다음 각 호의 요건에 적합해야 한다.
      (1) 안전밸브의 조정너트는 임의로 조정할 수 없도록 봉인되어 있을 것

(2) 설정압력은 설계압력을 초과하지 아니하고, 작동압력은 설정압력치의 ±5% 이내일 것

(3) 설정압력 등이 포함된 표지를 식별이 쉬운 곳에 견고하게 부착할 것

6.3 지게차

1) 적용대상

이 장은 포크, 램(ram) 등의 화물적재 장치와 그 장치를 승강시키는 마스트(mast)를 구비하고 동력에 의해 이동하는 지게차에 적용한다.

2) 방호장치

가. 지게차에는 최대하중의 2배(4톤을 넘는 값에 대해서는 4톤으로 한다)에 해당하는 등분포정하중(等分布靜荷重)에 견딜 수 있는 강도의 헤드가드를 설치하여야 한다.

나. 지게차에는 포크에 적재된 화물이 마스트의 뒤쪽으로 떨어지는 것을 방지하기 위한 백레스트(backrest)를 설치하여야 한다.

다. 지게차에는 7,500칸델라 이상의 광도를 가지는 전조등, 2칸델라 이상의 광도를 가지는 후미등을 설치하여야 한다.

라. 다음 각 호의 요건에 적합한 안전벨트를 설치하여야 한다.

(1) 「산업표준화법」 제15조에 따라 인증을 받은 제품, 「품질경영 및 공산품안전관리법」 제14조에 따라 안전인증을 받은 제품, 국제적으로 인정되는 규격에 따른 제품 또는 국토교통부 장관이 이와 동등 이상이라고 인정하는 제품일 것

(2) 사용자가 쉽게 잠그고 풀 수 있는 구조일 것

3) 설치방법

헤드가드는 다음 각 호의 요건에 적합하게 설치하여야 한다.

가. 상부틀의 각 개구의 폭 또는 길이는 16cm 미만일 것

나. 운전자가 앉아서 조작하는 방식의 지게차의 경우에는 운전자의 좌석 윗면에서 헤드가드의 상부틀 아랫면까지의 높이는 1m 이상일 것

다. 운전자가 서서 조작하는 방식의 지게차의 경우에는 운전석의 바닥면에서 헤드가드의 상부틀 하면까지의 높이는 2m 이상일 것

4) 백레스트의 요건

가. 외부충격이나 진동 등에 의해 탈락 또는 파손되지 않도록 견고하게 부착할 것

나. 최대하중을 적재한 상태에서 마스트가 뒤쪽으로 경사지더라도 변형 또는 파손이 없을 것

5) 전조등은 다음 각 호에 기준에 적합하게 설치하여야 한다.

가. 좌우에 1개씩 설치할 것

나. 등광색은 백색으로 할 것

다. 점등 시 차체의 다른 부분에 의하여 가려지지 아니할 것

6) 후미등은 다음 각 호의 기준에 적합하게 설치하여야 한다.

가. 지게차 뒷면 양쪽에 설치할 것

나. 등광색은 적색으로 할 것

다. 지게차 중심선에 대하여 좌우대칭이 되게 설치할 것

라. 등화의 중심점을 기준으로 외측의 수평각 45도에서 볼 때에 투영면적이 $12.5cm^2$ 이상일 것

7. 안전보건활동과 관련된 모든 문서 및 기록은 문서작성 및 관리 절차서(KR-P-05), 문서관리 절차서(KR-P-06) 및 기록관리 절차서(KR-P-10)에 따른다.

<table>
<tr><td rowspan="4">○○(주)</td><td rowspan="2">안전보건경영 지침서</td><td>문 서 번 호</td><td>KR-J-05</td></tr>
<tr><td>개(제) 정 일</td><td>2018.01.01</td></tr>
<tr><td rowspan="2">제5장 떨어짐·무너짐에 대한 방지조치</td><td>개 정 번 호</td><td></td></tr>
<tr><td>페 이 지</td><td>of</td></tr>
</table>

1. 목 적

이 지침은 사업장 내에서 떨어짐·무너짐 관리에 대한 지침을 제시함으로써 사업장 내의 신체의 안전을 확보하여 상해 및 사망사고 등 사고를 예방하는 지침을 정함을 목적으로 한다.

2. 적용범위

이 지침은 회사의 작업장에 적용한다.

3. 용어의 정의

3.1 이 지침에서 사용하는 용어의 정의는 다음과 같다.

1) "떨어짐"이라 함은 근로자의 생산활동이나 이동과정에서 외부보호대 또는 통로의 개구부등으로 추락하여 사고를 당하는 형태를 의미한다.

2) "무너짐"이란 작업공간의 주변 또는 통로의 주변의 버팀대나 담장이 무너져 내림으로 근로자가 부상을 당하는 형태를 의미한다.

3) 그 밖에 이 지침에서 사용하는 용어의 정의는 이 지침에 특별한 규정이 있는 경우를 제외하고는 산업안전보건법, 같은 법 시행령, 같은 법 시행규칙, 산업안전보건 기준에 관한 규칙 및 관련 고시에서 정하는 바에 의한다.

4. 책임과 권한

4.1 안전보건팀장

1) 작업장 주변의 보호설비 확인

2) 추락사고의 위험요소에 대한 교육실시

3) 작업내용과 주위 위험요소의 확인 및 안전성 확보

4.2 각 부서장

1) 해당 부서의 추락 위험요소의 확인 감독

2) 안전보건팀장이 필요하다고 인정하여 지시하는 사항에 대한 준수

4.3 근로자

1) 해당 작업장 주변의 추락위험 요소 확인

2) 추락방지설비의 정상상태 유무 확인

5. 추락재해 및 낙하물의 예방

5.1 추락 등의 방지

작업장, 기계설비의 바닥, 작업상, 맨홀 및 통로 등의 끝이나 개구부로부터 추락하거나 넘어질 위험이 있는 장소에는 충분한 강도를 가진 덮개, 안전난간, 울, 손잡이 등을 설치한다.

5.2 안전난간의 구조 및 설치요건

1) 상부 난간대, 중간 난간대, 발끝막이판 및 난간 기둥으로 구성한다.

2) 상부 난간대는 바닥면으로부터 90~120 cm높이로 하고, 중간 난간대는 상부 난간대와 바닥 중간에 설치한다.

3) 발끝막이판(물체의 낙하방지)은 바닥면으로부터 10 cm이상이 되게 한다.

4) 난간 기둥은 상부와 중간 난간대를 견고하게 떠받칠 수 있도록 적정간격을 유지한다.

5) 난간대는 직경 2.7 cm이상의 금속재 파이프나 그 이상의 강도를 가진 재료로 한다.

5.3 낙하물에 대한 안전조치

작업장의 바닥, 통로, 도로 등에서 낙하물에 의한 위험을 미칠 우려가 있는 때에는 보호망 등 필요한 조치를 한다.

6. 고소 및 이동식 사다리작업 안전수칙

6.1. 고소작업 안전수칙

1) 작업장 주변에 위험을 알리는 경고 표지판을 설치한다.

2) 물건을 올리고, 내릴 때에는 로프 등을 사용한다.

3) 안전모와 안전대 착용은 필수이다.

4) 악천후(강풍, 비, 눈) 시에는 작업을 하지 말 것

5) 사다리는 안전검사에 합격품을 사용할 것

6) 사다리는 바닥면적과 75도 이상이 되도록 설치해야 되며, 사다리 밑을 물건으로

고여서는 아니 되며, 사다리 상단 부분이 닿는 곳 이상의 작업을 하지 말 것

7) 추락의 위험이 있는 곳에는 가능한 한 방호망을 설치할 것

8) 작업 중 공구 등이 미끄러지거나 낙하되는 것에 유의한다.

9) 하부에 감시인을 두어 긴급 시에 대비토록 한다.

6.2 이동식 사다리 작업안전 수칙

1) 관리감독자는 안전수칙을 준수하도록 관리, 감독할 것

2) 벽면 상부로부터 최소한 1m 이상 연장되게 설치할 것

3) 상부와 하부가 움직이지 않게 고정할 것

4) 상부와 하부가 움직일 우려가 있을 때에는 작업 감시자를 배치할 것

5) 부서지기 쉬운 벽돌 등을 받침대로 사용하지 말 것

6) 미끄러운 고무장화를 신지 말 것

7) 부피가 크거나 무거운 짐을 운반하지 말 것

8) 출입문 주위에 사다리를 설치할 경우 반드시 감시자를 배치할 것

9) 금속 사다리는 전기설비가 있는 곳에서는 사용하지 말 것

7. 넘어짐의 위험요소

7.1 미끄러짐의 위험요소

1) 액체와 고체의 엎지름과 튀김

2) 청소한 후의 젖어있는 바닥

3) 부적합한 신발류

4) 광택을 낸 마루 위에 잘 밀착되지 못한 매트

5) 비, 진눈깨비와 눈

6) 표면이 젖어있다가 건조해짐

7) 부적합한 바닥 표면

8) 먼지 투성이의 바닥

9) 경사진 바닥

7.2 걸림의 위험요소

1) 헐거운 마루청 · 타일

2) 헐겁고 닳아 헤진 매트 · 양탄자

3) 실외의 울퉁불퉁한 표면

4) 구멍 및 갈라진 틈

5) 바닥표면 높이의 변화, 디딤대와 계단

6) 보행로를 가로지르는 케이블

7) 장애물

8) 통행로의 돌기, 용마루와 튀어나온 못

9) 낮은 벽과 바닥 장착물 – 문고리, 문버팀쇠

10) 전기 및 전화 소켓

7.3 위험증가 요인

1) 통로의 구조

2) 잘못 설치된 반사경

3) 부실하거나 부적합한 조명

4) 잘못된 청소 도구 · 물질

5) 이동 중인 상품

6) 성급함

7) 정신산란과 피로

8) 술에 취함

8. 차량에서의 떨어짐에 대한 대책

8.1. 위험성 요소평가

1) 작업자가 적재 및 하역 작업을 하는 과정을 검토

2) 작업자가 차량의 각 부분에 접근할 필요성과 작업시간을 검토

3) 작업자의 작업 숙련도 및 훈련 여부를 점검

4) 차량 각 부분의 위험요소를 점검

5) 작업자의 피로도를 점검

6) 보호구를 점검

8.2 차량에서의 떨어짐 재해의 주요 원인

1) 적재칸의 미끄러운 바닥, 접근 발판의 손상 및 마모

2) 적재칸 바닥의 빗물, 오일, 흙 혹은 얼음

3) 부적절한 안전화 착용

4) 조명, 바람 혹은 우천, 소음 등의 작업장 주변 환경

8.3 떨어짐 사고에 대한 방지대책

1) 하차 시 무릎에 손상을 줄뿐만 아니라 넘어질 수 있으므로 차량에서 뛰어내리

지 않도록 해야 한다.

2) 발판과 손잡이를 항상 잡도록 한다.

3) 운전석에서 내려오기 전에 잠깐의 여유를 가지고 차량과 접하고 있는 하역장이나 캣워크를 확인한 뒤 손잡이를 잡고 내려오는 것이 바람직하다.

4) 차량으로부터 하차 시 넘어짐을 야기할 수 있는 구덩이나 연석 등의 편평하지 않는 바닥이 있는지 확인한다.

8.4 적재칸의 바닥관리

적재 및 하역 작업이 주로 행해지는 적재칸의 바닥이 미끄러울 경우 떨어짐 사고의 주된 원인이 된다. 따라서 적재칸 바닥을 항상 양호한 상태로 유지하는 것은 중요하다.

1) 송진 혹은 인조잔디 등 미끄럼 방지 바닥재를 사용하거나, 코팅제를 사용한다.

2) 바닥 표면을 거칠게 하는 마감재를 사용한다.

3) 떨어짐 위험구역을 색상으로 표시하거나 조명이 구별되게 한다.

9. 안전보건활동과 관련된 모든 문서 및 기록은 표준문서 작성 및 관리 절차서(KR-P-05), 문서관리 절차서(KR-P-06) 및 기록관리 절차서(KR-P-10)에 따른다.

<table>
<tr><td rowspan="4">○○(주)</td><td rowspan="2">안전보건경영 지침서</td><td>문 서 번 호</td><td>KR-J-06</td></tr>
<tr><td>개(제) 정 일</td><td>2018.01.01</td></tr>
<tr><td rowspan="2">제6장 안전검사 실시</td><td>개 정 번 호</td><td></td></tr>
<tr><td>페 이 지</td><td>of</td></tr>
</table>

1. 목 적

이 지침은 사업장 내에서 사용하는 기계에 대한 안전검사의 사항을 제시함으로써 사업장 내의 신체의 안전을 확보하여 상해 및 사망사고 등 사고를 예방하는 지침을 정함을 목적으로 한다.

2. 적용범위

이 지침은 회사의 작업장에 적용한다.

3. 용어의 정의

3.1 이 지침에서 사용하는 용어의 정의는 다음과 같다.

1) "안전검사"란 크레인 등 위험한 기계 · 기구 및 설비의 사용단계에서 검사를 실시하고 정기적으로 검사하는 것을 말한다.
2) "안전인증"이란 안전인증대상 위험기계 · 기구의 안전성능과 제조자의 기술능력 및 생산체계를 안전인증기관에서 종합적으로 심사하여 안전인증기준에 적합한 경우 당해 제품에 안전인증표시를 하는 제도
3) 그 밖에 이 지침에서 사용하는 용어의 정의는 이 지침에 특별한 규정이 있는 경우를 제외하고는 산업안전보건법, 같은 법 시행령, 같은 법 시행규칙, 산업안전보건 기준에 관한 규칙 및 관련 고시에서 정하는 바에 의한다.

4. 책임과 권한

4.1 안전보건팀장

1) 작업장 내의 위험기계에 대한 안전검사 주관
2) 위험기계에 대한 교육 실시
3) 작업내용과 주위 위험요소의 확인 및 안전성 확보

4.2 각 부서장

1) 해당 부서의 위험기계의 적정관리

2) 안전보건팀장이 필요하다고 인정하여 지시하는 사항에 대한 준수

4.3 근로자

1) 해당 위험기계의 위험 요소 확인

2) 위험기계의 정상상태 유무 확인

5. 위험기계의 안전검사에 관한 사항

5.1 안전검사대상 유해·위험기계 등은 다음과 같다.

1) 프레스

2) 전단기

3) 크레인(정격 하중이 2톤 미만인 것은 제외한다)

4) 리프트

5) 압력용기

6) 곤돌라

7) 국소 배기장치(이동식은 제외한다)

8) 원심기(산업용만 해당한다)

9) 화학설비 및 그 부속설비

10) 건조설비 및 그 부속설비

11) 롤러기(밀폐형 구조는 제외한다)

12) 사출성형기(형 체결력(型 締結力) 294킬로뉴턴(KN) 미만은 제외한다)

13) 고소작업대(「자동차관리법」 제3조제3호 또는 제4호에 따른 화물자동차 또는 특수자동차에 탑재한 고소작업대(高所作業臺)로 한정한다)

14) 컨베이어

15) 산업용 로봇

5.2 안전검사의 주기 및 합격표시·표시방법

1) 법 제36조제9항에 따른 안전검사대상 유해·위험기계등의 검사 주기는 다 각호와 같다.

가. 크레인(이동식 크레인은 제외한다), 리프트(이삿짐운반용 리프트는 제외한다) 및 곤돌라 : 사업장에 설치가 끝난 날부터 3년 이내에 최초 안전검사를 실시하되, 그 이후부터 2년마다(건설현장에서 사용하는 것은 최초로 설치한 날부터 6개월마다)

나. 이동식 크레인, 이삿짐운반용 리프트 및 고소작업대: 「자동차관리법」 제8조에 따른 신규등록 이후 3년 이내에 최초 안전검사를 실시하되, 그 이후부터 2년마다

다. 프레스, 전단기, 압력용기, 국소 배기장치, 원심기, 화학설비 및 그 부속설비, 건조설비 및 그 부속설비, 롤러기, 사출성형기, 컨베이어 및 산업용 로봇: 사업장에 설치가 끝난 날부터 3년 이내에 최초 안전검사를 실시하되, 그 이후부터 2년마다(공정안전보고서를 제출하여 확인을 받은 압력용기는 4년마다)

2) 각 기계별 일반검사 분야
첨부 1을 참고하고 상세한 사항은 노동부 고시 제2017-55호에 따른다.

6. 사후관리 및 기록 유지

1) 해당 부서에서는 검사대상 기계기구에 대한 규격, 방호장치 및 설비의 변경 내용 등을 관리대장에 작성하여 보유현황 및 관리상태를 기록 유지한다.
2) 안전담당부서에서는 유해・위험기계기구의 자체검사 결과표(서)를 3년간 보관한다.

7. 문서 및 기록관리

문서 및 기록관리는 '문서 및 기록관리 지침서(KR-P-06)'에 따른다.

〈별표 1〉 자체검사 주기 및 대상 기계기구

〈별표 2〉 완성검사 대상 기계기구

〈첨부 1〉 위험기계의 검사기준

〈별표 1〉 자체검사 주기 및 대상 기계기구

검사대상	검사주기			비고
	정기검사	자체검사		
		법적사항	당사실시	
크레인(3톤 이상)	2년 1회	6월 1회	6월 1회	용역점검
크레인(3톤 미만)	-	6월 1회	6월 1회	
압력용기	2년 1회	6월 1회	6월 1회	
공기압축기	-	6월 1회	6월 1회	
프레스	-	1년 1회		
전단기	-	1년 1회		
리프트	-	6월 1회	회	해당 무
승강기	1년 1회	1월 1회		해당 무
국소배기장치	-	1년 1회	1년 1회	
교류아크 전기용접기	-	1년 1회		
아세틸렌용접기	-	1년 1회		
콘베이어	2년 1회	2년 1회	1년1회	외부
로봇	2년 1회	2년 1회	1년1회	외부

〈별표 2〉 완성검사 대상 기계기구

검사구분	검사대상 기계기구	비고
설계 및 완성검사	- 크레인 - 리프트(승강로 높이18M 이상으로 적재하중 0.5톤 이상) - 승강기(승용 및 적재하중1톤 이상 화물승강용 승강기)) - 압력용기(사용압력 0.2kg/㎠ 이상인 것)	설계검사 : 제작전 완성검사 : 설치후
설계 및 성능검사 (완성검사)	- 프레스(동력구동 및 업력30톤 이상) - 보일러(산업안전보건법 시행규칙 제58조 제2호다)	성능검사 : 출고전 완성검사 : 수입 및 이설 시

〈첨부 1〉 위험기계의 검사기준

기계	내용
프레스 및 전단기	가. 프레스 및 전단기(이하 "프레스 등" 이라 한다)는 작업자의 신체조건 등이 고려되어 작업자의 안전이 확보될 것 나. 외관은 날카로운 모서리나 돌출부가 없을 것 다. 방호장치는 프레스 등의 구조 및 운전조건에 적합한 형식일 것 라. 프레스 등의 브레이크, 클러치 및 유압계통 등에는 접촉에 의한 화상을 방지하기 위하여 보호판 또는 단열조치 등으로 작업자가 보호될 것
크레인	가. 거더 및 새들 구조부의 부재는 이상 변형 및 전체의 비틀림이 없고, 균열, 부식이 없을 것 나. 조립에 사용되는 볼트·너트는 풀림, 탈락, 균열 또는 현저한 부식이 없고, 볼트의 길이는 너트 등을 조립 후 2산 이상의 여유 나사산을 가질 것
리프트	가. 가이드 레일은 평행도가 정확할 것 나. 가이드 레일의 설치상의 지지물은 설계상의 간격 이내마다 건설물과 고정 또는 지지물에 의하여 견고히 고정될 것
압력용기	가. 압력방출장치는 법 제34조에 따른 안전인증품으로 현저한 손상, 부식, 마모가 없고, 유체의 누출이 없을 것 나. 설정압력은 설계압력 또는 최대허용 사용압력을 초과해서는 아니 되며, 작동압력은 설정압력치의 ±5퍼센트 이내이고, 봉인상태가 양호할 것
곤돌라	승강장치, 암을 기복하기 위한 장치 및 암을 신축하기위한 장치(이하 "승강장치 등"이라 한다)에 사용되는 볼트·너트·키·핀 등은 부식, 풀림, 탈락된 곳이 없을 것
국소배기장치	덕트 내외면의 파손, 변형 등으로 인한 설계 압력손실 증가 또는 파손부분 등에서의 공기 유입 또는 누출이 없고, 이상음 또는 이상진동이 없을 것
원심기	원심기의 표면 및 내면은 마모, 균열 또는 손상, 현저한 부식·변형 등이 없어야 하며 원활하게 작동될 것
컨베이어	컨베이어의 이동용 바퀴는 불시 움직임을 방지하기 위해 이동 방지용 바퀴고정 잠금장치(Stopper)를 설치되고, 정상적으로 작동될 것
산업용 로봇	전기 접속구 등, 로봇에 연결되는 전기 접속장치는 임의로 분리되지 않는 방식일 것

<table>
<tr><td rowspan="4">○○(주)</td><td rowspan="2">안전보건경영 지침서</td><td>문 서 번 호</td><td>KR-J-07</td></tr>
<tr><td>개(제) 정 일</td><td>2018.01.01</td></tr>
<tr><td rowspan="2">제7장 폭발·화재 및 위험물 누출예방활동</td><td>개 정 번 호</td><td></td></tr>
<tr><td>페 이 지</td><td>of</td></tr>
</table>

1. 목 적

이 지침은 사업장 내에서 폭발·화재 및 위험물 누출을 예방하기 위한 사항을 제시함으로써 사업장 내의 신체의 안전을 확보하여 상해 및 사망사고 등 사고를 예방하는 지침을 정함을 목적으로 한다.

2. 적용범위

이 지침은 회사의 작업장에 적용한다.

3. 용어의 정의

3.1 이 지침에서 사용하는 용어의 정의는 다음과 같다.

1) "방화벽"이라 함은 건축물 안에서 화재가 발생했을 때 화염이 다른 지역으로 확산되는 것을 방지하기 위하여 콘크리트 및 철판 등 내화재료로 건축물 안을 소구획으로 나누어 막은 벽을 말한다.

2) "폭발압력 방산구"라 함은 건물 및 설비 등에서 폭발이 발생할 경우 폭발에 의한 기계적 손상을 최소화하도록 폭연으로 발생한 과압을 배출 하는 장치를 말한다.

4. 책임과 권한

4.1 안전보건팀장

1) 작업장 내의 폭발·화재 및 위험물 누출예방에 대한 활동관리
2) 화재·폭발 및 위험물 누출예방에 대한 교육 실시
3) 작업내용과 주위 위험요소의 확인 및 안전성 확보
4) 화재·폭발 및 위험물 누출예방을 위한 사항을 최고 경영자에게 보고 및 처리

4.2 각 부서장

1) 해당 부서의 폭발·화재 및 위험물 누출예방을 위한 적정관리

2) 안전보건팀장이 필요하다고 인정하여 지시하는 사항에 대한 준수

4.3 근로자

1) 해당지역의 폭발 · 화재 및 위험물 누출예방 활동

2) 각 설비의 정상상태 유무 확인

5. 화재 · 폭발 및 위험물 누출예방 활동 추진

5.1 점화원의 관리

1) 용접 및 용단 작업은 5.7항을 참고하여 기술지침에 따른다.

2) 정전기 및 낙뢰 예방

가. 정전기가 발생하기 쉬운 기계나 설비는 접지와 본딩으로 보호하고, 로울러와 벨트가 사용되는 공정에는 제전기를 설치한다.

나. 정전기의 발생 및 축적방지를 위한 제반 조치는 KOSHA CODE E-6-1996 “정전기 재해예방을 위한 기술상의 지침”에 따른다.

다. 낙뢰방지가 필요한 곳에는 KOSHA CODE E-107-2011 “건축물 등의 피뢰설비 설치에 관한기술지침”을 준용하여 낙뢰방지설비를 설치한다.

3) 흡연

흡연은 지정된 흡연장소에서만 허용한다.

4) 공구사용

가. 가연성 분진이 쌓여있거나 분진운이 부유하는 장소에서는 불꽃 또는 스파크가 발생하는 공구 등을 사용하여서는 안 된다.

나. 불꽃 또는 스파크가 발생될 수 있는 공구의 사용이 필요한 경우에는 사용하기 전에 그 구역 내의 분진을 발생시키는 기계는 모두 가동을 중지하고 장비, 바닥 및 벽을 깨끗이 청소하여 쌓인 분진을 모두 제거하여야 한다.

5.2 소방시설관리

1) 소화기

소화기는 소방대상물의 규모에 해당하는 능력단위 이상으로 설치하되 소방대상물의 각 부분으로부터 1개의 수동식 소화기까지의 보행거리는 소형수동식 소화기는 20미터, 대형수동식 소화기는 30미터 이내가 되도록 배치하여야 한다.

2) 소화전 및 자동소화설비

옥내소화전, 옥외소화전 및 스프링클러설비와 그 외 자동소화설비는 당해 소방

대상물의 규모에 적합하여야 한다.

3) 자동화재탐지설비

소방대상물의 규모 및 제반 여건에 적합하도록 감지기 및 수신기를 설치하되 수신기는 사람이 상시 근무하고 있는 장소에 설치하여야 한다.

4) 소화기, 소화전 및 자동소화설비와 자동화재탐지 및 경보설비 등의 소방시설은 정기적으로 점검하고 발견된 문제점을 즉시 시정하여 항상 제 기능이 유지되도록 관리하여야 한다.

5) 모든 근로자에게 소방시설의 사용법에 대한 교육과 실습훈련을 실시하여 유사시에 즉각 대응할 수 있도록 하여야 한다.

5.3 화재감시인의 배치

다음과 같은 화재를 발생시킬 수 있는 장소에서 용접·용단작업을 실시할 경우에는 화재감시인을 배치하여야 한다.

1) 작업현장에서 반경 11m 이내에 다량의 가연성물질이 있을 때
2) 가연성 물질이 작업현장에서 반경 11m 이상 떨어져 있지만 불티에 의해 쉽게 발화될 수 있을 때
3) 작업현장에서 반경 11m 이내에 위치한 벽 또는 바닥 개구부를 통하여 인접지역의 가연성물질에 발화될 수 있을 때
4) 가연성물질이 금속 칸막이, 벽, 천장 또는 지붕의 반대쪽 면에 인접하여 열전도 또는 열복사에 의해 발화될 수 있을 때
5) 밀폐된 공간에서 작업할 때
6) 기타 화재발생의 우려가 있는 장소에서 작업할 때

5.4 화재감시인의 임무

1) 화재감시인은 즉시 사용할 수 있는 소화설비를 갖추고 그 사용법을 숙지하여 화재를 진화할 수 있어야 하며 주위 인근 소화설비의 위치를 확인하여야 한다.
2) 화재감시인은 비상경보설비를 작동할 수 있어야 한다.
3) 화재감시인은 용접·용단 작업이 끝난 후 30분 이상 계속하여 화재가 발생하지 않음을 확인하여야 한다.

5.5 밀폐공간에서의 작업 시 유의사항

도장작업을 한 탱크, 기름을 넣었던 탱크, 피트 등의 밀폐된 공간에서는 다음 각 호의 안전조치에 따라 작업을 실시한다.

1) 가연성, 폭발성 기체나 유독가스의 존재 여부 및 산소결핍 여부를 작업 전에 반드시 점검하고, 필요 시는 작업 중 지속적으로 공기 중의 산소농도를 점검한다.
2) 밀폐공간에 연결되는 모든 파이프, 덕트, 전선 등은 작업에 지장을 주지 않는 한 연결을 끊거나 막아서 작업장 내로 유출되지 않도록 한다.
3) 작업 중 지속적으로 환기가 이루어지도록 한다.
4) 용접에 필요한 가스실린더나 전기동력원은 밀폐공간 외부의 안전한 곳에 배치한다.
5) 밀폐공간 외부에는 반드시 감시인 1명을 배치하여 육안이나 대화로 확인하고, 작업자의 출입을 돕거나 구조활동에 참여한다.

5.6 가스용기 취급 시 준수사항

1) 위험장소, 통풍이 안 되는 장소에 보관, 방치하지 않는다.
2) 직사광선을 받지 않는 장소로서 저장소의 온도는 40℃ 이하로 유지한다.
3) 충격을 가하지 않도록 하고 충격에 대비하여 방호울 등을 설치한다.
4) 건설현장이나 설비공사 시는 용기고정장치 또는 끌차를 사용한다.
5) 운반 시 캡을 씌워 충격에 대비한다.
6) 밸브는 서서히 열어 갑자기 가스가 분출되지 않도록 한다.
7) 사용 중인 용기와 사용 전 용기를 명확히 구별하여 보관한다

5.7 전기 용접 · 용단 작업시 안전수칙

1) 용접봉 홀더는 용접봉에 전달되는 최대 정격전류를 안전하게 통전할 수 있어야 한다.
2) 작업중단 또는 종료로 작업장소를 떠날 때에는 용접봉 홀더에서 용접봉을 제거해야 한다.
3) 케이블은 최대 전류에 적합한 것을 사용해야 한다.
4) 차량이나 중량물이 지나갈 염려가 있는 통로나 교차로 등에는 케이블을 걸어두거나 파이프, 앵글 등으로 보호해야 한다.
5) 케이블은 단선이나 피복의 손상, 충전부의 노출부분이 없어야 한다.
6) 용접기를 사용하지 않을 때에는 용접봉 홀더가 작업장 또는 물체에 전기적으로 접촉되지 않도록 한다.

5.8 화학설비의 관리

1) 화학설비 · 압력용기 등은 건축물의 구조 검토, 부식 방지, 밸브 개폐방향 표시,

안전밸브 · 파열판 · 화염방지기 설치, 계측장치 · 자동경보장치 · 긴급차단장치 설치 등 위험방지조치를 실시한다.

2) 화학설비및 그 부속설비를 건축물 내부에 설치하는 경우에는 건축물의 바닥 · 벽 · 기둥 · 계단 및 지붕 등에 불연성 재료를 사용한다.

3) 화학설비 또는 그 배관(화학설비 또는 그 배관의 밸브나콕은 제외한다) 중 위험물 또는 인화점이 섭씨 60도 이상인 물질(이하 "위험물질 등"이라 한다)이 접촉하는 부분에 대해서는 위험물질 등에 의하여 그 부분이 부식되어 폭발 · 화재 또는 누출되는 것을 방지하기 위하여 위험물질 등의 종류 · 온도 · 농도 등에 따라 부식이 잘 되지 않는 재료를 사용하거나 도장(塗裝) 등의 조치를 한다.

4) 화학설비 또는 그 배관의 덮개 · 플랜지 · 밸브 및 콕의 접합부에 대해서는 접합부에서 위험물질 등이 누출되어 폭발 · 화재 또는 위험물이 누출되는 것을 방지하기 위하여 적절한 개스킷(gasket)을 사용하고 접합면을 서로 밀착시키는 등 적절한 조치를 한다.

5) 화학설비 또는 그 배관의 밸브 · 콕 또는 이것들을 조작하기 위한 스위치 및 누름버튼 등에 대하여 오조작으로 인한 폭발 · 화재 또는 위험물의 누출을 방지하기 위하여 열고 닫는 방향을 색채 등으로 표시하여 구분되도록 한다.

6) 화학설비 또는 그 배관의 밸브나 콕에는 개폐의 빈도, 위험물질 등의 종류 · 온도 · 농도 등에 따라 내구성이 있는 재료를 사용한다.

7) 화학설비에 원재료를 공급하는 근로자의 오조작으로 인하여 발생하는 폭발 · 화재 또는 위험물의 누출을 방지하기 위하여 그 근로자가 보기 쉬운 위치에 원재료의 종류, 원재료가 공급되는 설비명 등을 표시하여야 한다.

8) 다음 각 호의 어느 하나에 해당하는 설비에 대해서는 과압에 따른 폭발을 방지하기 위하여 폭발 방지 성능과 규격을 갖춘 안전밸브 또는 파열판(이하 "안전밸브 등"이라 한다)을 설치한다. 다만, 안전밸브 등에 상응하는 방호장치를 설치한 경우에는 그러하지 아니하다.

가. 압력용기(안지름이 150mm 이하인 압력용기는 제외하며, 압력 용기 중 관형 열교환기의 경우에는 관의 파열로 인하여 상승한 압력이 압력 용기의 최고사용압력을 초과할 우려가 있는 경우에만 해당한다)

나. 정변위 압축기

다. 정변위 펌프(토출축에 차단밸브가 설치된 것에만 해당한다)

라. 배관(2개 이상의 밸브에 의하여 차단되어 대기온도에서 액체의 열팽창에 의하여 파열될

우려가 있는 것으로 한정한다)

마. 그 밖의 화학설비 및 그 부속설비로서 해당 설비의 최고사용압력을 초과할 우려가 있는 것

9) 안전밸브 등을 설치하는 경우에는 다단형 압축기 또는 직렬로 접속된 공기압축기에 대해서는 각 단 또는 각 공기압축기별로 안전밸브 등을 설치하여야 한다.

10) 설치된 안전밸브에 대해서는 다음 각 호의 구분에 따른 검사주기마다 국가 교정기관에서 교정을 받은 압력계를 이용하여 설정압력에서 안전밸브가 적정하게 작동하는지를 검사한 후 납으로 봉인하여 사용하여야 한다. 다만, 공기나 질소취급용기 등에 설치된 안전밸브 중 안전밸브 자체에 부착된 레버 또는 고리를 통하여 수시로 안전밸브가 적정하게 작동하는지를 확인할 수 있는 경우에는 검사하지 아니할 수 있고 납으로 봉인하지 아니할 수 있다.

가. 화학공정 유체와 안전밸브의 디스크 또는 시트가 직접 접촉될 수 있도록 설치된 경우 : 매년 1회 이상

나. 안전밸브 전단에 파열판이 설치된 경우 : 2년마다 1회 이상

다. 공정안전보고서 제출 대상으로서 고용노동부장관이 실시하는 공정안전보고서 이행상태 평가결과가 우수한 사업장의 안전밸브의 경우 : 4년마다 1회 이상

11) 납으로 봉인된 안전밸브를 해체하거나 조정할 수 없도록 조치한다.

12) 다음 각 호의 어느 하나에 해당하는 경우에는 파열판을 설치한다.

가. 반응 폭주 등 급격한 압력 상승 우려가 있는 경우

나. 급성 독성물질의 누출로 인하여 주위의 작업환경을 오염시킬 우려가 있는 경우

다. 운전 중 안전밸브에 이상 물질이 누적되어 안전밸브가 작동되지 아니할 우려가 있는 경우

13) 안전밸브 등이 안전밸브 등을 통하여 보호하려는 설비의 최고사용압력 이하에서 작동되도록 하여야 한다. 다만, 안전밸브 등이 2개 이상 설치된 경우에 1개는 최고사용압력의 1.05배(외부화재를 대비한 경우에는 1.1배) 이하에서 작동되도록 설치할 수 있다.

14) 안전밸브 등에 대하여 배출용량은 그 작동원인에 따라 각각의 소요분출량을 계산하여 가장 큰 수치를 해당 안전밸브 등의 배출용량으로 하여야 한다.

15) 안전밸브 등의 전단·후단에 차단밸브를 설치해서는 아니 된다. 다만, 다음 각

호의 어느 하나에 해당하는 경우에는 자물쇠형 또는 이에 준하는 형식의 차단 밸브를 설치할 수 있다.

가. 인접한 화학설비 및 그 부속설비에 안전밸브 등이 각각 설치되어 있고, 해당 화학설비 및 그 부속설비의 연결배관에 차단밸브가 없는 경우

나. 안전밸브 등의 배출용량의 1/2 이상에 해당하는 용량의 자동압력조절밸브(구동용 동력원의 공급을 차단하는 경우 열리는 구조인 것으로 한정한다)와 안전밸브 등이 병렬로 연결된 경우

다. 화학설비 및 그 부속설비에 안전밸브 등이 복수방식으로 설치되어 있는 경우

라. 예비용 설비를 설치하고 각각의 설비에 안전밸브 등이 설치되어 있는 경우

마. 열팽창에 의하여 상승된 압력을 낮추기 위한 목적으로 안전밸브가 설치된 경우

바. 하나의 플레어 스택(flare stack)에 둘 이상의 단위공정의 플레어 헤더(flare header)를 연결하여 사용하는 경우로서 각각의 단위공정의 플레어 헤더에 설치된 차단밸브의 열림 · 닫힘 상태를 중앙제어실에서 알 수 있도록 조치한 경우

16) 안전밸브 등으로 부터 배출되는 위험물은 연소 · 흡수 · 세정(洗淨) · 포집(捕集) 또는 회수 등의 방법으로 처리하여야 한다.

17) 인화성 액체를 저장 · 취급하는 대기압탱크에는 통기관 또는 통기밸브(breather valve) 등(이하 "통기설비"라 한다)을 설치하여야 한다.

18) 통기설비는 정상운전 시에 대기압탱크 내부가 진공 또는 가압되지 않도록 충분한 용량의 것을 사용하여야 하며, 철저하게 유지 · 보수를 하여야 한다.

19) 인화성 액체 및 인화성 가스를 저장 취급하는 화학설비에서 증기나 가스를 대기로 방출하는 경우에는 외부로부터의 화염을 방지하기 위하여 화염방지기를 그 설비 상단에 설치하여야 한다. 다만, 대기로 연결된 통기관에 통기밸브가 설치되어 있거나, 인화점이 섭씨 38도 이상, 60도 이하인 인화성 액체를 저장 · 취급할 때에 화염방지 기능을 가지는 인화방지망을 설치한 경우에는 그러하지 아니하다.

20) 가스폭발 위험장소 또는 분진폭발 위험장소에 설치되는 건축물 등에 대해서는 다음 각 호에 해당하는 부분을 내화구조로 하여야 하며, 그 성능이 항상 유지될 수 있도록 점검 · 보수 등 적절한 조치를 하여야 한다. 다만, 건축물 등의

주변에 화재에 대비하여 물 분무시설 또는 폼 헤드(foam head) 설비 등의 자동 소화설비를 설치하여 건축물 등이 화재 시에 2시간 이상 그 안전성을 유지할 수 있도록 한 경우에는 내화구조로 하지 아니할 수 있다.

가. 건축물의 기둥 및 보 : 지상 1층(지상 1층의 높이가 6m를 초과하는 경우에는 6m)까지

나. 위험물 저장 · 취급용기의 지지대(높이가 30cm 이하인 것은 제외한다) : 지상으로부터 지지대의 끝부분까지

다. 배관 · 전선관 등의 지지대 : 지상으로부터 1단(1단의 높이가 6m를 초과하는 경우에는 6m)까지

21) 위험물을 액체상태로 저장하는 저장탱크를 설치하는 경우에는 위험물질이 누출되어 확산되는 것을 방지하기 위하여 방유제(防油堤)를 설치하여야 한다.

22) 특수화학설비를 설치하는 경우에는 그 내부의 이상 상태를 조기에 파악하기 위하여 필요한 자동경보장치를 설치하여야 한다. 다만, 자동경보장치를 설치하는 것이 곤란한 경우에는 감시인을 두고 그 특수화학설비의 운전중 설비를 감시하도록 하는 등의 조치를 하여야 한다.

6. 문서 및 기록 관리

안전보건활동과 관련된 모든 문서 및 기록은 문서작성 및 관리 절차서(KR-P-05), 문서관리 절차서(KR-P-06) 및 기록관리 절차서(KR-P-10)에 따른다.

7. 첨부

양식1 : 점검주기 및 결과서(kr-j-07-01)

점검주기 및 결과서(kr-j-07-01)

점검주기 및 결과서

검사일 : 년 월 일

검사대상	검사자	검사주기	점검결과	보수계획일
전기시설	전기안전 담당자	월 1회		
기계시설	공무과장, 소속과장	월 1회		
화기사용시설	소속과장	수 시		
위험물 시설	위험물 취급관리자	수 시		
고압가스시설	가스안전 관리자	수 시		
옥외소화전	방화관리자	월 1회		
경보설비	방화관리자	월 1회		
소화기	방화관리자	월 1회		
기타 시설	방화관리자	수 시		

○○(주)	안전보건경영 지침서	문 서 번 호	KR-J-08
		개(제) 정 일	2018.01.01
	제8장 전기재해 예방활동	개 정 번 호	
		페 이 지	of

1. 목 적

이 지침은 사업장 내에서 전기사고를 예방하기 위한 사항을 제시함으로써 사업장 내의 신체의 안전을 확보하여 상해 및 사망사고 등 사고를 예방하는 지침을 정함을 목적으로 한다.

2. 적용범위

이 지침은 회사의 작업장에 적용한다.

3. 용어의 정의

3.1 이 지침에서 사용하는 용어의 정의는 다음과 같다.

1) "전기설비(Electrical equipment)"라 함은 전기에너지의 생산 및 사용, 즉 발전 · 송전 · 변전 · 정류 · 제어 · 저장 · 측정 또는 사용에 관련된 제반 설비를 말한다.
2) "유자격자(Qualified person)"라 함은 서면으로 특정 책임 및 의무를 지도록 사업주가 임명한 작업자를 말한다. 임명된 사람은 교육과 자격증 또는 경험을 통해 책임과 의무를 담당할 수 있는 능력을 갖추어야 한다.
3) "무자격자(Unqualified person)"라 함은 전기작업과 관련된 교육훈련이나 경험 등을 충분히 갖추지 않은 작업자를 말한다.
4) "정전작업(Work for stoppage of electric current)"이라 함은 전선로를 개로한 후 수행하는 당해 전선로 또는 그 지지물의 설치 · 점검 · 수리 · 도장 등의 작업을 말한다.
5) 그 밖에 이 지침에서 사용하는 용어의 정의는 이 지침에 특별한 규정이 있는 경우를 제외하고는 산업안전보건법, 같은 법 시행령, 같은 법 시행규칙, 산업안전보건 기준에 관한 규칙 및 관련고시에서 정하는 바에 의한다.

4. 책임과 권한

4.1 안전보건팀장

1) 작업장 내의 전기재해 예방에 대한 활동관리
2) 전기재해 예방에 대한 교육 실시
3) 전기의 위험요소의 확인 및 안전성 확보
4) 전기재해 예방을 위한 사항을 최고 경영자에게 보고 및 처리

4.2 각 부서장

1) 해당 부서의 전기재해 예방을 위한 적정관리
2) 안전보건팀장이 필요하다고 인정하여 지시하는 사항에 대한 준수

4.3 근로자

1) 해당지역의 전기재해 누출예방 활동
2) 각 설비의 정상상태 유무 확인

5. 전기재해 예방 활동 추진

5.1 전기작업의 안전조건

1) 전기작업계획서를 작성하는 경우에는 전기작업 안전조건을 우선으로 한다.
2) 전기작업 안전조건 확보는 「KOSHA GUIDE(에너지 차단장치의 잠금·표지에 관한 기술지침)」에 따르되, 다음방법에 의하여 검증한다.
   가. 특정 기기에 공급 가능한 전원의 결정(관련 도면·배선도 및 표지의 보완 여부점검)
   나. 부하전류의 차단 후에 각 전원의 단로기 개방
   다. 가능한 경우, 단로기의 모든 칼날의 완전 개방 또는 인출형 차단기의 인출 여부의 육안 확인
   라. 문서화된 지침에 따른 잠금 및 표지(LO/TO) 적용
   마. 전로가 완전히 정전되었는지를 확인하기 위하여 상도체 또는 전로부(Circuit parts)에 적합한 정격의 검전기 사용(이때 각 상도체 또는 상-상 및 상-대지 사이의 두 경로에 대하여 시험을 실시하되, 각 시험 전후에 검전기가 적절히 작동하는지를 확인한다)
   바. 유도전압 또는 충전에너지로 인해 전격이 우려되는 경우, 작업자가 접촉하기 전에 상도체 또는 전로부를 접지시킨다. 정전된 도체 또는 전로부가 다른 노출된 도체 또는 전로부와 접촉할 우려가 있는 경우에는 이들 기기에 적합한 정격을 가진 단락접지용구(Ground connecting devices)를 접속한다.

5.2 전기작업의 기본 원칙

1) 모든 전기설비를 점검 및 평가한다.
2) 모든 전기설비의 절연 및 외함 상태의 보존을 유지한다.
3) 작성된 모든 전기작업 계획서는 그 과정을 문서화한다.
4) 가능하면 전원을 차단시킨다.
5) 발생이 우려되지 않는 사고도 예측한다.
6) 위험을 확인하고 최소화한다.
7) 감전, 화상 및 폭발과 작업 환경에서 기인되는 위험으로부터 근로자를 보호한다.
8) 작업에 적합한 공구를 사용한다.
9) 작업자의 능력을 평가한다.

5.3 안전표지와 꼬리표

안전표지, 심볼, 사고예방 꼬리표는 전기적 위험이 작업자를 위험하게 할 수 있는 경우 작업자에게 주의를 주기 위하여 사용한다. 이러한 안전표지와 꼬리표는 관련 요구사항을 충족시켜야 한다.

5.4 손, 팔 및 어깨보호

1) 노출된 충전 전선이나 기기 등과의 접촉으로 인한 전격이나 화상으로부터 손과 팔의 재해위험이 있는 경우 사용한다.
2) 아크 섬락 연소에 노출될 우려가 있는 경우와 손, 팔 및 어깨의 재해위험이 있는 경우에는 절연 고무 소매와 가죽 보호대가 있는 절연 고무장갑은 사용한다.
3) 아크 섬락 연소에 노출될 우려가 있는 경우, 손과 팔에 적합한 보호구를 사용한다.
4) 활선작업 시에는 감전재해를 예방하기 위해 아주 엄격한 안전규정과 절차를 갖추어야 한다.
   가. 활선 또는 근접작업이 이루어지는 해당 기기에 필요한(정성적) 위험성 평가를 실시하여야 한다.
   나. 평가자는 많은 지식과 고려해야 하는 여러 인자에 대한 경험이 필요하며 작업자의 적합성 및 위험회피 능력도 알 수 있어야 한다.
   다. 활선작업의 불가피성(합리성)을 결정하기 위해서는 다음에 적합하여야 한다.
      (1) 활선작업에 앞서 작업책임자는 위 단계에서 평가된 제반 내용이 적합

한지를 검토해야 한다.

(2) 이 단계에서 경제적 및 운용적인 인자를 활선작업의 치명적인 위험을 고려하여 평가하여야 한다.

5.5 작업계획서 작성 시 유의사항

1) 모든 전선과 회로부분은 정전되었다는 것이 확실히 입증되기 전에는 통전중인 것으로 간주한다.
2) 대지전압이 50V를 넘는 노출된 충전 전로에 대한 '맨손 작업'이 적절하지 않을 경우에는 절대로 맨손으로 접촉하여서는 아니 된다.
3) 전선이나 회로의 전원을 차단시켜서 안전하게 하는 작업자체도 위험한 작업이다.
4) 사업주는 교육 훈련 프로그램을 개발하고 근로자는 이 프로그램을 받는다.
5) 위험확인을 위한 절차를 마련하고 위험의 경감 및 제어 계획을 세운다.
6) 전기에너지의 영향을 받는 작업에 투입되는 근로자는 해당 작업에 필요한 자격을 갖도록 교육시킨다.
7) 노출된 충전 전로 및 그 위 또는 근처에서 수행하여야 하는 작업을 확인하고 구분한다.
8) 작업에 대한 논리적 접근을 통해 위험성 평가 결과인 잠재적인 위험을 확인한다.
9) 작업 환경에 적절한 예방책을 확인하고 적용한다.

6. 정전기 재해방지 일반사항

6.1 정전기 완화

1) 정전기의 위험관리 목적은 축적된 전하를 방전이 일어나기 전에 무해한 방법으로 완화시킬 수 있는 방법을 찾는 것이다.
2) 정전기의 점화 위험성은 다음의 방법으로 제거할 수 있다.
   가. 정전기에 의한 점화가 가능한 지역에서 인화성 혼합물을 제거
   나. 전하 생성 및 축적되는 공정 또는 제품을 변경하여 정전기 발생을 억제
   다. 전하의 중화

6.2 인화성 혼합물의 관리

비도전성의 물질 또는 장치를 취급하는 공정에서 정전기 전하의 축적을 방지하기

위한 공학적 대책이 곤란한 경우, 취급되는 물질의 특성에 따라 장치의 불활성화, 환기 또는 안전한 지역으로 장비를 재배치하는 등의 방법이 필요하다.

6.3 불활성화

인화성 혼합물이 존재하는 용기 내부에는 위험 분위기를 없애기 위해 불활성 가스를 주입하여 산소부족 상태로 만든다. 정상운전 상태에서 폭발 상한을 넘는 혼합물의 용기는 폭발범위 내로 변경될 경우 불활성 가스를 주입할 수도 있다.

6.4 환기

환기는 인화성 물질의 농도를 가스 또는 증기의 경우 폭발 하한 이하, 분진의 경우 최소폭발농도 이하로 희석시키기 위해 사용한다. 일반적으로, 공기를 이동시켜 인화성 물질의 농도를 폭발 하한의 25% 이하로 희석시키는 방법이다.

6.5 전하소멸

1) 본딩 및 접지

본딩은 도전성 물체 사이의 전위 차를 줄이기 위해 사용되고, 접지는 물체와 대지 사이의 전위 차를 같게 하는 것을 의미한다.

2) 습도

가. 많은 물질의 표면저항은 주위 습도에 의해 제어가 가능하며, 65% 이상의 습도에서 대부분의 물질은 정전기의 축적을 방지하기에 충분한 표면도전율을 갖는다. 그러나 습도가 30% 이하로 떨어지면 양질의 절연체가 되어 전하의 축적이 증가하게 된다.

나. 습도는 물질의 표면도전율을 증가시키지만, 생성되는 전하는 대지와 연결된 도전성 경로가 있어야 소멸된다.

3) 전하의 완화와 대전방지 처리

가. 물질의 특성에 따라 정전기 전하를 소멸 또는 완화시키는데 일정한 시간이 필요하다. 대전된 물체 또는 물질을 위험한 지역으로 옮기기 전에는 전하를 완화시킬 수 있는 충분한 시간을 필요로 한다.

나. 전하의 완화는 전하를 이동시키기 위한 접지경로가 있어야만 가능하므로, 대전된 물체 또는 물질이 대지와 전기적으로 분리되어 있을 경우에는 정전기의 위험을 완전히 제거할 수 없다.

4) 전하의 중화

공기를 이온화시키는 이온 발생장치(Ionizer)의 효능은 설치된 장소의 주변 환경 및 위치에 의해 많은 영향을 받는다. 이온 발생장치는 정전기의 발생을 억제하는 것이 아니라, 발생된 전하를 중화시키기 위해 반대 극성의 이온을 제공하는 장치이다

5) 인체의 정전기 관리

인체는 도전성이므로 대지와 분리되어 있으면 전하를 축적할 수 있으며 이러한 전하는 신발과 바닥재와의 접촉과 분리 등에 의해 발생된다. 인화성 혼합물이 존재하고 대전된 인체로부터 점화 위험성이 있는 곳에서는 정전기가 축적되는 것을 방지하는 것이 필요하다. 이러한 인체의 전하 축적을 방지하는 대책에는 다음과 같은 것이 있다.

가. 도전성 바닥 및 신발 착용
나. 개인용 접지 장치
다. 대전방지 또는 도전성 의류
라. 장갑
마. 청소용 천

7. 문서 및 기록 관리

안전보건활동과 관련된 모든 문서 및 기록은 표준문서 작성 및 관리 절차서(KR-P-05), 문서관리 절차서(KR-P-06) 및 기록관리 절차서(KR-P-10)에 따른다.

<table>
<tr><td rowspan="4">○○(주)</td><td rowspan="2">안전보건경영 지침서</td><td>문 서 번 호</td><td>KR-J-09</td></tr>
<tr><td>개(제) 정 일</td><td>2018.01.01</td></tr>
<tr><td rowspan="2">제9장 쾌적한 작업환경 유지활동</td><td>개 정 번 호</td><td></td></tr>
<tr><td>페 이 지</td><td>of</td></tr>
</table>

1. 목 적

이 지침은 사업장의 쾌적한 작업환경 유지활동 위한 사항을 제시함으로써 사업장 내의 신체의 안전을 확보하여 상해 및 사망사고 등 사고를 예방하는 지침을 정함을 목적으로 한다.

2. 적용범위

이 지침은 회사의 작업장에 적용한다.

3. 용어의 정의

3.1 이 지침에서 사용하는 용어의 정의는 다음과 같다.

1) "관리대상 유해물질"이란 근로자에게 상당한 건강장해를 일으킬 우려가 있는 물질로 건강장해를 예방하기 위한 보건상의 조치가 필요한 원재료 · 가스 · 증기 · 분진 · 흄(fume), 미스트(mist)로서 유기화합물, 금속류, 산 · 알칼리류, 가스상태 물질류를 말한다.
2) "유기화합물"이란 상온 · 상압(常壓)에서 휘발성이 있는 액체로서 다른 물질을 녹이는 성질이 있는 유기용제(有機溶劑)를 포함한 탄화수소계 화합물질을 말한다.
3) "금속류"란 고체가 되었을 때 금속광택이 나고 전기 · 열을 잘 전달하며, 전성(展性)과 연성(延性)을 가진 물질을 말한다.
4) "산 · 알칼리류"란 수용액(水溶液) 중에서 해리(解離)하여 수소이온을 생성하고 염기와 중화하여 염을 만드는 물질과 산을 중화하는 수산화화합물로서 물에 녹는 물질을 말한다.
5) "가스상태물질류"란 상온 · 상압에서 사용하거나 발생하는 가스상태의 물질을 말한다.
6) "특별관리물질"이란 발암성, 생식세포 변이원성, 생식독성 물질 등 근로자에게 중대한 건강장해를 일으킬 우려가 있는 물질을 말한다.

7) "소음작업"이란 1일 8시간 작업을 기준으로 85데시벨 이상의 소음이 발생하는 작업을 말한다.

8) 그 밖에 이 지침에서 사용하는 용어의 정의는 이 지침에 특별한 규정이 있는 경우를 제외하고는 산업안전보건법, 같은 법 시행령, 같은 법 시행규칙, 산업안전보건 기준에 관한 규칙 및 관련고시에서 정하는 바에 의한다.

4. 책임과 권한

4.1 안전보건팀장

1) 작업장 내의 쾌적한 작업환경 유지활동 지원관리
2) 유해물질에 관한 교육 실시
3) 쾌적한 작업환경 유지활동의 확인 및 실행
4) 쾌적한 작업환경 유지활동 사항을 최고 경영자에게 보고 및 처리

4.2 각 부서장

1) 해당 부서의 쾌적한 작업환경 유지활동을 위한 적정관리
2) 안전보건팀장이 필요하다고 인정하여 지시하는 사항에 대한 준수

4.3 근로자

1) 해당 지역의 쾌적한 작업환경 유지활동
2) 각 설비의 정상상태 유무 확인

5. 쾌적한 작업환경 유지활동 추진

5.1 조도의 기준

근로자가 상시 작업하는 장소의 작업면 조도(照度)를 다음 각 호의 기준에 맞도록 하여야 한다. 다만, 갱내(坑內) 작업장과 감광재료(感光材料)를 취급하는 작업장은 그러하지 아니하다.

1) 초정밀작업 : 750럭스(lux) 이상
2) 정밀작업 : 300럭스 이상
3) 보통작업 : 150럭스 이상
4) 그 밖의 작업 : 75럭스 이상

5.2 각 부서장은 관리대상 유해물질 취급설비나 그 부속설비를 사용하는 작업을 하는 경우에 관리대상 유해물질이 새지 않도록 다음 각 호의 사항을 주의하여 관리하여야 한다.

1) 밸브 · 콕 등의 조작
2) 냉각장치, 가열장치, 교반장치 및 압축장치의 조작
3) 계측장치와 제어장치의 감시 · 조정
4) 안전밸브, 긴급 차단장치, 자동경보장치 및 그 밖의 안전장치의 조정
5) 뚜껑 · 플랜지 · 밸브 및 콕 등 접합부가 새는지 점검
6) 시료(試料)의 채취
7) 관리대상 유해물질 취급설비의 재가동 시 작업방법
8) 이상사태가 발생한 경우의 응급조치

5.3 부서장은 국소배기장치를 설치한 후 처음으로 사용하는 경우 또는 국소배기장치를 분해하여 개조하거나 수리한 후 처음으로 사용하는 경우에는 다음 각 호에서 정하는 사항을 사용 전에 점검하여야 한다.
1) 덕트와 배풍기의 분진 상태
2) 덕트 접속부가 헐거워졌는지 여부
3) 흡기 및 배기 능력
4) 그 밖에 국소배기장치의 성능을 유지하기 위하여 필요한 사항

5.4 부서장은 점검 결과 이상이 발견되었을 때에는 즉시 청소 · 보수 또는 그 밖에 필요한 조치를 하여야 한다.

5.5 부서장은 관리대상 유해물질을 취급하는 실내작업장에서 근로자가 담배를 피우거나 음식물을 먹지 않도록 하여야 하며, 그 내용을 보기 쉬운 장소에 게시하여야 한다.

5.6 부서장은 근로자가 다음 각 호의 어느 하나에 해당하는 업무를 하는 경우에 해당 근로자에게 송기마스크를 지급하여 착용하도록 하여야 한다.
1) 유기화합물을 넣었던 탱크(유기화합물의 증기가 발산할 우려가 없는 탱크는 제외한다) 내부에서의 세척 및 페인트칠 업무
2) 유기화합물 취급 특별장소에서 유기화합물을 취급하는 업무

5.7 부서장은 근로자가 다음 각 호의 어느 하나에 해당하는 업무를 하는 경우에 해당 근로자에게 송기마스크나 방독마스크를 지급하여 착용하도록 하여야 한다.
1) 밀폐설비나 국소배기장치가 설치되지 아니한 장소에서의 유기화합물 취급업무
2) 유기화합물 취급 장소에 설치된 환기장치 내의 기류가 확산될 우려가 있는 물체를 다루는 유기화합물 취급업무
3) 유기화합물 취급 장소에서 유기화합물의 증기 발산원을 밀폐하는 설비(청소 등으

로 유기화합물이 제거된 설비는 제외한다)를 개방하는 업무

5.8 부서장은 허가대상 유해물질(베릴륨 및 석면은 제외한다)을 제조하거나 사용하는 경우에 다음 각 호의 사항을 관리하여야 한다.

1) 허가대상 유해물질을 제조하거나 사용하는 장소는 다른 작업장소와 격리시키고 작업장소의 바닥과 벽은 불침투성의 재료로 하되, 물청소로 할 수 있는 구조로 하는 등 해당 물질을 제거하기 쉬운 구조로 할 것
2) 원재료의 공급 · 이송 또는 운반은 해당 작업에 종사하는 근로자의 신체에 그 물질이 직접 닿지 않는 방법으로 할 것
3) 반응조(batch reactor)는 발열반응 또는 가열을 동반하는 반응에 의하여 교반기(攪拌機) 등의 덮개부분으로부터 가스나 증기가 새지 않도록 개스킷 등으로 접합부를 밀폐시킬 것
4) 가동 중인 선별기 또는 진공여과기의 내부를 점검할 필요가 있는 경우에는 밀폐된 상태에서 내부를 점검할 수 있는 구조로 할 것
5) 분말 상태의 허가대상 유해물질을 근로자가 직접 사용하는 경우에는 그 물질을 습기가 있는 상태로 사용하거나 격리실에서 원격조작하거나 분진이 흩날리지 않는 방법을 사용하도록 할 것

5.9 부서장은 근로자가 분진작업을 하는 경우에 해당 작업에 종사하는 근로자에게 적절한 호흡용 보호구를 지급하여 착용하도록 하여야 한다. 다만, 해당 작업장소에 분진 발생원을 밀폐하는 설비나 국소배기장치를 설치하거나 해당 분진작업장소를 습기가 있는 상태로 유지하기 위한 설비를 갖추어 가동하는 등 필요한 조치를 한 경우에는 그러하지 아니하다.

1) 보호구를 지급하는 경우에 근로자 개인전용 보호구를 지급하고, 보관함을 설치하는 등 오염 방지를 위하여 필요한 조치를 하여야 한다.
2) 근로자는 지급된 보호구를 사업주의 지시에 따라 착용하여야 한다.

5.10 화학물질 안전보건 관리 10가지 준수운동 실시

1) 작업 시에는 화학물질 발산원을 밀폐하거나 환기 설비(국소배기장치, 환풍기 등)를 가동하여 화학물질에 노출되지 않도록 하여야 합니다.
2) 사업주(관리자)는 화학물질을 취급하기 전에 반드시 물질안전보건자료(MSDS)를 확보하여 유해성 · 위험성을 인지하여야 합니다.
3) 근로자가 보기 쉬운 장소에 MSDS를 게시 · 비치하고, 용기 및 덜어 쓰는 용기 등에 반드시 경고표지를 부착하여야 합니다.

4) 취급 근로자에게 반드시 인체에 미치는 영향, 취급 시 주의사항 등에 대한 교육을 실시하여야 합니다.
5) 근로자에게 적합한 개인보호구(방독마스크, 보호복 등)를 지급 및 착용하도록 관리하여야 합니다.
6) 사업주는 정기적으로 작업환경을 측정 · 평가하고, 작업환경을 개선해야 합니다.
7) 근로자 건강관리를 위하여 정기적으로 특수건강 진단을 실시하여야 합니다.
8) 근로자가 세면 · 목욕 등을 할 수 있도록 세척시설을 설치하고, 작업 후에는 작업복과 노출된 신체 부위를 깨끗하게 세척하여야 합니다.
9) 화학물질을 취급하는 실내작업장에서는 담배를 피우거나 음식물을 먹어서는 안됩니다.
10) 화학물질 취급으로 신체에 이상(구토, 호흡곤란, 피부발진 등)을 느끼면 반드시 관리자에게 보고하고 의사의 적절한 진료를 받아야 합니다.

6. 작업환경 측정

6.1 작업환경 측정

1) 작업환경 측정은 대표이사의 승인을 얻어 실시한다.
2) 작업환경은 매년 11월에 실시하며, 특별한 경우에는 수시로 측정을 할 수 있다.
3) 다음과 같은 경우에는 측정회수를 증가할 수 있다.
   가. 최근 공정 및 설비의 변경, 작업절차의 변경, 사용물질의 변경 등으로 작업환경 측정결과에 변화가 예상될 때
   나. 최근 2회 연속으로 노출기준이 정상을 벗어날 때
4) 작업환경 측정은 정상적인 작업에서 노출을 정확히 평가할 수 있을 때 실시한다.
5) 작업환경 측정은 전문 측정기관에 의뢰한다.

6.2 작업환경 측정대상 작업장은 다음과 같은 장소를 선정한다.

1) 분진이 발생하는 작업
2) 특정 유해화학물질 등을 취급하는 공정
3) 강한 소음이 발생되는 옥내의 작업
4) 기타 다음 작업이 행해질 때 측정대상에 포함한다.
   가. 유기화합물(113종)
   나. 금속류(23종)

다. 산 및 알칼리류(17종)

라. 가스 상태 물질류(15종)

마. 허가 대상 유해물질(12종)

바. 물리적 인자(2종)

(1) 8시간 시간가중평균 80dB 이상의 소음

(2) 안전보건규칙에 따른 고열

사. 분진(7종)

6.3 모든 근로자가 결과를 확인할 수 있도록 게시를 통해 공지한다.

6.4 결과보고

1) 측정농도 평가에 따른 조치사항

가. 기준 미만 : 현재의 작업상태 유지

나. 기준 초과 우려 : 시설, 설비 등 작업방법 및 시설의 점검 후 작업환경 개선을 실시한다.

다. 시설, 설비 및 작업공정에 대한 기술적 대책수립, 보호구 지급 및 교육

2) 안전보건팀장은 측정기관으로부터 작업환경 측정 보고서를 제출받으면 해당 부서에 통보하고 해당 부서장은 작업환경개선을 위한 적절한 대책을 수립한다.

3) 안전보건팀장은 측정을 완료한 날부터 60일 이내에 측정결과 보고서에 작업환경 측정 결과서 사본 및 종합적인 개선계획서를 첨부하여 관할 지방노동관서에 보고하여야 한다.

4) 안전보건팀장은 측정결과를 다음과 같은 방법으로 근로자에게 알린다.

가. 부서게시판 부착

나. 작업시작 전 미팅, 안전보건교육

다. 기타 SN S등 당해 근로자들이 작업환경 측정결과를 알 수 있는 방법

5) 목록작성 및 MSDS 비치

안전보건팀장은 화학불질 목록대장을 작성하고 MSDS를 근로자가 잘 보이는 장소에 보관한다.

6) 작업환경 측정에 관련된 기록은 그 보존기간을 3년으로 한다.

7. 문서 및 기록 관리

안전보건활동과 관련된 모든 문서 및 기록은 표준문서 작성 및 관리 절차서(KR-P-05), 문서관리 절차서(KR-P-06) 및 기록관리 절차서(KR-P-10)에 따른다.

양식 : 화학물질 목록대장(kr-j-09-01)

화학물질목록대장(kr-j-09-01)

번호	유해화학물질의 종류	사용량 (kg/일)	주된용도	취급시 유의사항	비고
1					
2					
3					
4					
5					

<table>
<tr><td rowspan="4">○○(주)</td><td rowspan="2">안전보건경영 지침서</td><td>문 서 번 호</td><td>KR-J-10</td></tr>
<tr><td>개(제) 정 일</td><td>2018.01.01</td></tr>
<tr><td rowspan="2">제10장 근로자 건강장해 예방활동</td><td>개 정 번 호</td><td></td></tr>
<tr><td>페 이 지</td><td>of</td></tr>
</table>

1. 목 적

이 지침은 사업장의 근로자 건강증진활동 사항을 제시함으로써 사업장 내의 신체의 안전을 확보하여 상해 및 사망사고 등 사고를 예방하는 지침을 정함을 목적으로 한다.

2. 적용범위

이 지침은 회사의 작업장에 적용한다.

3. 용어의 정의

3.1 이 지침에서 사용하는 용어의 정의는 다음과 같다.

1) "건강증진활동"이란 근로자 건강증진 활동 지침 제2조에 근거하여 작업관련성 질환 예방을 포함하여 근로자의 건강을 최상의 상태로 유지 · 증진하기 위한 일련의 활동을 말한다.

2) "건강증진활동 추진자"란 사업장 내의 보건관리자 또는 근로자 건강증진활동에 필요한 지식과 기술을 보유하고 건강증진활동을 추진하는 사람을 말한다.

3) 그 밖에 이 지침에서 사용하는 용어의 정의는 이 지침에 특별한 규정이 있는 경우를 제외하고는 산업안전보건법, 같은 법 시행령, 같은 법 시행규칙, 산업안전보건 기준에 관한 규칙 및 관련고시에서 정하는 바에 의한다.

4. 책임과 권한

4.1 최고경영자의 역할

1) 사업주는 근로자 건강증진활동의 중요성을 이해하고, 근로자 건강증진활동에 필요한 지원을 적극적으로 실시한다.

2) 사업주는 근로자 건강증진 활동의 추진상황을 지속적으로 모니터링하고, 근로자 건강증진활동이 적극적으로 수행될 수 있도록 관심을 표명한다.

3) 사업주는 건강증진활동 추진자에게 건강증진활동 추진을 위한 권한과 책임을

부여한다.

4.2 안전보건팀장

1) 안전보건팀장은 건강증진활동의 추진방침 및 목표를 명확히 이해하고, 사업장의 건강증진활동 추진에 관한 종합계획을 수립하여 시행한다.
2) 안전보건팀장은 노사가 건강증진활동에 관심을 가질 수 있는 동기를 부여하고, 건강증진활동이 원활히 수행될 수 있도록 전문적인 역할을 수행한다.
3) 안전보건팀장은 건강증진활동에 관련된 여러 인력과 협력적인 관계를 유지한다.
4) 안전보건팀장은 건강증진과 관련된 외부의 자원 현황을 파악하고, 외부자원의 연계 방안을 모색한다.
5) 안전보건팀장은 건강증진활동 수행에 필요한 지식 및 기술을 습득할 수 있도록 지속적으로 노력한다.

4.3 근로자의 역할

1) 근로자는 사업장의 건강증진활동 추진방향을 이해하고, 건강증진활동에 적극적으로 참여한다.
2) 근로자는 건강증진활동 추진결과를 확인하고, 사업장 건강증진활동 추진방향에 대한 의견을 개진한다.

5. 근로자 건강증진 활동

5.1 건강진단

1) 건강진단의 종류

가. "일반건강진단"이란 상시 사용하는 근로자의 건강관리를 위하여 사업주가 주기적으로 실시하는 건강진단을 말한다.

나. "특수건강진단"이란 다음 각 목의 어느 하나에 해당하는 근로자의 건강관리를 위하여 사업주가 실시하는 건강진단을 말한다.

(1) 산업안전보건법 시행규칙 별표 12의2에서 정한 특수건강진단 대상 유해 인자에 노출되는 업무에 종사하는 근로자
(2) 근로자건강진단 실시 결과 직업병 유소견자로 판정받은 후 작업 전환을 하거나 작업장소를 변경하고, 직업병 유소견 판정의 원인이 된 유해인자에 대한 건강진단이 필요하다는 의사의 소견이 있는 근로자

다. "배치 전 건강진단"이란 특수건강진단 대상업무에 종사할 근로자에 대하여 배치 예정업무에 대한 적합성 평가를 위하여 사업주가 실시하는 건강진단을 말한다.

라. "수시건강진단"이란 특수건강진단 대상업무로 인하여 해당 유해인자에 의한 직업성 천식, 직업성 피부염, 그 밖에 건강장해를 의심하게 하는 증상을 보이거나 의학적 소견이 있는 근로자에 대하여 사업주가 실시하는 건강진단을 말한다.

마. "임시건강진단"이란 다음 각 목의 어느 하나에 해당하는 경우에 특수건강진단 대상 유해인자 또는 그 밖의 유해인자에 의한 중독 여부, 질병에 걸렸는지 여부 또는 질병의 발생원인 등을 확인하기 위하여 지방고용노동관서의 장의 명령에 따라 사업주가 실시하는 건강진단을 말한다.

(1) 같은 부서에 근무하는 근로자 또는 같은 유해인자에 노출되는 근로자에게 유사한 질병의 자각 · 타각 증상이 발생한 경우

(2) 직업병 유소견자가 발생하거나 여러 명이 발생할 우려가 있는 경우

(3) 그 밖에 지방고용노동관서의 장이 필요하다고 판단하는 경우

2) 수시건강진단 실시요건

가. 다음 각 호의 어느 하나에 해당하는 경우에는 사업주는 규칙 제99조제5항의 규정에 따라 수시건강진단을 지체없이 실시하여야 한다.

(1) 산업보건의 · 보건관리자가 필요하다고 판단하여 사업주에게 수시건강진단 실시를 건의한 경우

(2) 해당 근로자나 근로자 대표 또는 위촉된 명예산업안전감독관이 사업주에게 수시건강진단 실시를 요청한 경우

3) 건강진단 실시결과 보고 및 서류보존

사업주는 건강진단 결과표 및 근로자가 제출한 건강진단 결과를 증명하는 서류(이들 자료가 전산입력된 경우에는 그 전산입력된 자료를 말한다)를 5년간 보존하여야 한다. 다만, 고용노동부장관이 정하여 고시하는 물질을 취급하는 근로자에 대한 건강진단 결과의 서류 또는 전산입력 자료는 30년간 보존하여야 한다.

4) 사후관리 조치

사업주는 건강진단 실시결과에 따라 작업장소 변경, 작업전환, 근로시간 단축, 야간근무 제한 등의 조치를 시행할 때에는 사전에 해당 근로자에게 이를 알려주어야 한다. 이 경우 해당 조치의 이행이 어려울 때에는 건강진단을 실시한

의사 또는 산업보건의(의사인 보건관리자를 포함한다)의 의견을 들어 사후관리 조치의 내용을 변경하여 시행할 수 있다.

5) 특수건강진단의 시기 및 주기는 첨부 1과 같다

6) 건강진단의 실시 시기 등

사업주는 상시 사용하는 근로자 중 사무직에 종사하는 근로자(공장 또는 공사 현장과 같은 구역에 있지 아니한 사무실에서 서무·인사·경리·판매·설계 등의 사무업무에 종사하는 근로자를 말하며, 판매업무 등에 직접 종사하는 근로자는 제외한다)에 대해서는 2년에 1회 이상, 그 밖의 근로자에 대해서는 1년에 1회 이상 일반건강진단을 실시하여야 한다.

7) 기타 근로자 건강진단 실시기준은 "고용노동부고시 제2016-23호"의 기준에 따른다.

8) 첨부 1은 특수건강진단의 시기 및 주기를 나타낸다.

〈첨부 1〉 특수건강진단의 시기 및 주기(제99조제2항 관련)

구분	대상 유해인자	시기 배치 후 첫 번째 특수 건강진단	주기
1	N,N-디매틸아세트아미드 N,N-디매틸포름아미드	1개월 이내	6개월
2	벤젠	2개월 이내	6개월
3	1,1,2,2-테트라클로로에탄 사염화탄소 아크릴로니트릴 염화비닐	3개월 이내	6개월
4	석면, 면 분진	12개월 이내	12개월
5	광물성 분진 나무 분진 소음 및 충격소음	12개월 이내	24개월
6	제1호부터 제5호까지의 규정의 대상 유해인자를 제외한 별표 12의2의 모든 대상 유해인자	6개월 이내	12개월

5.2 호흡기보호 프로그램

사업주는 다음 각 호의 어느 하나에 해당하는 경우에 분진 작업으로 인한 근로자 건강장해를 예방하기 위한 호흡기보호 프로그램을 수립하여 시행한다.

- 분진의 작업환경 측정 결과 노출기준을 초과하는 사업장
- 분진작업으로 인하여 근로자에게 건강장해가 발생한 사업장

1) 정의

가. "분진[粉塵, dust]"이라 함은 기체 중에 부유하고 있는 미세한 입자상 물질을 말하고 호흡에 흡입하는 미립자는 흡입성분진, 또는 흡입가능입자이며, 대기오염방지법에서의 분진이란 물건의 파쇠, 선별, 기타 기계적처리 또는 퇴적에 의해 발생하며 비산(飛散)물질로 규정되어 분진 발생시설의 구조 및 사용관리에 관한 기준도 정해져 있다.

나. "발생원"이라 함은 유해물질이 발생하여 작업환경오염의 원인이 되는 생산설비나 작업장소 등을 말한다.

다. "유해물질" 이라 함은 작업환경을 오염시키는 물질로서 가스, 증기 등 기체상물질과 미스트, 흄, 분진 등 입자상 물질을 말한다.

라. "산업환기설비" 라 함은 유해물질을 건강상 유해하지 않은 농도로 유지하고 유해물질에 의한 화재・폭발을 방지하거나 열 또는 수증기를 제거하기 위하여 설치하는 전체환기장치와 국소배기장치 등 일체의 환기설비를 말한다.

마. "호흡용 보호구"란 작업환경 중에 존재하는 가스, 증기, 미스트, 분진 등의 유해 물질이 근로자의 호흡기를 통해 체 내로 들어가는 것을 방지하는 보호구를 말한다.

2) 대책

가. 사업주는 보호구를 사용하지 아니하더라도 근로자가 유해 · 위험작업으로부터 보호를 받을 수 있도록 설비개선 등 필요한 조치를 하여야 한다.

나. 사업주는 조치를 하기 어려운 경우에만 제한적으로 해당 작업에 맞는 보호구를 사용하도록 하여야 한다.

다. 환기장치

사업주는 인체에 해로운 분진, 흄(fume), 미스트(mist), 증기 또는 가스 상태의 물질(이하 "분진등"이라 한다)을 배출하기 위하여 설치하는 국소박지장치의 후드가 다음 각 호의 기준에 맞도록 하여야 한다.

(1) 유해물질이 발생하는 곳마다 설치할 것

(2) 유해인자의 발생형태와 비중, 작업방법 등을 고려하여 해당 분진 등의 발산원(發散源)을 제어할 수 있는 구조로 설치할 것

(3) 후드(hood) 형식은 가능하면 포위식 또는 부스식 후드를 설치할 것

(4) 외부식 또는 리시버식 후드는 해당 분진 등의 발산원에 가장 가까운 위치에 설치할 것

라. 배기구

사업주는 분진 등을 배출하기 위하여 설치하는 국소배기장치(공기정화장치가 설치된 이동식 국소배기장치는 제외한다)의 배기구를 직접 외부로 향하도록 개방하여 실외에 설치하는 등 배출되는 분진 등이 작업장으로 재유입 되지 않는 구조로 하여야 한다.

마. 배기의 처리

사업주는 분진 등을 배출하는 장치나 설비에는 그 분진 등으로 인하여 근로자의 건강에 장해가 발생하지 않도록 흡수 · 연소 · 집진(集塵) 또는 그 밖의 적절한 방식에 의한 공기정화장치를 설치하여야 한다.

바. 국소배기장치

사업주는 국소배기장치를 설치한 후 처음으로 사용하는 경우 또는 국소배기장치를 분해하여 개조하거나 수리한 후 처음으로 사용하는 경우에는 다음 각 호에서 정하는 사항을 사용 전에 점검하여야 한다. 또한 분진작업장소에 설치하는 국소배기장치의 제어풍속은 첨부 1과 같다.

(1) 덕트와 배풍기의 분진 상태

(2) 덕트 접속부가 헐거워졌는지 여부

(3) 흡기 및 배기 능력

(4) 그 밖에 국소배기장치의 성능을 유지하기 위하여 필요한 사항

사. 교육실시

사업주는 근로자가 상시 분진작업에 관련된 업무를 하는 경우에 다음 각 호의 사항을 근로자에게 교육한다.

(1) 분진의 유해성과 노출경로

(2) 분진의 발산 방지와 작업장의 환기 방법

(3) 작업장 및 개인위생 관리

(4) 호흡용 보호구의 사용 방법

(5) 분진에 관련된 질병 예방 방법

아. 호흡용 보호구의 지급

(1) 사업주는 근로자가 분진작업을 하는 경우에 해당 작업에 종사하는 근로자에게 적절한 호흡용 보호구를 지급하여 착용하도록 하여야 한다.

다만, 해당 작업장소에 분진 발생원을 밀폐하는 설비나 국소배기장치를 설치하거나 해당 분진작업장소를 습기가 있는 상태로 유지하기 위한 설비를 갖추어 가동하는 등, 필요한 조치를 한 경우에는 그러하지 아니하다.

(2) 사업주는 제1항에 따라 보호구를 지급하는 경우에 근로자 개인전용 보호구를 지급하고, 보관함을 설치하는 등 오염 방지를 위하여 필요한 조치를 하여야 한다.

(3) 근로자는 제1항에 따라 지급된 보호구를 사업주의 지시에 따라 착용하여야 한다.

자. 공기정화장치의 선정

(1) 공기정화장치는 유해물질의 종류, 발생량, 입자의 크기, 형태, 밀도, 온도 등을 고려하여 선정하여야 한다.

(2) 공기정화장치를 거친 유해가스의 농도는 환경부의 환경관련법령에서 정하는 배출허용기준을 만족하도록 하여야 한다. 다만, 배기구를 옥내에 설치하고자 하는 경우에는 공기정화장치를 거친 유해가스에 포함된 유해물질로 인하여 작업장의 작업환경농도가 노동부장관이 정하는 유해물질의 노출기준을 초과하지 않도록 하여야 한다.

(3) 작업장 내부에 설치하는 공기정화장치는 작업장 내부로 유입 및 확산을 방지하기 위하여 덮개를 설치하고, 배기구를 옥외의 안전한 위치에 설치하여야 한다.

차. 배기관련 설비의 규격에 대해서는 다음과 같다.

(1) 분진작업장소에 설치하는 국소배기장치의 제어풍속은 첨부 1과 같다.

(2) 후드의 형식 및 종류는 첨부 2와 같다.

(3) 유해물질의 덕트 내 반송속도는 첨부 3과 같다.

(4) 관리대상 유해물질은 첨부 4와 같다.

〈첨부 1〉 분진작업장소에 설치하는 국소배기장치의 제어풍속(제609조 관련)

1. 제607조 및 제617조제1항 단서에 따라 설치하는 국소배기장치(연삭기, 드럼 샌더(drum sander) 등의 회전체를 가지는 기계에 관련되어 분진작업을 하는 장소에 설치하는 것은 제외한다)의 제어풍속

분진 작업 장소	제어풍속(미터/초)			
	포위식 후드의 경우	외부식 후드의 경우		
		측방 흡인형	하방 흡인형	상방 흡인형
암석등 탄소원료 또는 알루미늄박을 체로 거르는 장소	0.7	-	-	-
주물모래를 재생하는 장소	0.7	-	-	-
주형을 부수고 모래를 터는 장소	0.7	1.3	1.3	-
그 밖의 분진작업장소	0.7	1.0	1.0	1.2

비고
1. 제어풍속이란 국소배기장치의 모든 후드를 개방한 경우의 제어풍속으로서 다음 각 목의 위치에서 측정한다.
   가. 포위식 후드에서는 후드 개구면
   나. 외부식 후드에서는 해당 후드에 의하여 분진을 빨아들이려는 범위에서 그 후드 개구면으로부터 가장 먼 거리의 작업위치

2. 제607조 및 제617조제1항 단서의 규정에 따라 설치하는 국소배기장치 중 연삭기, 드럼 샌더 등의 회전체를 가지는 기계에 관련되어 분진작업을 하는 장소에 설치된 국소배기장치의 후드의 설치방법에 따른 제어풍속

후드의 설치방법	제어풍속(미터/초)
회전체를 가지는 기계 전체를 포위하는 방법	0.5
회전체의 회전으로 발생하는 분진의 흩날림방향을 후드의 개구면으로 덮는 방법	5.0
회전체만을 포위하는 방법	5.0

비고
제어풍속이란 국소배기장치의 모든 후드를 개방한 경우의 제어풍속으로서, 회전체를 정지한 상태에서 후드의 개구면에서의 최소풍속을 말한다.

〈첨부 2〉 후드의 형식 및 종류

형 식	종 류	비 고
포위식 (Enclosing type)	유해물질의 발생원을 전부 또는 부분적으로 포위하는 후드	포위형(Enclosing type) 장갑부착상자형(Glove box hood) 드래프트 챔버형(Draft chamber hood) 건축부스형 등
외부식 (Exterior type)	유해물질의 발생원을 포위하지 않고 발생원 가까운 위치에 설치하는 후드	슬로트형(Slot hood) 그리드형(Grid hood) 푸쉬-풀형(Push-pull hood) 등
레시버식 (Receiver type)	유해물질이 발생원에서 상승기류, 관성기류 등 일정방향의 흐름을 가지고 발생할 때 설치하는 후드	그라인더카바형(Grinder cover hood) 캐노피형(Canopy hood)

〈첨부 3〉 유해물질의 덕트 내 반송속도

유해물질 발생형태	유해물질 종류	반송속도(m/s)
증기·가스·연기	모든 증기, 가스 및 연기	5.0 ~ 10.0
흄	아연흄, 산화알미늄 흄, 용접흄 등	10.0 ~ 12.5
미세하고 가벼운 분진	미세한 면분진, 미세한 목분진, 종이분진 등	12.5 ~ 15.0
건조한 분진이나 분말	고무분진, 면분진, 가죽분진, 동물털 분진등	15.0 ~ 20.0
일반 산업분진	그라인더 분진, 일반적인 금속분말분진, 모직물분진, 실리카분진, 주물분진, 석면분진 등	17.5 ~ 20.0
무거운 분진	젖은 톱밥분진, 입자가 혼입된 금속분진, 샌드 블라스트분진, 주철보링분진, 납분진 등	20.0 ~ 22.5
무겁고 습한 분진	습한 시멘트분진, 작은 칩이 혼입된 납분진, 석면 덩어리 등	22.5이상

〈첨부 4〉 관리대상 유해물질

물질의 상태	후드 형식	제어풍속(m/sec)
가스 상태	포위식 포위형 외부식 측방흡인형 외부식 하방흡인형 외부식 상방흡인형	0.4 0.5 0.5 1.0
입자 상태	포위식 포위형 외부식 측방흡인형 외부식 하방흡인형 외부식 상방흡인형	0.7 1.0 1.0 1.2

비고
1. "가스 상태"란 관리대상 유해물질이 후드로 빨아들여질 때의 상태가 가스 또는 증기인 경우를 말한다.
2. "입자 상태"란 관리대상 유해물질이 후드로 빨아들여질 때의 상태가 흄, 분진 또는 미스트인 경우를 말한다.
3. "제어풍속"이란 국소배기장치의 모든 후드를 개방한 경우의 제어풍속으로서 다음 각 목에 따른 위치에서의 풍속을 말한다.
   가. 포위식 후드에서는 후드 개구면에서의 풍속
   나. 외부식 후드에서는 해당 후드에 의하여 관리대상 유해물질을 빨아들이려는 범위 내에서 해당 후드 개구면으로부터 가장 먼 거리의 작업위치에서의 풍속

5.3 밀폐공간 보건작업 프로그램의 지침

1) 정의

가. "밀폐공간작업"이란 「산업안전보건기준에 관한 규칙」 제618조 제1호 및 별표18에 따른 장소로서 작업자가 내부에 들어가 작업을 할 크기의 공간이 있고 출입구가 한정되어 있으며, 사람이 상주(常住)하는 공간이 아닌 장소에서 작업하는 것을 말한다. 또한 작업조건에 따라 작업 중에 밀폐공간으로 되는 경우를 포함한다.

나. "밀폐공간작업허가"란 해당 사업장의 안전환경부서장(부서가 없는 경우 보건관리자, 안전관리자 및 관리감독자 등을 말하며, 이하 "허가자"라 한다)이 유해공기 존재 여부, 유해공기의 침입 여부, 내부구조형태상 작업자 위험여부, 그 밖의 안전보건 상 위험요소 존재 여부를 확인한 후 해당 작업 근로자에게 (첨부 6)의 밀폐공간 작업허가서를 발급함으로써 밀폐공간 출입작업을 허가하는 것을 말한다.

3) 밀폐공간 보건작업 프로그램의 운영체계

가. 밀폐공간 보건작업 프로그램을 수립 · 시행하기 위하여 사업장의 업종, 규모 등 사업장 특성에 따라 〈그림 1〉과 같이 프로그램추진팀을 구성한다.

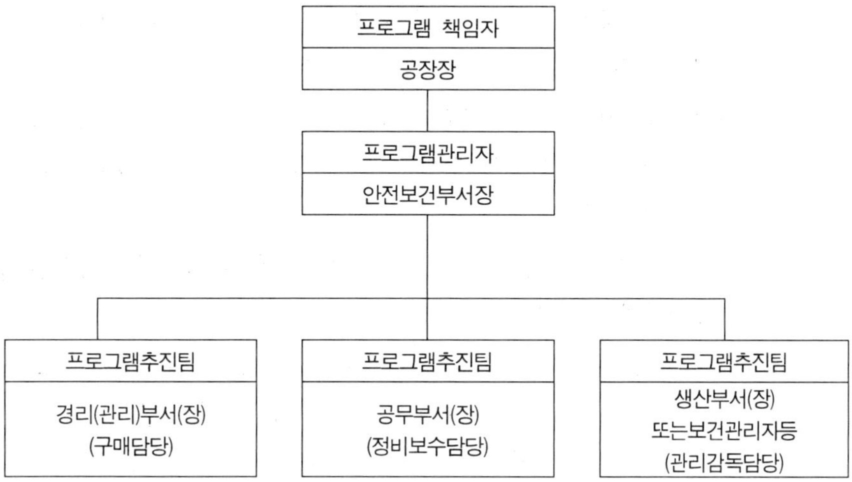

〈그림 1〉 **프로그램추진팀 구성도**

나. 프로그램추진팀의 인력은 보건관리자, 보건관리담당자와 근로자대표 또는 명예산업안전감독관(관리감독자), 예산관리자, 정비보수담당자, 구매담당자 등으로 구성하되, 사업장 규모와 특성에 따라 적정인력이 참여하도록 한다. 다만, 프로그램추진팀 구성이 어려운 소규모 사업장의 경우에는 사업주 또는 근로자대표 등이 프로그램추진팀의 전반적인 임무를 수행한다.

4) 밀폐공간 작업허가 및 출입금지

가. 작업장 내 유해공기 존재가 의심되는 공정은 작업 전에 밀폐공간에 해당되는지를 확인하여야 한다.

(1) "유해공기"란 다음의 어느 하나에 해당하는 것을 말한다.

(가) 산소농도 범위가 18% 미만, 23.5% 이상인 공기

(나) 탄산가스 농도가 1.5% 이상인 공기

(다) 황화수소 농도가 10ppm 이상인 공기

(라) 폭발하한 농도의 10%를 초과하는 가연성가스, 증기 및 미스트를 포함하는 공기

(마) 폭발하한 농도에 근접하거나 초과하는 공기와 혼합된 가연성 분진을 포함하는 공기

(2) 다음과 같은 밀폐공간에서 작업을 수행할 작업자는 해당 사업장의 허가자에게 (첨부 6)의에 의한 밀폐공간 작업허가를 받아야 한다.

(가) 유해공기를 포함하거나 포함할 수 있는 가능성이 있는 공간

(나) 유해공기가 외부에서 유입될 가능성이 있는 공간

(다) 출입작업자가 내부로 갈수록 좁아지는 벽이나 아래로 경사지고 단면적이 작아지는 통로에 갇히거나 질식할 수 있는 내부구조를 가진 공간

(라) 그 밖에 안전 · 보건상의 심각한 유해 · 위험성이 존재하는 공간

나. 밀폐공간에의 출입금지

(1) 밀폐공간이 있는 사업장에서는 밀폐공간에 들어가야 할 필요가 있는지 등을 포함한 작업의 필요성을 충분히 검토하여야 한다.

(가) 계획하는 작업이 가능한 한 밀폐공간 출입이 불필요하도록 조치하여야 한다.

(나) 적정한 장치와 도구를 이용하여 밀폐공간 외부에서 작업하도록 하여야 한다.

(2) 출입을 하여야 하는 경우에는 허가자에게 밀폐공간 작업허가를 받아야 한다.

5) 밀폐공간 기본작업절차

출입자, 관리감독자, 감시인은 밀폐공간출입 작업허가를 받아야 하며, 기본적인 작업절차는 다음과 같다.

가. 출입 사전조사

나. 장비준비 및 점검

다. 출입조건 설정

라. 출입 전 유해공기측정 · 평가

마. 밀폐공간 작업허가서 작성 및 허가자 결재

바. 밀폐공간작업 출입금지 표지판 게시

사. 감시인 상주 및 모니터링 실시

아. 통신수단 구비

자. 화기작업 시 화기작업허가 취득

차. 밀폐공간 작업허가서를 작업장에 게시

카. 밀폐공간 출입

파. 문제발생 시 사후보고

6) 밀폐공간 작업방법

가. 밀폐공간 출입자는 개인 휴대용 측정기구를 휴대하여 작업 중 유해공기를 수시로 측정하여야 한다.

나. 밀폐공간 출입자는 휴대용 측정기구의 경보가 울리면 즉시 밀폐공간을 떠나야 한다.

다. 경보음이 울릴 때 감시인은 출입자가 작업현장에서 떠나는 것을 반드시 확인하여야 한다.

라. 작업현장 상황이 구조활동을 요구할 정도로 심각할 때, 출입자는 반드시 감시인에게 비상구조 요청을 하도록 한다.

7) 유해공기의 농도측정 시 유의사항

유해공기농도 측정자는 다음 사항에 주의하여야 한다.

가. 측정자(보건관리자, 안전관리자, 관리감독자 등)는 측정방법을 충분하게 숙지

나. 측정 시 측정자는 공기호흡기와 송기마스크 등 호흡용보호구를 필요 시 착용

다. 긴급사태에 대비, 측정자의 보조자를 배치하도록 하고 보조자도 측정자와 같은 보호구를 착용하고 구명밧줄을 준비

라. 측정에 필요한 장비 등은 방폭형 구조로 된 것을 사용

8) 밀폐공간에서의 환기

유해공기가 존재 가능한 장소에서 적정한 공기가 유지되도록 하는 환기방법은 다음과 같다.

가. 환기 시 일반적인 주의사항

(1) 작업 전에는 유해공기의 농도가 기준농도를 넘어가지 않도록 충분한 환기를 실시하여야 한다.

(2) 정전 등에 의하여 환기가 중단되는 경우에는 즉시 외부로 대피하여야 한다.

(3) 밀폐공간의 환기 시에는 급기구와 배기구를 적절하게 배치하여 작업장 내 환기가 효과적으로 이루어지도록 하여야 한다.

(4) 급기구는 작업자 가까이 설치하여야 한다.

나. 이동식 환기장치에 의한 환기 시 주의사항

(1) 폭발위험지역 내에서는 방폭형 구조를 사용하여야 한다.

(2) 송풍관은 가급적 구부리는 부위가 적게 하고, 용접불꽃 등에 의한 구멍이 나지 않도록 난연재질을 사용하여야 한다.

9) 보호구

유해공기에 의한 중독 및 질식에 의한 사고를 방지하기 위한 보호구는 공기호흡기 및 송기마스크 등이 있으며, 사용장소 및 방법은 다음과 같다.

가. 공기호흡기

(1) 착용하여야 할 장소

밀폐공간 출입작업 시 다음과 같이 환기할 수 없거나 환기가 불충분한 경우로서 단기간 작업이 가능한 경우에는 공기호흡기를 반드시 착용하고 출입하여야 한다. 또한, 고농도의 유기화합물의 증기가 예상되는 경우 등에는 방독마스크를 착용하여서는 아니 된다.

(가) 수도나 도수관 등으로 깊은 곳까지 환기가 되지 않는 경우

(나) 탱크와 화학설비 및 선박의 내부 등 구조적으로 충분히 환기시킬 수 없는 경우

(다) 재해 시의 구조 등과 같이 충분히 환기시킬 시간적인 여유가 없는 경우

(2) 공기호흡기의 사용방법

(가) 사용 전의 점검사항

- 봄베의 잔류압 검사
- 고압연결부의 검사
- 면체와 흡기관 및 호기밸브의 기밀검사
- 폐력밸브와 압력계 및 경보기의 동작검사

10) 응급처치

응급처치 방법의 전반적인 내용은 KOSHA CODE H-19-2007 "현장 응급처치의 원칙 및 관리지침"과 KOSHA CODE H-24-2007 "현장 인공호흡 및 심폐소생술 시행지침"을 따른다.

11) 교육 · 훈련의 실시

밀폐공간에서 작업하는 관리감독자, 근로자는 다음의 내용을 포함하는 안전보건교육을 실시하여야 한다.

가. 유해공기의 종류, 유해 · 위험성

나. 유해공기의 농도 측정방법

다. 공기호흡기 등 보호구의 사용방법 및 보수점검요령

라. 공정별 표준작업요령

마. 사고발생 시의 대처요령

바. 응급처치요령

사. 그 밖의 안전보건상의 조치 등

12) 프로그램의 기록 · 보관 등

가. 프로그램을 수립 · 시행한 경우에는 해당 프로그램을 문서로 작성하여 보관하여야 한다.

나. 보관에 따른 프로그램에는 다음의 사항이 포함되어야 한다.

(1) 밀폐공간 작업허가서

(2) 유해공기 측정결과

(3) 환기대책수립의 세부내용

(4) 보호구 지급 · 착용실태

(5) 밀폐공간 보건작업 프로그램 평가자료 등

5.4 청력보존프로그램 실행지침

사업주는 다음 각 호의 어느 하나에 해당하는 경우에 청력보존 프로그램을 수립하여 시행하여야 한다.

- 소음의 작업환경 측정 결과 소음수준이 90데시벨을 초과하는 사업장
- 소음으로 인하여 근로자에게 건강장해가 발생한 사업장

1) 정의

가. "소음작업"이란 1일 8시간 작업을 기준으로 85데시벨 이상의 소음이 발생하는 작업을 말한다.

나. "강렬한 소음작업"이란 다음 각목의 어느 하나에 해당하는 작업을 말한다.

(1) 90데시벨 이상의 소음이 1일 8시간 이상 발생하는 작업

(2) 95데시벨 이상의 소음이 1일 4시간 이상 발생하는 작업

(3) 100데시벨 이상의 소음이 1일 2시간 이상 발생하는 작업

(4) 105데시벨 이상의 소음이 1일 1시간 이상 발생하는 작업

(5) 110데시벨 이상의 소음이 1일 30분 이상 발생하는 작업

(6) 115데시벨 이상의 소음이 1일 15분 이상 발생하는 작업

다. "충격소음작업"이란 소음이 1초 이상의 간격으로 발생하는 작업으로서 다음 각 목의 어느 하나에 해당하는 작업을 말한다.

(1) 120데시벨을 초과하는 소음이 1일 1만회 이상 발생하는 작업

(2) 130데시벨을 초과하는 소음이 1일 1천회 이상 발생하는 작업

(3) 140데시벨을 초과하는 소음이 1일 1백회 이상 발생하는 작업

라. "청력보존 프로그램"이란 소음노출 평가, 소음노출 기준 초과에 따른 공학적 대책, 청력보호구의 지급과 착용, 소음의 유해성과 예방에 관한 교육, 정기적 청력검사, 기록·관리 사항 등이 포함된 소음성 난청을 예방·관리하기 위한 종합적인 계획을 말한다.

2) 대책

가. 소음감소 조치

사업주는 강렬한 소음작업이나 충격소음작업 장소에 대하여 기계·기구 등의 대체, 시설의 밀폐·흡음(吸音) 또는 격리 등 소음감소를 위한 조치를 하여야 한다. 다만, 작업의 성질상 기술적·경제적으로 소음감소를 위한 조치가 현저히 곤란하다는 관계 전문가의 의견이 있는 경우에는 그러 하지 아니하다.

나. 소음수준의 주지

사업주는 근로자가 소음작업, 강렬한 소음작업 또는 충격소음작업에 종사하는 경우에 다음 각 호의 사항을 근로자에게 알려야 한다.

(1) 해당 작업장소의 소음 수준

(2) 인체에 미치는 영향과 증상

(3) 보호구의 선정과 착용방법

(4) 그 밖에 소음으로 인한 건강장해 방지에 필요한 사항

다. 난청발생에 따른 조치

사업주는 소음으로 인하여 근로자에게 소음성 난청 등의 건강장해가 발생하였거나 발생할 우려가 있는 경우에 다음 각 호의 조치를 하여야 한다.

(1) 해당 작업장의 소음성 난청 발생 원인 조사

(2) 청력손실을 감소시키고 청력손실의 재발을 방지하기 위한 대책 마련

(3) 제2호에 따른 대책의 이행 여부 확인

(4) 작업전환 등 의사의 소견에 따른 조치

라. 청력보호구의 지급

(1) 사업주는 근로자가 소음작업, 강렬한 소음작업 또는 충격소음작업에 종사하는 경우에 근로자에게 청력보호구를 지급하고 착용하도록 하여야 한다.

(2) 제1항에 따른 청력보호구는 근로자 개인 전용의 것으로 지급하여야 한다.

(3) 근로자는 제1항에 따라 지급된 보호구를 사업주의 지시에 따라 착용하여야 한다.

마. 소음의 측정 및 교육

(1) 안전보건담당자는 작업환경 측정결과 소음의 정도를 관리하고 소음작업에 해당하는 경우 소음발생원인을 규명하여 소음의 감소대책을 수립한다.

(2) 안전보건담당자는 소음의 유해성과 예방에 관한 교육을 정기적으로 실시한다.

5.5 근골격계질환 예방프로그램 실행 지침

1) 용어의 정의

본 지침에서 사용하는 용어의 정의는 다음과 같다. 기타 이 지침에서 특별한 규정하는 경우를 제외하고는 산업안전보건에 관련된 각종 법 규정에 따른다.

가. “근골격계부담작업”이란 작업량 · 작업속도 · 작업강도 및 작업장 구조 등에 따라 고용노동부장관이 정하여 고시하는 작업을 말한다.

나. “근골격계질환”이란 반복적인 동작, 부적절한 작업자세, 무리한 힘의 사용, 날카로운 면과의 신체접촉, 진동 및 온도 등의 요인에 의하여 발생하는 건강장해로서 목, 어깨, 허리, 팔 · 다리의 신경 · 근육 및 그 주변 신체조직 등에 나타나는 질환을 말한다.

다. “근골격계질환 예방관리 프로그램”이란 유해요인 조사, 작업환경 개선, 의학적 관리, 교육 · 훈련, 평가에 관한 사항 등이 포함된 근골격계질환을 예방관리하기 위한 종합적인 계획을 말한다.

라. 근골격계부담작업은 다음과 같다.

(1) 하루에 4시간 이상 집중적으로 자료입력 등을 위해 키보드 또는 마우스를 조작하는 작업

(2) 하루에 총 2시간 이상 목, 어깨, 팔꿈치, 손목 또는 손을 사용하여 같은 동작을 반복하는 작업

(3) 하루에 총 2시간 이상 머리 위에 손이 있거나, 팔꿈치가 어깨 위에 있거나, 팔꿈치를 몸통으로부터 들거나, 팔꿈치를 몸통 뒤쪽에 위치하도록 하는 상태에서 이루어지는 작업

(4) 지지되지 않은 상태이거나 임의로 자세를 바꿀 수 없는 조건에서, 하루에 총 2시간 이상 목이나 허리를 구부리거나 트는 상태에서 이루어지는 작업

(5) 하루에 총 2시간 이상 쪼그리고 앉거나 무릎을 굽힌 자세에서 이루어지는 작업

(6) 하루에 총 2시간 이상 지지되지 않은 상태에서 1kg 이상의 물건을 한 손의 손가락으로 집어 옮기거나, 2kg 이상에 상응하는 힘을 가하여 한 손의 손가락으로 물건을 쥐는 작업

(7) 하루에 총 2시간 이상 지지되지 않은 상태에서 4.5kg 이상의 물건을 한 손으로 들거나 동일한 힘으로 쥐는 작업

(8) 하루에 10회 이상 25kg 이상의 물체를 드는 작업

(9) 하루에 25회 이상 10kg 이상의 물체를 무릎 아래에서 들거나, 어깨 위에서 들거나, 팔을 뻗은 상태에서 드는 작업

(10) 하루에 총 2시간 이상, 분당 2회 이상 4.5kg 이상의 물체를 드는 작업

(11) 하루에 총 2시간 이상 시간당 10회 이상 손 또는 무릎을 사용하여 반복적으로 충격을 가하는 작업

2) 책임과 권한

가. 대표이사

(1) 근골격계 질환 예방을 위한사항을 총괄 승인

(2) 개선이 필요한 경우 안전보건팀장과 협의하여 개선 실시

나. 안전보건팀장

(1) 근골격계 질환 예방을 위한 사항의 이행

(2) 근골격계 질환예방을 위하여 교육계획에 의한 교육 실시

(3) 유해요인 조사 및 분석하여 위험사항을 해당 작업자에게 통보

(4) 대표이사와 협의하여 작업장의 위험요소를 제거하는 등 환경개선작업을 주도적 시행

(5) 질환자 발생 시 적절한 의학적 조치 및 관리

다. 근로자

(1) 근골격계 질환 예방을 위한 사항을 성실히 수행

(2) 개선사항을 발견하는 경우 해당 부서장에게 통보

(3) 프로그램에서 실행하는 근골격계질환 관리대책에 적극 참여

3) 유해요인 조사

가. 사업주는 근로자가 근골격계부담작업을 하는 경우에 3년마다 다음 각 호의 사항에 대한 유해요인조사를 하여야 한다. 다만, 신설되는 사업장의 경우에는 신설일로 부터 1년 이내에 최초의 유해요인 조사를 하여야 한다.

(1) 설비 · 작업공정 · 작업량 · 작업속도 등 작업장 상황

(2) 작업시간 · 작업자세 · 작업방법 등 작업조건

(3) 작업과 관련된 근골격계질환 징후와 증상 유무 등

나. 사업주는 다음 각 호의 어느 하나에 해당하는 사유가 발생하였을 경우에 지체 없이 유해요인 조사를 하여야 한다.

(1) 법에 따른 임시건강진단 등에서 근골격계질환자가 발생하였거나 근로자가 근골격계질환으로 업무상 질병으로 인정받은 경우

(2) 근골격계부담작업에 해당하는 새로운 작업 · 설비를 도입한 경우

(3) 근골격계부담작업에 해당하는 업무의 양과 작업공정 등 작업환경을 변경한 경우

다. 사업주는 유해요인 조사에 근로자 대표 또는 해당 작업 근로자를 참여시켜야 한다.

라. 유해요인 조사 방법

사업주는 유해요인 조사를 하는 경우에 근로자와의 면담, 증상 설문조사, 인간공학적 측면을 고려한 조사 등 적절한 방법으로 하여야 한다.

4) 작업환경 개선

사업주는 유해요인 조사 결과 근골격계질환이 발생할 우려가 있는 경우에 인간공학적으로 설계된 인력작업 보조설비 및 편의설비를 설치하는 등 작업환경 개선에 필요한 조치를 하여야 한다.

5) 통지 및 사후조치

근로자는 근골격계부담작업으로 인하여 운동범위의 축소, 쥐는 힘의 저하, 기능의 손실 등의 징후가 나타나는 경우 그 사실을 사업주에게 통지할 수 있다.

6) 교육

사업주는 근로자가 근골격계부담작업을 하는 경우에 다음 각 호의 사항을 근로자에게 알려야 한다.

가. 근골격계부담작업의 유해요인

나. 근골격계질환의 징후와 증상

다. 근골격계질환 발생 시의 대처요령

라. 올바른 작업자세와 작업도구, 작업시설의 올바른 사용방법

마. 그 밖에 근골격계질환 예방에 필요한 사항

7) 근골격계질환 예방관리 프로그램 시행

사업주는 다음 각 호의 어느 하나에 해당하는 경우에 근골격계질환 예방관리프로그램을 수립하여 시행하여야 한다.

가. 근골격계질환으로 「산업재해보상보험법 시행령」 별표 3 제2호가목 · 마목 및 제12호 라목에 따라 업무상 질병으로 인정받은 근로자가 연간 10명 이상 발생한 사업장 또는 5명 이상 발생한 사업장으로서 발생 비율이 그 사업장 근로자 수의 10퍼센트 이상인 경우

나. 근골격계질환 예방과 관련하여 노사 간 이견(異見)이 지속되는 사업장으로서 고용노동부장관이 필요하다고 인정하여 근골격계질환 예방관리 프로그램을 수립하여 시행할 것을 명령한 경우

8) 사업주는 근골격계질환 예방관리 프로그램을 작성 · 시행할 경우에 노사협의를 거쳐야 한다.

9) 사업주는 근골격계질환 예방관리 프로그램을 작성 · 시행할 경우에 인간공학 · 산업의학 · 산업위생 · 산업간호 등 분야별 전문가로부터 필요한 지도 · 조언을 받을 수 있다.

10) 문서의 기록과 보존

근골격계부담작업 유해요인조사 지침 KOSHA GUIDE H-9-2016을 참고하여 사업주는 다음과 같은 내용을 기록 보존하여야 한다.

(가) 유해요인 기본조사표

(나) 근골격계질환 증상조사표

(다) 개선계획 및 결과보고서

5.6 건강증진 프로그램(금연)

1) 정의

가. "금연"이란 담배를 더 이상 애용하지 않겠다는 선언적인 의미이다.

나. "금연 프로그램"이란 조직원의 흡연 상태를 파악하거나 외부 진단기관에서 금연 프로그램을 요청받은 경우에 금연 계획을 수립하고 적절한 실천을 실행함으로써 금연을 달성하게 하는 종합적인 계획을 말한다.

2) 책임과 권한

가. 대표이사

(1) 금연을 위한사항을 총괄 승인

(2) 금연활동이 필요한 경우 안전보건팀장과 협의하여 개선 실시

나. 안전보건팀장

(1) 금연을 위한 사항의 이행

(2) 심장질환 등 흡연으로 인한 피해에 대한 교육

(3) 흡연실태를 파악하여 프로그램 실행여부 결정

(4) 대표이사와 협의하여 근로자의 흡연상태와 건강상태를 비교하여 프로그램의 필요 시 시행

(5) 금연을 유도하는 과정에서 흡연에 불편한 최소한의 장소에 흡연구역을 지정하여 금연유도

다. 근로자

(1) 금연을 실천을 성실히 수행

(2) 금연의 아이디어 발견 시 부서장에게 통보

(3) 프로그램에서 실행하는 금연에 적극 참여

3) 금연프로그램의 시행

가. 계획수립

(1) 안전보건추진계획의 내용에 금연에 대한 목표설정

(2) 금연 성공자 또는 성공부서에 대한 포상

(3) 성공 시에 포상제도 도입

나. 금연실천

(1) 부서원 간의 격려

(2) 금연구호 제창

(3) 금연 포스터 및 금연방법요령 부착

(4) 최초 금연 목표달성 기간 명시하여 성취감 상승

(5) 금연 목표기간 연장하여 금연 유지 확인

(6) 외부 보건소와 같은 기관에 요청하여 금연에 대한 강의 요청

다. 금연확인

(1) 일정기간 금연 유지가 확인될 경우 개인별 포상 및 부서 포상

(2) 금연문화 확산

(3) 금연 성공을 대외적인 행사에서 발표준비

라. 금연방법표지의 내용

(1) 자신 없다면 도전하지 말라.

(2) 흡연권유 초반부터 제압하라.

(3) 회식이 끝난 후 담배를 쳐다보지 말라.

(4) 술자리에서 취하지 말라.

(5) 담배가 피우고 싶으면 일단 심호흡을 깊게 하라.

(6) 이번 술자리를 버티면 다음은 훨씬 쉬워진다는 점을 생각하라.

(7) 찬물을 준비해두라.

(8) 스스로에게 줄 상을 정하고 가족, 친구와 내기하라.

(9) 화장실과 흡연구역을 조심하라.

(10) 훗날 금연에서 성공해서 사람들에게 말할 것을 생각해 두라.

(11) 담배피우는 아이들을 생각하라.

(12) 귀갓길에 담뱃가게에 들르지 않도록 조심하라.

(13) 주변 사람들에게도 금연을 권하라.

(14) 회식 중에 평온한 마음을 유지하라.

5.7 직무스트레스 프로그램의 지침

1) 정의

가. "직무스트레스"란 근로자의 능력이나 자원, 요구와 맞지 않을 때 발생하는 심리적 및 신체적 반응을 말하고 직무스트레스 관리 증상이 3개월 이상 지속되면 심리적, 신체적 문제가 나타날 수 있다. 이에 우선적으로는 예방과 관리가 이뤄져야 하며, 심할 경우 심리상담 전문가의 도움이 필요하다.

나. "심리상담"이란 스트레스로 인해 마음이 지치고 힘든 사람들이 자신의 어려움을 극복하고 심리적으로 건강하게 생활할 수 있도록 돕는 과정이며, 직무

스트레스 외 근로자의 심리적 건강과 삶의 질에 영향을 미치는 다양한 활동을 가능하게 한다.

다. "직무스트레스 프로그램"이란 조직원의 직무스트레스 증상발생의 예방을 위하여 계획을 수립하고 적절한 실천을 실행함으로써 근로자의 건강증진을 달성하게 하는 종합적인 계획을 말한다.

2) 책임과 권한

가. 대표이사

(1) 직무스트레스 프로그램의 실천을 위한 사항의 총괄 승인

(2) 직무스트레스 프로그램 활동이 필요한 경우 안전보건팀장과 협의

나. 안전보건팀장

(1) 직무스트레스 프로그램을 위한 사항의 이행

(2) 직무스트레스로 인한 피해에 대한 교육

(3) 직무스트레스 실태를 파악하여 프로그램 실행여부 결정

(4) 대표이사와 협의하여 근로자의 직무스트레스를 파악하여 프로그램의 필요 시 시행

(5) 직무스트레스 요인을 발굴

다. 근로자

(1) 직무스트레스 프로그램의 실천을 성실히 수행

(2) 직무스트레스 프로그램과 관련한 아이디어 발견 시 부서장에게 통보

(3) 조직원 사이에 직무스트레스를 완화할 수 있는 방안의 실천

3) 직무스트레스 프로그램의 시행

가. 자가진단의 실시

(1) 아래의 진단표(첨부 1)를 작성한다.

(2) 해당점수를 확인하여 스트레스의 해당여부를 판단한다.

나. 측정 항목

측정도구는 모두 43개 문항으로 구성(첨부 1)되어 있다. 43개 문항으로 측정하고자 하는 직무스트레스요인은 물리적 환경, 직무 요구, 직무자율, 관계갈등, 직무 불안정, 조직 체계, 보상 부적절, 직장문화 등 8개 영역이다.

(1) 물리적 환경

"물리적 환경" 영역에서는 근로자가 노출되고 있는 직무스트레스를 야기할 수 있는 환경요인 중 사회심리적 요인이 아닌 환경요인을 측정하

며, 공기오염 · 작업방식의 위험성 · 신체부담 등이 이 영역에 포함되고, 측정도구의 1-3번 문항이 여기에 해당된다.

(2) 직무 요구

"직무 요구" 영역에서는 직무에 대한 부담 정도를 측정하며, 시간적 압박, 중단상황, 업무량 증가, 책임감, 과도한 직무부담, 직장, 가정 양립, 업무 다기능이 이 영역에 포함되고, 측정도구의 4-11번 문항이 여기에 해당된다.

(3) 직무 자율

"직무 자율" 영역에서는 직무에 대한 의사결정의 권한과 자신의 직무에 대한 재량활용성의 수준을 측정하며, 기술적 재량 · 업무예측 불가능성 · 기술적 자율성 · 직무수행 권한이 이 영역에 포함되고, 측정도구의 12-16번 문항이 여기에 해당된다.

(4) 관계 갈등

"관계 갈등" 영역에서는 회사 내에서의 상사 및 동료 간의 도움 또는 지지부족 등의 대인관계를 측정하며, 동료의 지지 · 상사의 지지 · 전반적 지지가 이 영역에 포함되고, 측정도구의 17-20번 문항이 여기에 해당된다.

(5) 직무 불안정

"직무 불안정" 영역에서는 자신의 직업 또는 직무에 대한 안정성을 측정하며, 구직기회 · 전반적 고용불안정성이 이 영역에 포함되고, 측정도구의 21-26번 문항이 여기에 해당된다.

(6) 조직 체계

"조직 체계" 영역에서는 조직의 전략 및 운영체계 · 조직의 자원 · 조직 내 갈등 · 합리적 의사소통 결여 · 승진가능성 · 직위 부적합을 측정하며, 측정도구의 27-33번 문항이 여기에 해당된다.

(7) 보상 부적절

"보상 부적절" 영역에서는 업무에 대하여 기대하고 있는 보상의 정도가 적절한지를 측정하며, 기대 부적합 · 금전적 보상 · 존중 · 내적동기 · 기대 보상 · 기술개발 기회가 이 영역에 포함되고, 측정도구의 34-39번 문항이 여기에 해당된다.

(8) 직장 문화

"직장 문화" 영역에서는 서양의 형식적 합리주의 직장 문화와는 다른 한 국적 집단주의 문화(회식, 음주문화) · 직무갈등 · 합리적 의사소통체계 결여 · 성적차별 등을 측정하며, 측정도구의 40-43번 문항이 여기에 해당된다.

다. 평가 방법

(1) 평가점수 산출방법

영역별 직무스트레스 요인 점수는 다음에 제시한 공식에 의거하여 100점 만점으로 환산한다.

(2) 영역별 환산점수 = (해당 영역의 각 문항에 주어진 점수의 합 - 문항 개수) × 100 /(해당 영역의 예상 가능한 최고 총점 - 문항 개수)

라. 결과에 대한 해석(KOSHA GUIDE H - 67 - 2012: 참고)

(1) 직무스트레스 요인의 영역별 환산점수는 (첨부 2)와 (첨부 3)에 참고로 제시된 한국 근로자의 성별 중앙값과 비교하여 상대적인 평가를 내릴 수 있다.

(2) 회사에서 집단적으로 측정을 실시하였다면 회사 전체의 측정 중앙값을 산출하여 (첨부 2) 또는 (첨부 3)의 양식에 기록해 놓고 부서별 평가를 위한 상대적 비교의 참고값으로 사용할 수도 있다.

(3) 부서의 특정 영역 직무스트레스 요인 환산점수가 회사 중앙값에 비하여 높거나 (별표 2)와 (별표 3)에 제시된 한국 근로자의 성별 참고값보다 높다는 것은 비교집단에 비해 해당 직무스트레스 요인에 상대적으로 더 많이 노출되고 있다는 의미이다.

마. 결과에 따른 조치

비교집단에 비해 직무스트레스 요인에 상대적으로 더 많이 노출되고 있다고해서 반드시 직무스트레스 증상이나 징후가 나타나는 것은 아니다. 그러나, 근로자의 직무스트레스로 인한 건강장해나 업무성과 저하를 미리미리 예방하기 위해서는 직무스트레스 증상이나 징후가 나타나기 이전이라도 비교집단에 비해 상대적으로 직무스트레스 요인에 더 많이 노출되고 있는 부서의 직무스트레스 요인을 줄여주거나 소속 직원들의 직무스트레스에 대한 대처 능력을 키워주는 적극적인 노력이 필요하다.

〈첨부 1〉 **한국인 직무스트레스 요인 측정도구 항목**

설 문 내 용	전혀 그렇지 않다	그렇지 않다	그렇다	매우 그렇다
1. 근무 장소가 깨끗하고 쾌적하다	4	3	2	1
2. 내 일은 위험하며 사고를 당할 가능성이 있다.	1	2	3	4
3. 내 업무는 불편한 자세로 오랫동안 일을 해야 한다.	1	2	3	4
4. 나는 일이 많아 항상 시간에 쫓기며 일한다.	1	2	3	4
5. 현재 하던 일을 끝내기 전에 다른 일을 하도록 지시받는다.	1	2	3	4
6. 업무량이 현저하게 증가하였다.	1	2	3	4
7. 나는 동료나 부하직원을 돌보고 책임져야 할 부담을 안고 있다.	1	2	3	4
8. 내 업무는 장시간 동안 집중력이 요구된다.	1	2	3	4
9. 업무 수행 중에 충분한 휴식(짬)이 주어진다.	4	3	2	1
10. 일이 많아서 직장과 가정에 다 잘하기가 힘들다.	1	2	3	4
11. 여러 가지 일을 동시에 해야 한다.	1	2	3	4
12. 내 업무는 창의력을 필요로 한다.	4	3	2	1
13. 업무관련 사항(업무의 일정, 업무량, 회의시간 등)이 예고 없이 갑작스럽게 정해지거나 바뀐다.	1	2	3	4
14. 내 업무를 수행하기 위해서는 높은 수준의 기술이나 지식이 필요하다.	4	3	2	1
15. 작업시간, 업무수행과정에서 나에게 결정할 권한이 주어지며 영향력을 행사할 수 있다.	4	3	2	1
16. 나의 업무량과 작업스케줄을 스스로 조절할 수 있다.	4	3	2	1
17. 나의 상사는 업무를 완료하는 데 도움을 준다.	4	3	2	1
18. 나의 동료는 업무를 완료하는 데 도움을 준다.	4	3	2	1
19. 직장에서 내가 힘들 때 내가 힘들다는 것을 알아주고 이해해 주는 사람이 있다.	4	3	2	1
20. 직장생활의 고충을 함께 나눌 동료가 있다.	4	3	2	1
21. 지금의 직장을 옮겨도 나에게 적합한 새로운 일을 쉽게 찾을 수 있다.	4	3	2	1
22. 현재의 직장을 그만두어도 현재 수준 만큼의 직업(직장)을 쉽게 구할 수 있다.	4	3	2	1

설 문 내 용	전혀 그렇지 않다	그렇지 않다	그렇다	매우 그렇다
23. 직장사정이 불안하여 미래가 불확실하다.	1	2	3	4
24. 나의 직업은 실직하거나 해고당할 염려가 없다.	4	3	2	1
25. 앞으로 2년 동안 현재의 내 직업을 잃을 가능성이 있다.	1	2	3	4
26. 나의 근무조건이나 상황에 바람직하지 못한 변화 (예, 구조조정)가 있었거나 있을 것으로 예상된다.	1	2	3	4
27. 우리 직장은 근무평가, 인사제도(승진, 부서배치 등)가 공정하고 합리적이다.	4	3	2	1
28. 업무수행에 필요한 인원, 공간, 시설, 장비, 훈련 등의 지원이 잘 이루어지고 있다.	4	3	2	1
29. 우리 부서와 타 부서 간에는 마찰이 없고 업무협조가 잘 이루어진다.	4	3	2	1
30. 근로자, 간부, 경영주 모두가 직장을 위해 한마음으로 일을 한다.	4	3	2	1
31. 일에 대한 나의 생각을 반영할 수 있는 기회와 통로가 있다.	4	3	2	1
32. 나의 경력개발과 승진은 무난히 잘 될 것으로 예상한다.	4	3	2	1
33. 나의 현재 직위는 나의 교육 및 경력에 비추어볼 때 적절하다.	4	3	2	1
34. 나의 직업은 내가 평소 기대했던 것에 미치지 못한다.	1	2	3	4
35. 나의 모든 노력과 업적을 고려할 때 내 봉급/수입은 적절하다.	4	3	2	1
36. 나의 모든 노력과 업적을 고려할 때, 나는 직장에서 제대로 존중과 신임을 받고 있다.	4	3	2	1
37. 나는 지금 하는 일에 흥미를 느낀다.	4	3	2	1
38. 내 사정이 앞으로 더 좋아질 것을 생각하면 힘든 줄 모르고 일하게 된다.	4	3	2	1
39. 나의 능력을 개발하고 발휘할 수 있는 기회가 주어진다.	4	3	2	1
40. 회식자리가 불편하다.	1	2	3	4
41. 나는 기준이나 일관성이 없는 상태로 업무 지시를 받는다.	1	2	3	4
42. 직장의 분위기가 권위적이고 수직적이다.	1	2	3	4
43. 남성, 여성이라는 성적인 차이 때문에 불이익을 받는다.	1	2	3	4

〈첨부 2〉 남성을 위한 영역별 직무스트레스 요인 환산점수에 대한 참고값

영 역	개인/부서 점수	회사 중앙값	한국근로자 중앙값	점수의 의미
물리적 환경			44.5	참고값보다 클수록 물리환경이 상대적으로 나쁘다
직무요구			50.1	참고값보다 클수록 직무요구도가 상대적으로 높다
직무자율			53.4	참고값보다 클수록 직무자율성이 상대적으로 낮다
관계갈등			33.4	참고값보다 클수록 관계갈등이 상대적으로 높다
직무불안정			50.1	참고값보다 클수록 직업이 상대적으로 불안정하다
조직체계			52.4	참고값보다 클수록 조직이 상대적으로 체계적이지 않다
보상부적절			66.7	참고값보다 클수록 보상체계가 상대적으로 부적절하다
직장문화			41.7	참고값보다 클수록 직장문화에 상대적으로 문제가 있다

〈첨부 3〉 여성을 위한 영역별 직무스트레스요인 환산점수에 대한 참고값

영 역	개인/부서 점수	회사 중앙값	한국근로자 중앙값	점수의 의미
물리적 환경			44.5	참고값보다 클수록 물리환경이 상대적으로 나쁘다
직무요구			54.2	참고값보다 클수록 직무요구도가 상대적으로 높다
직무자율			60.1	참고값보다 클수록 직무자율성이 상대적으로 낮다
관계갈등			33.4	참고값보다 클수록 관계갈등이 상대적으로 높다
직무불안정			50.1	참고값보다 클수록 직업이 상대적으로 불안정하다
조직체계			52.4	참고값보다 클수록 조직이 상대적으로 체계적이지 않다
보상부적절			66.7	참고값보다 클수록 보상체계가 상대적으로 부적절하다
직장문화			41.7	참고값보다 클수록 직장문화에 상대적으로 문제가 있다

5.8 건강장해 예방조치

1) 정의

가. "방사선"이란 전자파나 입자선 중 직접 또는 간접적으로 공기를 전리(電離)하는 능력을 가진 것으로서 알파선, 중양자선, 양자선, 베타선, 그 밖의 중하전입자선, 중성자선, 감마선, 엑스선 및 5만 전자볼트 이상(엑스선 발생장치의 경우에는 5천 전자볼트 이상)의 에너지를 가진 전자선을 말한다.

나. "방사성물질"이란 핵연료물질, 사용 후의 핵연료, 방사성동위원소 및 원자핵분열 생성물을 말한다.

2) 책임과 권한

가. 대표이사

(1) 근로자의 건강장해 예방조치를 위한 사항의 총괄 승인

(2) 근로자의 건강장해 예방조치 활동이 필요한 경우 안전보건팀장과 협의

나. 안전보건팀장

(1) 근로자의 건강장해 예방조치를 위한 사항의 이행

(2) 근로자의 건강장해 예방조치의 필요성에 대한 교육

(3) 근로자의 건강장해 예방조치가 필요한 경우 실행여부 결정

(4) 대표이사와 협의하여 근로자의 건강장해 예방조치가 필요 시 시행

다. 근로자

(1) 근로자의 건강장해 예방조치의 실천을 성실히 수행

(2) 근로자의 건강장해 예방조치와 관련한 아이디어 발견 시 부서장에게 통보

(3) 조직원 사이에 건강장해 예방조치를 완화할 수 있는 방안의 실천

3) 근로자의 건강장해 예방조치의 시행

가. 대상

안전보건팀장의 예방조치의 시행 대상은 모든 조직원이 대상이며 특히 고령, 여성, 외국인 등 취약계층를 포함한 근로자의 건강증진 및 작업환경 개선을 위한 건강장해 예방조치를 한다.

나. 환경측면

안전보건팀장은 온·습도조절장치, 환기장치, 휴게시설, 세척시설 등의 설치, 음료수 등의 비치, 보호구 지급 등 온도·습도에 의한 건강장해 예방조치를 하고 있어야 한다.

다. 방사선관련

방사성물질의 밀폐, 관리구역의 지정, 차폐물 · 국소배기장치 · 방지설비의 설치, 취급용구 · 보호구 지급, 폐기물 처리, 흡연금지, 유해성 주지 등 방사선에 의한 건강장해 예방조치를 하고 있어야 한다.

라. 병원체

사업장은 병원체에 대하여 유해성 주지, 오염방지 조치, 감염예방조치 등 병원체의 건강장해 예방조치를 하고 있어야 한다.

마. 사무실에서의 건강장해 예방조치를 하고 있어야 한다.

4) 휴게시설

가. 사업주는 근로자들이 신체적 피로와 정신적 스트레스를 해소할 수 있도록 휴식시간에 이용할 수 있는 휴게시설을 갖추어야 한다.

나. 사업주는 휴게시설을 인체에 해로운 분진 등을 발산하는 장소나 유해물질을 취급하는 장소와 격리된 곳에 설치하여야 한다.

5) 세척시설

사업주는 근로자로 하여금 다음 각 호의 어느 하나에 해당하는 업무에 상시적으로 종사하도록 하는 경우 근로자가 접근하기 쉬운 장소에 세면 · 목욕시설, 탈의 및 세탁시설을 설치하고 필요한 용품과 용구를 갖추어두어야 한다.

가. 환경미화 업무

나. 음식물쓰레기 · 분뇨 등 오물의 수거 · 처리 업무

다. 폐기물 · 재활용품의 선별 · 처리 업무

라. 그 밖에 미생물로 인하여 신체 또는 피복이 오염될 우려가 있는 업무

6) 수면장소

가. 사업주는 야간에 작업하는 근로자에게 수면을 취하도록 할 필요가 있는 경우에는 적당한 수면을 취할 수 있는 장소를 남녀 각각 구분하여 설치하여야 한다.

나. 사업주는 침구(寢具)와 그 밖에 필요한 용품을 갖추어 두고 청소 · 세탁 및 소독 등을 정기적으로 하여야 한다.

7) 구급용구

가. 사업주는 부상자의 응급처치에 필요한 다음 각 호의 구급용구를 갖추어두고, 그 장소와 사용방법을 근로자에게 알려야 한다.

(1) 붕대재료 · 탈지면 · 핀셋 및 반창고

(2) 외상(外傷)용 소독약

(3) 지혈대 · 부목 및 들것

(4) 화상약(고열물체를 취급하는 작업장이나 그 밖에 화상의 우려가 있는 작업장에만 해당한다)

나. 사업주는 구급용구를 관리하는 사람을 지정하여 언제든지 사용할 수 있도록 청결하게 유지하여야 한다.

8) 방사선에 의한 건강장해의 예방

가. 방사성물질의 밀폐

사업주는 근로자가 다음 각 호에 해당하는 방사선 업무를 하는 경우에 방사성물질의 밀폐, 차폐물(遮蔽物)의 설치, 국소배기장치의 설치, 경보시설의 설치 등 근로자의 건강장해를 예방하기 위하여 필요한 조치를 하여야 한다.

(1) 엑스선 장치의 제조 · 사용 또는 엑스선이 발생하는 장치의 검사 업무

(2) 선형가속기(線形加速器), 사이크로트론 및 신크로트론 등 하전입자(荷電粒子)를 가속하는 장치(이하 "입자가속장치"라 한다)의 제조 · 사용 또는 방사선이 발생하는 장치의 검사 업무

(3) 엑스선 관과 케노트론(kenotron)의 가스 제거 또는 엑스선이 발생하는 장비의 검사 업무

(4) 방사성물질이 장치되어 있는 기기의 취급 업무

(5) 방사성물질 취급과 방사성물질에 오염된 물질의 취급 업무

(6) 원자로를 이용한 발전 업무

(7) 갱 내에서의 핵원료물질의 채굴 업무

나. 사업주는 「원자력안전법」 제2조제23호의 방사선투과검사를 위하여 같은 법 제2조제6호의 방사성동위원소 또는 같은 법 제2조제9호의 방사선발생장치를 이동사용하는 작업에 근로자를 종사하도록 하는 경우에는 근로자에게 다음 각 호에 따른 장비를 지급하고 착용하도록 하여야 한다.

(1) 「원자력안전법 시행규칙」 제2조제3호에 따른 개인선량계

(2) 방사선 경보기

다. 방사성물질 취급 작업실

사업주는 근로자가 밀봉되어 있지 아니한 방사성물질을 취급하는 경우에 방사성물질 취급 작업실에서 작업하도록 하여야 한다. 다만, 다음 각 호의

경우에는 그러하지 아니하다.

(1) 누수의 조사

(2) 곤충을 이용한 역학적 조사

(3) 원료물질 생산 공정에서의 이동상황 조사

(4) 핵원료물질을 채굴하는 경우

라. 방사성물질 취급 작업실의 구조

사업주는 방사성물질 취급 작업실 안의 벽·책상 등 오염 우려가 있는 부분을 다음 각 호의 구조로 하여야 한다.

(1) 기체나 액체가 침투하거나 부식되기 어려운 재질로 할 것

(2) 표면이 편평하게 다듬어져 있을 것

(3) 돌기가 없고 파이지 않거나 틈이 작은 구조로 할 것

마. 게시

사업주는 방사선 발생장치나 기기에 대하여 다음 각 호의 구분에 따른 내용을 근로자가 보기 쉬운 장소에 게시하여야 한다.

(1) 입자가속장치

(가) 장치의 종류

(나) 방사선의 종류와 에너지

(2) 방사성물질을 내장하고 있는 기기

(가) 기기의 종류

(나) 내장하고 있는 방사성물질에 함유된 방사성 동위원소의 종류와 양 (단위: 베크렐)

(다) 해당 방사성물질을 내장한 연월일

(라) 소유자의 성명 또는 명칭

바. 방사성물질의 폐기물 처리

사업주는 방사성물질의 폐기물은 방사선이 새지 않는 용기에 넣어 밀봉하고 용기 겉면에 그 사실을 표시한 후 적절하게 처리하여야 한다.

사. 보호구의 지급

(1) 사업주는 근로자가 분말 또는 액체 상태의 방사성물질에 오염된 지역에서 작업을 하는 경우에 개인전용의 적절한 호흡용 보호구를 지급하고 착용하도록 하여야 한다.

(2) 사업주는 방사성물질을 취급하는 때에 방사성물질이 흩날림으로써 근

로자의 신체가 오염될 우려가 있는 경우에 보호복, 보호장갑, 신발덮개, 보호모 등의 보호구를 지급하고 착용하도록 하여야 한다.

(3) 근로자는 제1항에 따라 지급된 보호구를 사업주의 지시에 따라 착용하여야 한다.

9) 병원체에 의한 건강장해의 예방

가. 정의

이 장에서 사용하는 용어의 뜻은 다음과 같다.

(1) "혈액매개 감염병"이란 인간면역결핍증, B형간염 및 C형간염, 매독 등 혈액 및 체액을 매개로 타인에게 전염되어 질병을 유발하는 감염병을 말한다.

(2) "공기매개 감염병"이란 결핵 · 수두 · 홍역 등 공기 또는 비말핵 등을 매개로 호흡기를 통하여 전염되는 감염병을 말한다.

(3) "곤충 및 동물매개 감염병"이란 쯔쯔가무시증, 렙토스피라증, 신증후군 출혈열 등 동물의 배설물 등에 의하여 전염되는 감염병과 탄저병, 브루셀라증 등 가축이나 야생동물로부터 사람에게 감염되는 인수공통(人獸共通) 감염병을 말한다.

(4) "곤충 및 동물매개 감염병 고위험작업"이란 다음 각 목의 작업을 말한다.

(가) 습지 등에서의 실외 작업

(나) 야생 설치류와의 직접 접촉 및 배설물을 통한 간접 접촉이 많은 작업

(다) 가축 사육이나 도살 등의 작업

(5) "혈액노출"이란 눈, 구강, 점막, 손상된 피부 또는 주사침 등에 의한 침습적 손상을 통하여 혈액 또는 병원체가 들어 있는 것으로 의심이 되는 혈액 등에 노출되는 것을 말한다.

나. 감염병 예방 조치

사업주는 근로자의 혈액매개 감염병, 공기매개 감염병, 곤충 및 동물매개 감염병(이하 "감염병"이라 한다)을 예방하기 위하여 다음 각 호의 조치를 하여야 한다.

(1) 감염병 예방을 위한 계획의 수립

(2) 보호구 지급, 예방접종 등 감염병 예방을 위한 조치

(3) 감염병 발생 시 원인 조사와 대책 수립

(4) 감염병 발생 근로자에 대한 적절한 처치

다. 유해성 등의 주지

사업주는 근로자가 병원체에 노출될 수 있는 위험이 있는 작업을 하는 경우에 다음 각 호의 사항을 근로자에게 알려야 한다.

(1) 감염병의 종류와 원인

(2) 전파 및 감염 경로

(3) 감염병의 증상과 잠복기

(4) 감염되기 쉬운 작업의 종류와 예방방법

(5) 노출 시 보고 등 노출과 감염 후 조치

10) 혈액노출 예방 조치

사업주는 근로자가 혈액노출의 위험이 있는 작업을 하는 경우에 다음 각 호의 조치를 하여야 한다.

가. 혈액노출의 가능성이 있는 장소에서는 음식물을 먹거나 담배를 피우는 행위, 화장 및 콘택트렌즈의 교환 등을 금지할 것

나. 혈액 또는 환자의 혈액으로 오염된 가검물, 주사침, 각종 의료 기구, 솜 등의 혈액오염물(이하 "혈액오염물"이라 한다)이 보관되어 있는 냉장고 등에 음식물 보관을 금지할 것

다. 혈액 등으로 오염된 장소나 혈액오염물은 적절한 방법으로 소독할 것

라. 혈액오염물은 별도로 표기된 용기에 담아서 운반할 것

마. 혈액노출 근로자는 즉시 소독약품이 포함된 세척제로 접촉 부위를 씻도록 할 것

바. 개인보호구의 지급

사업주는 근로자가 혈액노출이 우려되는 작업을 하는 경우에 다음 각 호에 따른 보호구를 지급하고 착용하도록 하여야 한다.

(1) 혈액이 분출되거나 분무될 가능성이 있는 작업 : 보안경과 보호마스크

(2) 혈액 또는 혈액오염물을 취급하는 작업 : 보호장갑

(3) 다량의 혈액이 의복을 적시고 피부에 노출될 우려가 있는 작업 : 보호앞치마

(4) 근로자는 지급된 보호구를 사업주의 지시에 따라 착용하여야 한다.

11) 공기매개 감염 노출 위험작업 시 조치기준

가. 예방 조치

사업주는 근로자가 공기매개 감염병이 있는 환자와 접촉하는 경우에 감염을 방지하기 위하여 다음 각 호의 조치를 하여야 한다.

(1) 근로자에게 결핵균 등을 방지할 수 있는 보호마스크를 지급하고 착용하도록 할 것

(2) 면역이 저하되는 등 감염의 위험이 높은 근로자는 전염성이 있는 환자와의 접촉을 제한할 것

(3) 가래를 배출할 수 있는 결핵환자에게 시술을 하는 경우에는 적절한 환기가 이루어지는 격리실에서 하도록 할 것

(4) 임신한 근로자는 풍진·수두 등 선천성 기형을 유발할 수 있는 감염병 환자와의 접촉을 제한할 것

나. 사업주는 공기매개 감염병에 노출되는 근로자에 대하여 해당 감염병에 대한 면역상태를 파악하고 의학적으로 필요하다고 판단되는 경우에 예방접종을 하여야 한다.

다. 근로자는 지급된 보호구를 사업주의 지시에 따라 착용하여야 한다.

12) 곤충 및 동물매개 감염 노출 위험작업 시 조치기준

가. 예방 조치

사업주는 근로자가 곤충 및 동물매개 감염병 고 위험작업을 하는 경우에 다음 각 호의 조치를 하여야 한다.

(1) 긴 소매의 옷과 긴 바지의 작업복을 착용하도록 할 것

(2) 곤충 및 동물매개 감염병 발생 우려가 있는 장소에서는 음식물 섭취 등을 제한할 것

(3) 작업 장소와 인접한 곳에 오염원과 격리된 식사 및 휴식 장소를 제공할 것

(4) 작업 후 목욕을 하도록 지도할 것

(5) 곤충이나 동물에 물렸는지를 확인하고 이상증상 발생 시 의사의 진료를 받도록 할 것

13) 사무실에서의 건강장해 예방

가. 정의

(1) "사무실"이란 근로자가 사무를 처리하는 실내 공간(휴게실·강당·회의실 등

의 공간을 포함한다)을 말한다.

(2) "사무실오염물질"이란 법 제24조제1항제1호에 따른 가스·증기·분진 등과 곰팡이·세균·바이러스 등 사무실의 공기 중에 떠다니면서 근로자에게 건강장해를 유발할 수 있는 물질을 말한다.

(3) "공기정화설비등"이란 사무실오염물질을 바깥으로 내보내거나 바깥의 신선한 공기를 실내로 끌어들이는 급기·배기 장치, 오염물질을 제거하거나 줄이는 여과제나 온도·습도·기류 등을 조절하여 공급할 수 있는 냉난방장치, 그 밖에 이에 상응하는 장치 등을 말한다.

나. 공기정화설비 등의 가동

(1) 사업주는 근로자가 중앙관리 방식의 공기정화설비 등을 갖춘 사무실에서 근무하는 경우에 사무실 오염을 방지할 수 있도록 공기정화설비 등을 적절히 가동하여야 한다.

(2) 사업주는 공기정화설비 등에 의하여 사무실로 들어오는 공기가 근로자에게 직접 닿지 않도록 하고, 기류속도는 초당 0.5미터 이하가 되도록 하여야 한다.

다. 공기정화설비 등의 유지관리

사업주는 공기정화설비 등을 수시로 점검하여 필요한 경우에 청소하거나 개·보수하는 등 적절한 조치를 하여야 한다.

라. 사무실공기 평가

사업주는 근로자 건강장해 방지를 위하여 필요한 경우에 해당 사무실의 공기를 측정·평가하고, 그 결과에 따라 공기정화설비 등을 설치하거나 개·보수 하는 등 필요한 조치를 하여야 한다.

마. 실외 오염물질의 유입 방지

사업주는 실외로부터 자동차매연, 그 밖의 오염물질이 실내로 들어올 우려가 있는 경우에 통풍구·창문·출입문 등의 공기유입구를 재배치하는 등 적절한 조치를 하여야 한다.

바. 미생물오염 관리

사업주는 미생물로 인한 사무실 공기오염을 방지하기 위하여 다음 각 호의 조치를 하여야 한다.

(1) 누수 등으로 미생물의 생장을 촉진할 수 있는 곳을 주기적으로 검사하고 보수할 것

(2) 미생물이 증식된 곳은 즉시 건조·제거 또는 청소할 것

(3) 건물 표면 및 공기정화설비 등에 오염되어 있는 미생물은 제거할 것

사. 사무실의 청결 관리

(1) 사업주는 사무실을 항상 청결하게 유지·관리하여야 하며, 분진 발생을 최대한 억제할 수 있는 방법을 사용하여 청소하여야 한다.

(2) 사업주는 미생물로 인한 오염과 해충 발생의 우려가 있는 목욕시설·화장실 등을 소독하는 등 적절한 조치를 하여야 한다.

14) 그 밖의 유해인자에 의한 건강장해의 예방

가. 컴퓨터 단말기 조작업무에 대한 조치

사업주는 근로자가 컴퓨터 단말기의 조작업무를 하는 경우에 다음 각 호의 조치를 하여야 한다.

(1) 실내는 명암의 차이가 심하지 않도록 하고 직사광선이 들어오지 않는 구조로 할 것

(2) 저휘도형(低輝度型)의 조명기구를 사용하고 창·벽면 등은 반사되지 않는 재질을 사용할 것

(3) 컴퓨터 단말기와 키보드를 설치하는 책상과 의자는 작업에 종사하는 근로자에 따라 그 높낮이를 조절할 수 있는 구조로 할 것

(4) 연속적으로 컴퓨터 단말기 작업에 종사하는 근로자에 대하여 작업시간 중에 적절한 휴식시간을 부여할 것

나. 비전리전자기파에 의한 건강장해 예방 조치

사업주는 사업장에서 발생하는 유해광선·초음파 등 비전리전자기파(컴퓨터 단말기에서 발생하는 전자파는 제외한다)로 인하여 근로자에게 심각한 건강장해가 발생할 우려가 있는 경우에 다음 각 호의 조치를 하여야 한다.

(1) 발생원의 격리·차폐·보호구 착용 등 적절한 조치를 할 것

(2) 비전리전자기파 발생장소에는 경고 문구를 표시할 것

(3) 근로자에게 비전리전자기파가 인체에 미치는 영향, 안전작업 방법 등을 알릴 것

<table>
<tr><td rowspan="4">○○(주)</td><td rowspan="2">안전보건경영 지침서</td><td>문 서 번 호</td><td>KR-J-11</td></tr>
<tr><td>개(제) 정 일</td><td>2018.01.01</td></tr>
<tr><td rowspan="2">제11장 협력업체의
안전보건활동지원</td><td>개 정 번 호</td><td></td></tr>
<tr><td>페 이 지</td><td>of</td></tr>
</table>

1. 목 적

이 지침은 안전보건경영시스템을 효과적으로 운영하기 위하여 도급업체의 안전관리계획서 작성 및 이를 준수하기 위한 기술 지침을 정하는데 그 목적으로 한다.

2. 적용범위

이 지침은 안전보건경영시스템을 효과적으로 운영하기 위한 해당 사업장에 적용한다.

3. 용어의 정의

이 지침에서 사용하는 용어의 정의는 다음과 같다.

3.1 "사업주"라 함은 유해 위험설비를 보유하여 공정안전보고서를 제출한 사업장으로서 사업 전부 또는 일부를 도급계약에 의하여 다른 사업주에게 도급을 준 업체의 사업주를 말한다.

3.2 "도급업체"라 함은 설비의 점검, 정비 및 공사 등 사업의 전부 또는 일부(이하 "도급업무"라 한다)를 도급계약에 의하여 수행하는 업체를 말하며, 하도급 업체 및 협력업체를 포함한다.

3.3 그 밖의 용어의 정의는 특별한 규정이 있는 경우를 제외하고는 산업안전보건법, 같은 법 시행령, 같은 법 시행규칙 및 산업안전보건기준에 관한 규칙에서 정하는 바에 따른다.

4. 사업주의 의무

사업주가 사용하는 근로자와 도급업체 근로자가 같은 장소에서 작업을 할 때에 생기는 산업재해를 예방하기 위하여 다음의 조치를 하여야 한다.

4.1 사업주는 수급인 사업주와 안전 보건협의체를 구성해야 하며, 월 1회 이상 정기적으로 회의를 개최하고 그 결과를 기록·보존하여야 하며, 협의체는 다음 사항을 협의하여야 한다.

1) 작업의 시작시간
2) 작업 또는 작업장 간의 연락방법
3) 재해발생 위험 시의 대피방법
4) 작업장에서의 위험성 평가 실시에 관한 사항
5) 상호 간의 연락방법 및 작업공정의 조정

4.2 사업주는 도급인의 작업장 순회점검은 2일에 1회 이상 이루어져야 하며, 합동 점검은 수급인을 포함하여 점검반을 구성하고 분기별 1회 이상 실시해야 한다.

4.3 사업주는 수급인 근로자에 대한 안전보건교육을 지원해야 한다.

4.4 사업주는 유해인자로부터 근로자를 보호하기 위한 작업환경을 측정하고 그 결과를 기록 보존해야 한다.

4.5 사업주는 화재, 토석붕괴 등 비상 시를 대비한 경보 운영체계를 운영해야 한다.

4.6 사업주는 다음의 유해 위험장소에서의 작업 시에는 안전보건조치를 해야 한다.

1) 토사 · 구축물 · 인공구조물 등이 붕괴될 우려가 있는 장소
2) 기계 · 기구 등이 넘어지거나 무너질 우려가 있는 장소
3) 안전난간의 설치가 필요한 장소
4) 비계 또는 거푸집을 설치하거나 해체하는 장소
5) 건설용 리프트를 운행하는 장소
6) 지반을 굴착하거나 발파 작업을 하는 장소
7) 엘리베이터 홀 등 근로자가 추락할 위험이 있는 장소
8) 도금작업 등 도급금지 작업을 하는 장소
9) 화재 · 폭발 우려가 있는 다음 작업을 하는 장소
   가. 선박 내부에서의 용접 · 용단작업
   나. 특수화학설비에서의 용접 · 용단작업
   다. 인화성 물질을 취급 · 저장하는 설비 및 용기에서의 용접 · 용단작업
10) 밀폐공간으로 되어 있는 장소에서 작업을 하는 경우 그 장소
11) 석면이 붙어 있는 물질을 파쇄 또는 해체하는 작업을 하는 장소
12) 위험물질을 제조하거나 취급하는 장소
13) 유기화합물 취급 특별 장소
14) 공중 전선에 가까운 장소로서 시설물의 설치 · 해체 · 점검 및 수리 등의 작업을 할 때 감전의 위험이 있는 장소
15) 물체가 떨어지거나 날아올 위험이 있는 장소

16) 프레스 또는 전단기를 사용하여 작업을 하는 장소
17) 화학설비 및 그 부속설비에 대한 정비 · 보수작업이 이루어지는 장소
18) 방사선 업무를 하는 장소
19) 차량계 하역운반기계 또는 차량계 건설기계를 사용하여 작업하는 장소
20) 전기기계기구를 사용하여 감전의 위험이 있는 작업을 하는 장소

4.7 사업주는 유해 · 위험 화학물질을 제조 또는 취급하는 설비 등에 대한 수리, 개조, 청소 등의 작업을 도급할 경우에 도급작업이 시작되기 전까지 다음의 안전보건정보를 적은 문서를 제공하여야 한다.

1) 유해물질의 명칭과 그 유해성 · 위험성
2) 안전 · 보건상 유해하거나 위험한 작업에 대한 안전 · 보건상의 주의사항
3) 안전 · 보건상 유해하거나 위험한 물질의 유출 등 사고가 발생한 경우에 필요

4.8 사업주는 도급업무가 다음과 같이 유해 · 위험작업인 경우에는 반드시 안전작업 허가서를 발급받고 작업에 임하도록 하여야 하며, 안전작업 허가와 관련된 사항은 KOSHA GUIDE P-94 "안전작업허가지침"에서 정하는 바에 따른다.

1) 공정물질이 차 있거나 차 있었던 용기, 펌프 또는 배관 등과 같은 기기의 개방 또는 분해 시
2) 용접 · 절단 또는 스파크나 다른 점화원을 발생하는 화기작업 시
3) 밀폐공간 출입 시
4) 위험지역 내에서의 내연기관 운전 시
5) 굴착 작업 시
6) 전기 작업 시
7) 방사능 사용 작업 시
8) 고소 작업 시
9) 중장비 작업 시

4.9 사업주는 유해 · 위험작업 중 화재 · 폭발 또는 위험물질 누출 등 비상사태 발생 우려가 있는 경우에는 비상조치계획에 포함된 내용 중 도급업체의 사업주 및 근로자가 취해야 할 조치 요령 등을 교육하여야 한다.

4.10 사업주는 도급업무 시 업무 관련 부서의 장에게 책임과 권한을 부여하여 도급업체의 관리를 실시토록 하여야 한다.

1) 관리부서의 장
   가. 도급 계약서의 작성

나. 도급업체 안전작업 서약서의 작성

다. 도급업체의 산재 가입 여부 확인

라. 도급업체의 평가 및 관리

2) 생산부서의 장

가. 안전작업허가서의 작성

나. 담당 부서의 유해·위험작업에 대한 안전 교육

다. 도급업체 근로자의 유해·위험작업 중 점검

3) 안전관리부서의 장

가. 유해·위험기계기구의 방호장치 설치여부 확인

나. 안전작업허가서의 발급여부 확인

다. 유해·위험작업 중 안전작업 실시여부 확인

라. 안전수칙 미준수자에 대한 조치 및 지도

마. 시행규칙 제29조에 의한 사업주와 도급업체 대표자간 협의체가 구성되어 있는 경우 회의 주관 및 회의록 유지관리

4.11 도급업체 사업주의 의무

도급업무 수행과 관련하여 도급업체의 사업주는 다음과 같은 의무가 있다.

1) 도급을 준 사업주가 제공하는 도급사업 시의 안전·보건 조치사항을 이행하여야 하며, 소속 근로자에 대한 교육 및 훈련, 해당작업에 대한 작업표준 작성 및 작업위험성 평가를 실시하여야 한다.

2) 소속 근로자들이 화재·폭발, 독성물질 누출의 위험성과 예방에 관한 사항 및 비상조치 내용을 충분히 숙지하고 있는지 여부를 확인하여야 한다.

3) 소속 근로자들이 공정운전을 수행할 경우에는 안전운전지침 및 절차를 준수하고 있는지를 확인한다.

4) 소속 근로자들에 대하여 안전교육을 실시하고, 다음 사항이 포함된 교육 결과를 기록·작성하여 보관한다.

가. 교육대상자

나. 교육시기 및 시간

다. 교육내용 및 강사

라. 교육성과 측정 및 평가 결과

5) 도급업체 안전교육 내용에는 다음 사항이 포함되어야 한다.

가. 안전수칙

나. 사고 발생 시 조치 요령

다. 비상사태 발생 시 행동요령

라. 안전작업절차

마. 개인 보호구의 사용법

바. 응급조치 기구의 사용법

사. 폐기물의 분리수거

6) 소속 근로자들이 작업 중에 산업재해 등 급박한 위험요인이 있을 경우, 이를 지체 없이 도급을 준 사업주에게 통보하여야 한다.

7) 소속 근로자들이 공정 내에서 유해 · 위험작업을 수행함에 있어서 다음 사항을 준수할 수 있도록 숙지시켜야 한다.

가. 위험기계 및 기구는 안전장치가 부착되어 있는 것을 사용하여야 한다.

나. 안전표지 및 안전장치 등은 규정된 것을 사용하여야 하며, 임의로 변경 사용하여서는 아니 된다.

다. 작업장 내에서는 지정된 안전보호구를 착용하여야 한다.

라. 허가 없이 출입금지구역 내에 출입하여서는 아니 된다.

마. 금연구역 내에서 흡연해서는 아니 된다.

바. 폭발위험장소 내에서 전기 · 기계기구를 사용할 경우에는 적합한 방폭성능이 있는 것을 사용하여야 한다.

사. 전기용접기의 홀더 및 전선은 규격품을 사용하여야 한다.

아. 고압가스용기 운반 시는 반드시 캡을 씌우고, 주의하여 취급을 하여야 한다.

자. 고압가스 용기를 옥외에 저장할 때에는 직사광선을 피하고, 전도방지 조치를 취하여야 한다.

차. 중량물을 이동, 운반하는 작업은 신호수의 신호에 따라야 한다.

파. 용접작업 등 화기작업을 실시할 경우에는 반드시 인화성 · 폭발성 물질 등 위험 물질을 격리시킨 후 감독자의 입회하에 실시하고, 작업 종료 후에 불씨가 없도록 철저하게 확인하여야 한다.

카. 인화성 물질을 취급하는 장소 등 발화의 위험성이 있는 장소에는 화기엄금 표지판을 설치하고 작업에 임하여야 한다.

타. 유해 · 위험물질을 사용한 후에는 감독자의 지시에 따라 지정된 장소에 보관하여야 한다.

하. 기타 안전사고 예방과 화재 · 폭발 · 누출 방지를 위해 감독자의 지시사항에 적극 따라야 한다.

4.12 안전관리 계획서의 작성, 승인 및 보존

1) 안전관리 계획

도급업체의 연간 안전관리 계획에 포함할 내용은 다음과 같다.

가. 안전보건관리 조직의 구성 및 내용

나. 사업주와 도급업체의 사업주와의 정기적 안전활동을 위한 협의체 구성방안

다. 안전보건 및 공정안전에 관한 교육계획

라. 유해 · 위험 기계 · 기구의 방호조치

마. 각종 안전장구와 공 · 기구의 확보 및 정상상태 유지 방안

바. 안전순찰, 점검, 검사 등의 안전활동 및 평가

사. 산업재해 발생 기록, 재해 원인 및 동종 재해예방 대책

아. 기타 안전관리 업무에 필요한 사항

2) 승인

사업주는 작성된 도급업체의 안전관리 계획에 대하여 다음의 사항을 검토하여 확인 또는 보완 후 승인하여야 한다.

가. 작성내용의 누락 여부, 내용의 충실성 및 타당성 검토

나. 안전관리 계획의 적정성 여부 검토

다. 기타 안전관리 활동의 적정성 여부 검토

3) 사업주는 도급업체의 선정 및 관리에 있어 (양식 1)을 참고하여 협력업체를 평가하고 재계약의 여부에 반영한다.

4) 보존

작성된 연간 안전관리 계획서는 충실히 이행되어야 하며, 1년 이상 보존하여야 한다.

4.13 첨부

양식 1 : 협력업체 평가표(kr-j-11-01)

〈양식 1〉 도급업체를 선정하기 위한 평가항목

사업장명		일 시	
주 소		상주여부	
공 정 명		작 업 내 용	
대 표 자		현 장 책 임 자	

항 목	배점	평점
1. 안전에 관한 사항 (안전관리부서 평가부분)		
안전관리계획서 작성 · 평가	4	
폐기물 분리 및 처리상태	4	
안전보호구 착용상태	4	
대표자 및 현장 책임자의 안전관리 능력	4	
안전교육 실시 현황	4	
안전시설물 설치 상태	4	
작업허가서 규정 준수 여부	4	
안전관리자의 지도 · 조언에 관한 실행 여부	4	
산업재해 발생 여부	8	
소 계	40	

안전에 관한 평가자 소속	안전관리자	(인)	안전부(과)장	(인)	안전책임담당 임원	(인)

항 목	배점	평점
2. 작업에 관한 사항(생산부서 또는 공사감독부서 평가부분)		
작업관련 서류 처리 능력	3	
작업계획능력	3	
사용자재의 적합여부(도급자재일 경우에만 합산함)	(3)	
작업인원의 확보 능력	6	
작업의 특수성에 따른 숙련도	6	
작업여건의 변화에 따른 적응도	6	
작업지시의 순응도	6	
작업 공정 관리 능력	6	
작업원의 자질	6	
납기 준수 여부	6	
작업 기간 중 정리정돈 상태	6	
작업 종료 후 정리정돈 여부	6	
소 계	60(63)	

작업관련 평가자 소속		성명	(인)	부(과)장	(인)	작업담당 임원	(인)
합 계				평 가 등 급			

협력업체 평가 등급	양호 : 90점 이상, 보통: 70점 이상 ~ 90점 미만, 불량 : 70점 미만

<table>
<tr><td rowspan="4">○○(주)</td><td rowspan="2">안전보건경영 지침서</td><td>문 서 번 호</td><td>KR-J-12</td></tr>
<tr><td>개(제) 정 일</td><td>2018.01.01</td></tr>
<tr><td rowspan="2">제12장 안전 · 보건관계자
역할 및 활동</td><td>개 정 번 호</td><td></td></tr>
<tr><td>페 이 지</td><td>of</td></tr>
</table>

1. 목 적

이 지침은 안전보건경영시스템을 효과적으로 운영하기 위하여 안전 · 보건관계자 역할 및 활동을 작성 및 이를 준수하기 위한 기술 지침을 정하는데 그 목적으로 한다.

2. 적용범위

이 지침은 안전보건경영시스템을 효과적으로 운영하기 위한 해당 사업장에 적용한다.

3. 용어의 정의

이 지침에서 사용하는 용어의 정의는 다음과 같다.

3.1 "근로자"란「근로기준법」제2조제1항제1호에 따른 근로자를 말한다.

3.2 "사업주"란 근로자를 사용하여 사업을 하는 자를 말한다.

3.3 "근로자대표"란 근로자의 과반수로 조직된 노동조합이 있는 경우에는 그 노동조합을, 근로자의 과반수로 조직된 노동조합이 없는 경우에는 근로자의 과반수를 대표하는 자를 말한다.

4. 책임 및 권한

4.1 최고경영자

1) 안전 · 보건관계자 역할 및 활동과 관련한 사항을 총괄 승인

2) 안전 · 보건관계자 역할 및 활동을 안전보건경영시스템과 연계하여 진행 관리

4.2 관리감독자의 업무 내용

1) 사업장 내 관리감독자가 지휘 · 감독하는 작업과 관련된 기계 · 기구 또는 설비의 안전 · 보건 점검 및 이상 유무의 확인

2) 관리감독자에게 소속된 근로자의 작업복 · 보호구 및 방호장치의 점검과 그 착용 · 사용에 관한 교육 · 지도

3) 해당 작업에서 발생한 산업재해에 관한 보고 및 이에 대한 응급조치

4) 해당 작업의 작업장 정리 · 정돈 및 통로확보에 대한 확인 · 감독
5) 해당 사업장의 다음 각 목의 어느 하나에 해당하는 사람의 지도 · 조언에 대한 협조
가. 산업보건의
나. 안전관리자[안전관리자의 업무를 같은 항에 따른 안전관리전문기관(이하 "안전관리전문기관"이라 한다)에 위탁한 사업장의 경우에는 그 전문기관의 해당 사업장 담당자]
다. 보건관리자[보건관리자의 업무를 같은 항에 따라 준용되는 법 제15조제4항에 따른 보건관리전문기관(이하 "보건관리전문기관"이라 한다)에 위탁한 사업장의 경우에는 그 전문기관의 해당 사업장 담당자]
6) 위험성평가를 위한 업무에 기인하는 유해 · 위험요인의 파악 및 그 결과에 따른 개선조치의 시행

4.3 안전관리자의 업무

1) 산업안전보건위원회 또는 안전 · 보건에 관한 노사협의체에서 심의 · 의결한 업무와 해당 사업장의 안전보건관리규정(이하 "안전보건관리규정"이라 한다) 및 취업규칙에서 정한 업무
2) 안전인증대상 기계 · 기구 등(이하 "안전인증 대상 기계 • 기구등"이라 한다)과 자율안전확인대상 기계 · 기구 등(이하 "자율안전확인대상 기계 • 기구등"이라 한다) 구입 시 적격품의 선정에 관한 보좌 및 조언 · 지도
3) 위험성평가에 관한 보좌 및 조언 · 지도
4) 해당 사업장 안전교육 계획의 수립 및 안전교육 실시에 관한 보좌 및 조언 · 지도
5) 사업장 순회점검 · 지도 및 조치의 건의
6) 산업재해 발생의 원인 조사 · 분석 및 재발 방지를 위한 기술적 보좌 및 조언 · 지도
7) 산업재해에 관한 통계의 유지 · 관리 · 분석을 위한 보좌 및 조언 · 지도
8) 법 또는 법에 따른 명령으로 정한 안전에 관한 사항의 이행에 관한 보좌 및 조언 · 지도
9) 업무수행 내용의 기록 · 유지
10) 그 밖에 안전에 관한 사항으로서 고용노동부장관이 정하는 사항

4.4 보건관리자의 업무

1) 산업안전보건위원회에서 심의 · 의결한 업무와 안전보건관리규정 및 취업규칙에서 정한 업무
2) 안전인증대상 기계 · 기구 등과 자율안전확인대상 기계 · 기구 중, 보건과 관련된 보호구(保護具) 구입 시 적격품 선정에 관한 보좌 및 조언 · 지도
3) 물질안전보건자료의 게시 또는 비치에 관한 보좌 및 조언 · 지도
4) 위험성 평가에 관한 보좌 및 조언 · 지도
5) 산업보건의의 직무
6) 해당 사업장 보건교육 계획의 수립 및 보건교육 실시에 관한 보좌 및 조언 · 지도
7) 해당 사업장의 근로자를 보호하기 위한 다음 각 목의 조치에 해당하는 의료 행위
   가. 외상 등 흔히 볼 수 있는 환자의 치료
   나. 응급처치가 필요한 사람에 대한 처치
   다. 부상 · 질병의 악화를 방지하기 위한 처치
   라. 건강진단 결과, 발견된 질병자의 요양 지도 및 관리
   마. 가목부터 라목까지의 의료행위에 따르는 의약품의 투여
8) 작업장 내에서 사용되는 전체 환기장치 및 국소 배기장치 등에 관한 설비의 점검과 작업방법의 공학적 개선에 관한 보좌 및 조언 · 지도
9) 사업장 순회점검 · 지도 및 조치의 건의
10) 산업재해 발생의 원인 조사 · 분석 및 재발 방지를 위한 기술적 보좌 및 조언 · 지도
11) 산업재해에 관한 통계의 유지 · 관리 · 분석을 위한 보좌 및 조언 · 지도
12) 법 또는 법에 따른 명령으로 정한 보건에 관한 사항의 이행에 관한 보좌 및 조언 · 지도
13) 업무수행 내용의 기록 · 유지
14) 그 밖에 작업관리 및 작업환경관리에 관한 사항

4.5 전 조직 구성원

사업장 내 모든 조직 구성원은 안전보건관리를 위한 회사의 경영시스템정책에 적극적으로 협조하고 이행할 책임이 있으며 건강증진을 위하여 필요한 사항을 각 부서장에게 보고한다.

5. 안전보건경영시스템 이해를 위한 관계자의 역활

5.1 중급관리자가 알아야 할 사항(팀장, 부·과장, 대리)

1) 회사의 안전보건경영방침을 수행하기 위한 구체적 추진계획을 알고 있어야 한다.
2) 안전보건경영시스템의 운영절차와 예상효과에 대해서 알고 있어야 한다.
3) 안전보건경영시스템 운영상의 담당자의 역할을 알고 있어야 한다.
4) 해당 공정의 위험성 평가방법과 내용을 알고 있어야 한다.
5) 해당 공정의 중요한 안전작업지침서 내용을 알고 있어야 한다.
6) 유해·위험작업공정과 작업환경이 열악한 장소를 파악하고 있어야 한다.
7) 비상조치 사항을 알고 있어야 한다.
8) 최신 기술자료의 보관장소와 관리방법을 알고 있어야 한다.

5.2 현장관리자가 알아야할 사항(기사, 직장, 조반장)

1) 자사의 재해율과 안전보건목표를 알고 있어야 한다.
2) 안전보건경영시스템 운영상의 담당자 역할을 알고 있어야 한다.
3) MSDS 등 공정안전자료의 활용과 비치장소를 알고 있어야 한다.
4) 해당 공정의 잠재 위험성과 대응방법을 알고 있어야 한다.
5) 예정되지 아니한 정전 시의 조치사항을 알고 있어야 한다.
6) 안전보건 기술자료가 어디에 보관되어 있는지 알고 있어야 한다.
7) 비상조치계획에서 담당역할을 알고 있어야 한다.
8) 기계·기구 및 설비의 검사주기를 알고 있어야 한다.
9) 현장에서의 유해 위험물질 취급방법을 알고 있어야 한다.
10) 가동전 안전점검 사항을 알고 있어야 한다.

5.3 현장작업자가 알아야 할 사항

1) 담당업무에 관한 안전보건수칙을 알고 있어야 한다.
2) 안전보건경영시스템 운영절차를 알고 있어야 한다.
3) 최근 실시한 안전보건교육내용을 알고 있어야 한다.
4) 취급하고 있는 유해·위험물질에 대하여 유해·위험성정도와 취급절차를 알고 있어야 한다.
5) 비상사태 발생 시 조치 사항을 알고 있어야 한다.
6) 개인보호구 착용기준과 착용방법 등을 알고 있어야 한다.

5.4 안전 · 보건관리자가 알아야 할 사항

1) 법정 안전 · 보건관리자로서의 역할을 알고 있어야 한다.
2) 안전보건경영시스템의 내용과 실행효과를 알고 있어야 한다.
3) 안전보건경영시스템을 실행하기 위한 추진목표를 알고 있어야 한다.
4) 내부심사 결과 및 조치사항에 대한 추진상황을 점검한 내용을 알고 있어야 한다.
5) 위험성 평가방법 및 조치내용을 알고 있어야 한다.

5.5 협력업체 관계자가 알아야 할 사항

1) 협력업체의 사업주가 해야 할 사항을 알고 있어야 한다.
2) 현장에서 위험상황을 발견했을 때 조치방법을 알고 있어야 한다.
3) 비상 시 행동요령에 대하여 알고 있어야 한다.
4) 개인보호구 지급기준과 착용방법을 알고 있어야 한다.
5) 위험작업허가서를 교부받아야 할 작업의 종류를 알고 있어야 한다.

<table>
<tr><td rowspan="4">○○(주)</td><td rowspan="2">안전보건경영 지침서</td><td>문 서 번 호</td><td>KR-J-13</td></tr>
<tr><td>개(제) 정 일</td><td>2018.01.01</td></tr>
<tr><td rowspan="2">제13장 산업안전보건위원회 운영</td><td>개 정 번 호</td><td></td></tr>
<tr><td>페 이 지</td><td>of</td></tr>
</table>

1. 목 적

이 지침은 안전보건경영시스템을 효과적으로 운영하기 위하여 산업안전보건위원회의 구성 및 운영에 관한 사항을 작성 및 이를 준수하기 위한 기술 지침을 정하는데 그 목적으로 한다.

2. 적용범위

이 지침은 안전보건경영시스템을 효과적으로 운영하기 위한 해당 사업장에 적용한다.

3. 용어의 정의

이 지침에서 사용하는 용어의 정의는 다음과 같다.

3.1 명예 산업안전감독관

산업안전보건법 제61조의 2에 의하여 위촉된 자를 말한다.

3.2 근로자 대표

근로자의 과반수로 조직된 노동조합이 있는 경우에는 그 노동조합을, 근로자의 과반수로 조직된 노동조합이 없는 경우에는 근로자의 과반수를 대표하는 자를 말한다.

3.3 본 지침에서 정하지 않는 용어는 관련 법령, 고시, 지침 등에 정한 바에 따른다.

4. 산업안전보건위원회의 구성과 심의 · 의결 사항

4.1 구성

사업주는 산업안전 · 보건에 관한 중요 사항을 심의 · 의결하기 위하여 근로자와 사용자가 같은 수로 구성되는 산업안전보건위원회를 설치 · 운영하여야 한다.

4.2 산업안전보건위원회의 심의 · 의결 사항

1) 산업재해 예방계획의 수립에 관한 사항

2) 안전보건관리규정의 작성 및 변경에 관한 사항

3) 근로자의 안전 · 보건교육에 관한 사항
4) 작업환경측정 등 작업환경의 점검 및 개선에 관한 사항
5) 근로자의 건강진단 등 건강관리에 관한 사항
7) 산업재해에 관한 통계의 기록 및 유지에 관한 사항
8) 중대재해에 관한 사항
9) 유해하거나 위험한 기계 · 기구와 그 밖의 설비를 도입한 경우 안전 · 보건조치에 관한 사항

4.3 회의 및 실행

1) 산업안전보건위원회의 회의는 대통령령으로 정하는 바에 따라 개최하고 그 결과를 회의록으로 작성하여 보존하여야 한다.
2) 산업안전보건위원회는 해당 사업장 근로자의 안전과 보건을 유지 · 증진시키기 위하여 필요한 사항을 정할 수 있다.
3) 사업주와 근로자는 산업안전보건위원회가 심의 · 의결 또는 결정한 사항을 성실하게 이행하여야 한다.
4) 산업안전보건위원회의 심의 · 의결 또는 결정은 이 법과 이 법에 따른 명령, 단체협약, 취업규칙 및 안전보건관리규정에 반하여서는 아니 된다.
5) 사업주는 산업안전보건위원회의 위원으로서 정당한 활동을 한 것을 이유로 그 위원에게 불이익을 주어서는 아니 된다.

4.4 구성 및 게시

1) 산업안전보건위원회를 설치하여야 할 사업의 종류 및 규모, 산업안전보건위원회의 구성은 첨부 1을 참고한다.
2) 산업안전보건위원회를 구성하고 근로자의 안전과 보건을 유지 · 증진시키기 위하여 정기적(분기별 또는 필요 시)으로 회의를 개최하고 다음 안건을 의결하여 그 결과를 근로자에게 알려주어야 한다.
   가. 전년도 안전보건 경영성과
   나. 당해 년도 안전보건 경영목표 및 활동계획
   다. 위험성평가결과 개선조치 사항
   라. 정기적 성과측정 결과 및 내부심사 결과

4.5 첨부

첨부 1: 산업안전보건위원회를 설치 · 운영해야 할 사업의 종류 및 규모
양식 1: 산업안전보건회의록(kr-j-13-01)

〈첨부 1〉 산업안전보건위원회를 설치·운영해야 할 사업의 종류 및 규모

사업의 종류	규모
1. 토사석 광업 2. 목재 및 나무제품 제조업 ; 가구제외 3. 화학물질 및 화학제품 제조업 ; 의약품 제외(세제, 화장품 및 광택제 제조업과 화학섬유 제조업은 제외한다) 4. 비금속 광물제품 제조업 5. 1차 금속 제조업 6. 금속가공제품 제조업 ; 기계 및 가구 제외 7. 자동차 및 트레일러 제조업 8. 기타 기계 및 장비 제조업(사무용 기계 및 장비 제조업은 제외한다) 9. 기타 운송장비 제조업(전투용 차량 제조업은 제외한다)	상시 근로자 50명 이상
10. 농업 11. 어업 12. 소프트웨어 개발 및 공급업 13. 컴퓨터 프로그래밍, 시스템 통합 및 관리업 14. 정보서비스업 15. 금융 및 보험업 16. 임대업;부동산 제외 17. 전문, 과학 및 기술 서비스업(연구개발업은 제외한다) 18. 사업지원 서비스업 19. 사회복지 서비스업	상시 근로자 300명 이상
20. 건설업	공사금액 120억원 이상(「건설산업기본법 시행령」 별표 1에 따른 토목공사업에 해당하는 공사의 경우에는 150억원 이상)
21. 제1호부터 제20호까지의 사업을 제외한 사업	상시 근로자 100명 이상

〈양식 1〉

산업안전보건 위원회 회의록

<table>
<tr><td colspan="3">(　　)년 (　/　)분기 산업안전보건 위원회 회의록</td></tr>
<tr><td colspan="1">1.회의일시</td><td colspan="2"></td></tr>
<tr><td>2.회의장소</td><td colspan="2"></td></tr>
<tr><td>3.관련근거</td><td colspan="2">산업안전보건법 제19조</td></tr>
<tr><td>4.회의안건</td><td colspan="2"></td></tr>
<tr><td>순번</td><td>회 의 내 용</td><td>회 의 결 과</td></tr>
<tr><td>1</td><td>전년도 안전보건 경영성과</td><td></td></tr>
<tr><td>2</td><td>당해년도 안전보건 경영목표 및 활동계획</td><td></td></tr>
<tr><td>3</td><td>위험성평가 결과 개선조치 사항</td><td></td></tr>
<tr><td>4</td><td>정기적 성과측정 결과 및 내부심사결과</td><td></td></tr>
</table>

<table>
<tr><td colspan="7">5.참석위원</td></tr>
<tr><td rowspan="2"></td><td colspan="3">회사측</td><td colspan="3">근로자측</td></tr>
<tr><td>직책</td><td>성　명</td><td>서명</td><td>직책</td><td>성명</td><td>서명</td></tr>
<tr><td>1</td><td></td><td></td><td></td><td></td><td></td><td></td></tr>
<tr><td>2</td><td></td><td></td><td></td><td></td><td></td><td></td></tr>
<tr><td>3</td><td></td><td></td><td></td><td></td><td></td><td></td></tr>
<tr><td>4</td><td></td><td></td><td></td><td></td><td></td><td></td></tr>
<tr><td>5</td><td></td><td></td><td></td><td></td><td></td><td></td></tr>
</table>

<table>
<tr><td rowspan="4">○○(주)</td><td rowspan="2">안전보건경영 지침서</td><td>문 서 번 호</td><td>KR-J-14</td></tr>
<tr><td>개(제) 정 일</td><td>2018.01.01</td></tr>
<tr><td rowspan="2">제14장 산업재해조사 활동</td><td>개 정 번 호</td><td></td></tr>
<tr><td>페 이 지</td><td>of</td></tr>
</table>

1. 목적

이 지침은 예기치 않게 발생하는 사고의 원인에 대하여 체계적이고 면밀한 조사를 통해 향후 발생 가능성이 있는 사고의 재발을 예방하는 것을 목적으로 한다.

2. 적용범위

이 지침은 업무상 재해, 업무상 질병 및 교통사고 등 산업안전보건에서의 인적·물적 피해를 포함한 우발적 사고와 필연적 사고의 조사에 대하여 적용한다.

3. 용어의 정의

3.1 이 지침에서 사용하는 용어의 정의는 다음과 같다.

1) "사고(Gvent)"라 함은 필연적 사고와 우발적 사고를 포함하며 일상생활에 있어서 여러 가지 불상사를 모두 사고라고 말한다.
2) "필연적 사고(Accident)"라 함은 필연적으로 일어나는 사고로 인한 기술적 위험을 뜻하며 기술의 실패에 기인하는 것을 말한다.
3) "우발적 사고(Incident)"라 함은 우발적으로 일어나는 사고로 인한 사회적 위험을 말한다.

4. 책임

4.1 대표이사

1) 사고조사에 관한 사항의 총괄 승인
2) 사고조사에 관한 활동이 필요한 경우 안전보건팀장과 협의

4.2 안전보건팀장

1) 사고조사에 관한 사항의 이행
2) 사고조사에 관한 보고를 대표이사에게 보고
3) 사고조사에서 발견된 사고원인에 대한 대책의 수립

4) 사고 원인에 대한 대책 수립 전에 위험성 평가 실행

4.3 근로자

1) 사고조사에 적극 협조
2) 사고원인에 대한 사항을 부서장에게 보고
3) 사고원인에 대한 사항에 대하여 위험성 평가 실행

5. 사고조사의 실행

5.1 사고의 발생원인

사고는 불운이라고 생각하기 쉽지만 거기에는 반드시 사고를 초래하는 원인이 있으며 사고의 원인은 다음과 같이 구분된다.

1) 즉각적 원인 : 상해 혹은 질병으로 인한 원인
2) 근본적 원인 : 불안전한 행위 및 작업환경으로 인한 원인
3) 원천적 원인 : 시 공간적으로 사고와 직접 연관되어 있지는 않지만 근본적 원인이 점차 확대 축적되어 사고를 유발하는 원인이며 따라서 사고를 사전에 방지하기 위해서는 위와 같은 발생 원인들에 대한 효과적인 관리대책들을 세워야 한다.

5.2 조사로부터 얻는 정보와 추론

1) 사고가 어떻게, 왜 발생되었는지에 대한 이해
2) 건강에 영향을 줄 수 있는 물질 혹은 상황에 사람들이 노출되는 이유에 대한 이해
3) 어떤 사고가 일어났는지 그리고 어떻게 그것이 발생하였는지에 대한 생생한 추론
4) 미래에 발생할 수 있는 위험을 효과적으로 관리하고 현 조직의 위험관리대책에 대한 허점 확인

5.3 조사로부터 얻는 이점

1) 동종 또는 유사사고의 예방
2) 혼란, 조업중단, 무질서, 민 형사상 소송비용에 따른 사업 손실의 방지
3) 사고에 대한 근로자의 도덕적 해이 방지
4) 조직의 다른 부분에 적용할 수 있는 관리기법의 개발

5.4 조사의 대상

사고에 대한 기본 정보를 통보 받은 후에 조사 여부와 범위를 결정해야 한다. 조

사수준을 결정하는 것은 잠재적 결과와 사고재발 가능성 때문이다. 즉, 사소한 위험이 큰 사고로 이어질 수도 있고 잠재적 위험을 내포할 수도 있기 때문에 조사작업은 사소한 사고라도 유사한 사고의 재발을 방지하기 위해 철저히 이루어져야 한다.

5.5 조사주체

실질적인 조사를 위해서는 사업주와 근로자 모두가 참여하는 것이 필수적이다. 조사수준에 따라 관리감독자, 현장책임자, 사고조사 전문가, 노동조합, 사업체의 임원 등이 모두 참여할 수 있다.

5.6 조사시점

조사시점은 관련된 위험의 크기와 긴급성에 달려 있다. 일반적으로 사고조사와 이에 대한 분석은 사고발생 직후 가능한 한 신속히 이루어져야 한다.

5.7 조사내용

조사는 사고 현장의 방문과 목격자의 진술은 물론 위험평가, 작업절차, 지침, 업무가이드 등 모든 유용한 정보에 대한 분석을 포함해야 한다. 그리하여 무엇이 잘못되었으며 동일한 사고가 재발되는 것을 예방하기 위해 어떤 조치를 취해야 하는지 등이 명시되어야 한다. 이러한 조사과정은 공개적이고 진실하며 객관적이어야 한다.

5.8 성공적인 조사조건

조사는 과거의 위험으로부터 교훈을 얻고 미래의 위험을 예방하기 위한 것으로 사고의 근본적인 원인들을 명확히 규명해야 한다. 사고의 즉각적인 원인은 단기간 내에 드러나 예방조치가 가능하지만 보다 근원적이고 본질적인 원인들은 적절한 조치가 따르지 않을 경우 장기적으로 미래에 보다 심각한 결과를 초래할 수 있다. 따라서 이들 원인들을 밝혀내 제거해야 한다. 사고조사의 목적은 사고가 '어떻게 일어났느냐' 뿐만 아니라 일어나게 된 원인을 밝히는 것이다. 조사는 편견과 성급한 결론 도출을 피하기 위해 철저하고 체계적으로 수행되어야 하며 조사를 마치기 전에 예단은 금물이다.

5.9 사고분석기술

조사위원회를 구성하고 사고를 분석하며 근본적 원인을 확인하는 데는 많은 방법과 기술이 필요하다. 이러한 기술을 사용하는 방법론적 접근은 복잡하지 않아야 하고 무엇보다도 근로자가 적극적으로 참여할 수 있게 해야 한다.

6. 사고조사에 대한 단계별 지침

조사에 대한 단계별 지침은 다음과 같다.

6.1 긴급 대응

1) 신속한 긴급조치
2) 안전지역 확보

6.2 초기 보고

1) 사고현장 보존
2) 사고 관련자들의 이름, 관련 장비 그리고 목격자 이름 등을 명기
3) 향후 조치를 결정할 사고 책임자에게 즉시 보고

7. 조사의 단계

7.1 단계 1 : 정보수집

어떤 사고가 발생했는지 그리고 어떤 조건과 행위들이 사고에 영향을 주었는지를 가능한 한 즉시 밝힌다. 가능한 한 신속히 정보를 파악하는 것이 중요하며 이 때 허락받지 않은 자의 정보에 대한 접근은 막는다. 목격자 혹은 사고 현장에 있었거나 그것에 대해 알고 있는 사람에게 우선적으로 질의하고 조사하여야 하며 정보수집을 위한 조사내용은 다음과 같다.

1) 어디서, 언제 사고가 발생하였는가?
2) 상해를 입은 사람과 사고 관련자는 누구인가?
3) 사고는 어떻게 발생하였는가?
4) 사고 당시 어떤 위법행위들이 있었는가?
5) 작업조건에 있어 평시와 다르거나 차이가 나는 것이 있는가?
6) 적절한 안전작업 절차가 있었는가, 또 그것들이 잘 지켜졌는가?
7) 어떤 상해와 질병이 발생되었는가?
8) 상해는 어떻게 일어났고, 무엇이 그것을 야기했는가?
9) 위험요소가 사전에 공지 되었는가, 그렇다면 왜 관리되지 않았는가?
10) 작업장의 조직과 배치가 사고에 영향을 주었는가?
11) 유지관리와 청소는 충분했는가, 그렇지 않다면 그 이유는 무엇인가?
12) 관련자들은 유능하고, 그 직무에 충실했는가?
13) 작업장 배치가 사고에 영향을 미쳤는가?
14) 재료의 특성과 모양이 사고에 영향을 미쳤는가?

15) 플랜트와 장비 사용의 어려움들이 사고에 영향을 미쳤는가?

16) 안전장비는 충분한가?

7.2 단계 2 : 정보 분석

사고분석은 사고가 왜 그리고 무엇이 일어났는가를 결정하는 모든 요인들을 검토하는 것이다. 수집된 모든 정보는 그 객관성을 확인하고, 단계별로 분석작업을 수행해야 하며 정보 분석을 위한 내용은 다음과 같다.

1) 무엇이 일어났으며 왜 일어났는가?

2) 사고에 대한 점검표를 통해 원인을 분석한다. 만일 작업자의 실수 및 지침위반이 사고의 원인이라 추정되면 보다 치밀한 조사가 수반되어야 한다.

7.3 단계 3 : 적절한 위험관리대책 확인

사고 분석 작업이 완료되면 위험관리대책을 확인해야 한다. 이는 사고의 재발을 예방하기 위해 필수적이다.

1) 위험요소들을 제거하거나 최소화하기 위하여 어떤 위험관리대책들이 요구 혹은 추천되는가?

2) 유사한 위험요소가 다른 곳에도 존재하는가, 있다면 어디 있는가?

3) 유사한 사고가 전에도 있었는가, 자세히 검토한다.

7.4 단계 4 : 관리대책에 대한 계획 및 이행

1) 장·단기적으로 어떤 위험요소에 대해 관리대책들이 계획되고 이행되어야 하는가? 조사팀의 추천에 따라 결정권자인 책임자는 실질적인 위험관리 대책에 관한 계획을 마련해야 한다.

2) 위험평가와 안전작업절차가 재검토되고 또 최신화 될 수 있는가?

3) 사고의 세부내용과 조사를 통해 밝혀진 내용은 기록되고 분석되었는가?

4) 사고로 인한 비용은 얼마나 되는가?

8. 결과반영

안전보건팀장은 사고조사 결과, 개선할 필요가 있는 경우 차기년도의 안전보건 목표 추진계획에 반영하여야 한다.

9. 관련양식

9.1 산업재해 조사표(양식 1) (kr-j-14-01)

9.2 아차사고 조사서(양식 2) (kr-j-14-02)

〈양식 1〉 산업재해 조사표(kr-j-14-01)

1면

<table>
<tr><td colspan="2" rowspan="2">산업재해조사표</td><td rowspan="2">결
재</td><td>담당</td><td>안전보건팀장</td><td>대표이사</td></tr>
<tr><td></td><td></td><td></td></tr>
<tr><td>부서명</td><td colspan="2"></td><td>발생일시</td><td colspan="2"></td></tr>
<tr><td>발생장소</td><td colspan="5"></td></tr>
<tr><td>발생공정</td><td colspan="5"></td></tr>
<tr><td>작업지시자</td><td colspan="3"></td><td>작업감독자</td><td></td></tr>
<tr><td>안전담당자</td><td></td><td>목격자</td><td></td><td>동시작업자</td><td></td></tr>
<tr><td rowspan="4">재해자
인적사항</td><td>성명</td><td></td><td>주민등록번호</td><td colspan="2"></td></tr>
<tr><td>직종</td><td></td><td>입사일</td><td></td><td>경력</td><td></td><td>성별</td><td></td></tr>
<tr><td colspan="3">주소</td><td>학력</td><td></td></tr>
<tr><td>가족사항</td><td colspan="2"></td><td>재해당시업무</td><td></td></tr>
<tr><td rowspan="4">재해정도
및 관련사항</td><td>기인물</td><td colspan="2"></td><td>가해물</td><td></td></tr>
<tr><td>재해유형</td><td colspan="2"></td><td>상해부위</td><td></td></tr>
<tr><td>상해전도</td><td colspan="4"></td></tr>
<tr><td>치료병원</td><td colspan="2"></td><td>치료예정기간</td><td></td></tr>
<tr><td>재해발생개요</td><td colspan="5"></td></tr>
<tr><td>재해발생
당시상황</td><td colspan="5"></td></tr>
</table>

2면

<table>
<tr><td>재해발생원인</td><td colspan="3"></td></tr>
<tr><td>재해예방대책</td><td colspan="3"></td></tr>
<tr><td>사고관련
참고사항</td><td colspan="3"></td></tr>
<tr><td>조치 및 건의</td><td colspan="3"></td></tr>
<tr><td>처리구분</td><td>산재( ), 공상( ), 기타( )</td><td>조사자</td><td>(인)</td></tr>
</table>

〈양식 2〉 아차사고조사서(kr-j-14-02)

<table>
<tr><td colspan="2" rowspan="3">아차사고 보고서</td><td>담 당</td><td></td><td>승인</td></tr>
<tr><td></td><td></td><td></td></tr>
<tr><td>/</td><td>/</td><td>/</td></tr>
<tr><td>사고 일자</td><td></td><td>작 업 자</td><td colspan="2"></td></tr>
<tr><td>사고 장소</td><td></td><td>사고유형</td><td colspan="2"></td></tr>
<tr><td>1. 아차사고 내용</td><td colspan="4"></td></tr>
<tr><td>2. 원 인</td><td colspan="4"></td></tr>
<tr><td>3. 대 책</td><td colspan="4"></td></tr>
<tr><td>4.첨부자료</td><td colspan="4"></td></tr>
</table>

○○(주)	안전보건경영 지침서	문 서 번 호	KR-J-15
		개(제) 정 일	2018.01.01
	제15장 무재해운동 추진 및 운영	개 정 번 호	
		페 이 지	of

1. 목적

본 지침은 (주)○○(이하 '회사'라 한다)의 전 근로자가 참여한 자율적인 안전보건활동을 통하여 무재해를 달성하고, 쾌적한 작업환경을 조성함으로써 안전보건의식을 점진적으로 고취, 함양시키는데 그 목적이 있다.

2. 적용범위 등

본 지침은 회사 전 근로자에게 적용한다.

3. 용어의 정의

본 지침에서 사용하는 정의는 다음과 같다.

3.1 "무재해"라 함은 '근로자가 업무에 기인하여 사망 또는 3일 이상의 요양을 요하는 부상, 질병에 이환(罹患)되지 않는 것'을 말한다.

3.2 "업무상의 재해"란 업무상의 사유에 따른 근로자의 부상 · 질병 · 장해 또는 사망을 말한다.1) 회사 사업장 외에서의 교통재해 및 개인질병으로 인한 재해

3.3 "요양"이라 함은 부상 등의 치료를 말하며 재가, 통원 및 입원의 경우를 포함한다.

3.4 "산업사고"라 함은 회사에서 업무와 관련하여 발생한 물적, 인적사고를 말한다.

4. 책임

4.1 대표이사

1) 사업장의 사고를 방지하기 위한 무재해 운동을 추진할 책임이 있다.

2) 무재해운동에 대한 사항을 안전보건팀장으로부터 보고를 받고 지시한다.

4.2 안전보건팀장

1) 사업장의 무재해운동을 근로자들에게 홍보

2) 사업장의 무재해운동 전개 및 목표 달성시 안전공단에 개시신고 및 달성신고

3) 무재해운동 활성화를 위한 추진기법을 개발 및 실행

4.3 각 부서장(이하 "관리감독자"라 한다)

1) 회사 사업장의 무재해운동에 대하여 소속 근로자들에게 전개할 책임

2) 안전보건팀장의 무재해운동에 협조한다.

4.4 근로자

사업장의 무재해운동에 적극 참여할 책임이 있다.

5. 무재해운동 실행

5.1 무재해 목표시간

산업안전보건공단에 무재해 운동의 개시 신고를 하고 무재해 목표시간을 공단의 협조를 받아 1배의 목표 시간을 정한다.

5.2 무재해 목표의 설정

무재해 목표는 안전보건공단의 협조를 받아 구체적인 목표를 설정함을 원칙으로 하고 해당 적용업종별 목표시간에 대하여 1배, 2배, 3배, 4배순으로 설정하여야 한다.

5.3 무재해 기록판 등 설치

무재해 기록판은 당해 사업장의 모든 근로자들이 잘 볼 수 있는 곳에 설치하고, 무재해 기록을 항상 유지관리 한다.

5.4 안전보건관리부서장은 사업장 내 근로자가 보기 쉬운 장소에 무재해 기록판 및 무재해 기를 게양(부착)한다.

6. 추진기법 등

6.1 안전보건팀장은 무재해 운동과 관련된 교육, 훈련 등에 적극 참여토록 하고 자체 실정에 맞는 무재해 운동 추진기법(TBM 등)을 도입, 시행하여야 한다.

6.2 무재해 목표달성방법 및 확인

무재해 목표달성 시 안전보건팀장은 달성일로부터 30일 이내에 한국산업안전공단에 통보하여야 한다.

6.3 무재해 목표달성 시상

1) 무재해 목표달성 시 무재해 달성 장(패)을 시상한다.

2) 시상은 안전보건팀장과 대표이사가 협의하여 시상하며, 시상품목은 안전보건과 관련된 홍보용품이 선정될 수 있도록 한다.

6.5 무재해 기록판

무재해 운동의 활성화를 위하여 잘 보이는 장소에 무재해 기록판을 설치하고 기록한다.

첨부 : 무재해 기록판 예시

무재해 기록판(예시)

<table>
<tr><th colspan="4">무 재 해 기 록 판</th></tr>
<tr><td rowspan="2"></td><td colspan="3">목표일 일</td></tr>
<tr><td colspan="3">달성일 일</td></tr>
<tr><td>시 작 일</td><td>년</td><td>월</td><td>일</td></tr>
<tr><td>현 재 일</td><td>년</td><td>월</td><td>일</td></tr>
</table>

<table>
<tr><td rowspan="4">○○(주)</td><td rowspan="2">안전보건경영 지침서</td><td>문 서 번 호</td><td>KR-J-16</td></tr>
<tr><td>개(제) 정 일</td><td>2018.01.01</td></tr>
<tr><td rowspan="2">제16장 작업내용 변경에 따른 유해·위험예방</td><td>개 정 번 호</td><td></td></tr>
<tr><td>페 이 지</td><td>of</td></tr>
</table>

1. 목적

본 지침은 (주)○ ○(이하 '회사'라 한다)의 전 근로자가 작업내용 변경에 따른 대책을 수립하여 무재해를 달성하고자 하는데 그 목적이 있다.

2. 적용범위 등

본 지침은 회사 전 근로자에게 적용한다.

3. 용어의 정의

본 지침에서 사용하는 정의는 다음과 같다.

3.1 "근로자 안전 · 보건교육"이란 「산업안전보건법」(이하 "법"이라 한다) 제31조에 따라 사업주가 해당 사업장의 근로자에게 「산업안전보건법 시행규칙」(이하 "규칙"이라 한다) 제33조제1항에 따라 실시하여야 하는 교육을 말한다.

3.2 정기교육 : 해당 사업장의 사무직 종사 근로자, 사무직 종사 근로자 외의 근로자, 관리감독자의 지위에 있는 사람을 대상으로 정기적으로 실시하여야 하는 교육

3.3 채용 시 교육 : 해당 사업장에 채용한 근로자를 대상으로 직무 배치 전 실시하여야 하는 교육

3.4 작업내용 변경 시 교육 : 해당 사업장의 근로자가 기존에 수행하던 작업내용과 다른 작업을 수행하게 될 경우 변경된 작업을 수행하기 전 의무적으로 실시하여야 하는 교육

3.5 특별교육 : 사업주가 규칙 별표 8의2 제1호 라목에 해당하는 작업에 근로자를 사용할 때 실시하여야 하는 교육

3.6 "집체교육"이란 교육전용시설 또는 그밖에 교육을 실시하기에 적합한 시설(생산시설 또는 근무 장소는 제외한다)에서 실시하는 교육을 말한다.

3.7 "현장교육"이란 산업체의 생산시설 또는 근무장소에서 실시하는 교육을 말한다

3.8 "인터넷 원격교육"이란 정보통신매체를 활용하여 교육이 실시되고 훈련생관리 등

이 웹상으로 이루어지는 교육을 말한다.

4. 책임

4.1 대표이사

1) 사업장의 사고를 방지하기 위한 각종 교육을 추진할 책임이 있다.
2) 교육에 대한 사항을 안전보건팀장으로부터 보고를 받고 지시한다.

4.2 안전보건팀장

1) 사업장의 교육을 근로자들에게 실시
2) 사업장의 교육계획을 수립하여 실행
3) 사업장의 교육을 주관하고 교육의 성과를 평가하여야 한다.

4.3 각 부서장(이하 "관리감독자"라 한다)

1) 부서의 교육에 대하여 소속 근로자들에게 실시할 책임
2) 안전보건팀장의 교육계획 및 실시에 협조한다.

4.4 근로자

사업장에서 시행하는 교육에 적극적으로 참여한다.

5. 작업내용 변경 시 교육실행

5.1 근로자에 대한 안전·보건에 관한 교육을 사업주가 자체적으로 실시하는 경우에 교육을 실시할 수 있는 사람은 다음 각 호의 어느 하나에 해당하는 사람으로 한다.

1) 안전보건관리책임자
2) 관리감독자
3) 안전관리자(같은 조 제4항에 따른 안전관리전문기관에서 안전관리자의 위탁업무를 수행하는 사람을 포함한다)
4) 보건관리자(같은 조 제3항에 따른 보건관리전문기관에서 보건관리자의 위탁업무를 수행하는 사람을 포함한다)
5) 법 제16조의3제1항에 따른 안전보건관리담당자
6) 법 제17조제1항에 따른 산업보건의
7) 공단에서 실시하는 해당 분야의 강사요원 교육과정을 이수한 사람
8) 산업안전지도사 또는 산업보건지도사
9) 산업안전·보건에 관하여 학식과 경험이 있는 사람으로서 고용노동부장관이 정

하는 기준에 해당하는 사람

5.2 산업안전 · 보건 관련 교육과정별 교육시간(첨부 1)과 교육내용(첨부 2)은 다음과 같다.

5.3 안전보건팀장은 작업내용 변경 시 작업의 배치에 앞서 근로자에 대하여 안전보건과 관련한 법에서 정한 교육내용을 교육한다.

6. 첨부

6.1 산업안전 · 보건 관련 교육과정별 교육시간

6.2 교육대상별 교육내용

〈첨부 1〉 산업안전 · 보건 관련 교육과정별 교육시간

근로자 안전 · 보건교육(제33조제1항 관련)

<table>
<tr><th>교육과정</th><th colspan="2">교육대상</th><th>교육시간</th></tr>
<tr><td rowspan="4">가. 정기교육</td><td colspan="2">사무직 종사 근로자</td><td>매분기 3시간 이상</td></tr>
<tr><td rowspan="2">사무직 종사 근로자 외의 근로자</td><td>판매업무에 직접 종사하는 근로자</td><td>매분기 3시간 이상</td></tr>
<tr><td>판매업무에 직접 종사하는 근로자 외의 근로자</td><td>매분기 6시간 이상</td></tr>
<tr><td colspan="2">관리감독자의 지위에 있는 사람</td><td>연간 16시간 이상</td></tr>
<tr><td rowspan="2">나. 채용 시의 교육</td><td colspan="2">일용근로자</td><td>1시간 이상</td></tr>
<tr><td colspan="2">일용근로자를 제외한 근로자</td><td>8시간 이상</td></tr>
<tr><td rowspan="2">다. 작업내용 변경 시의 교육</td><td colspan="2">일용근로자</td><td>1시간 이상</td></tr>
<tr><td colspan="2">일용근로자를 제외한 근로자</td><td>2시간 이상</td></tr>
<tr><td rowspan="2">라. 특별교육</td><td colspan="2">별표 8의2 제1호라목 각 호의 어느 하나에 해당하는 작업에 종사하는 일용근로자</td><td>2시간 이상</td></tr>
<tr><td colspan="2">별표 8의2 제1호라목 각 호의 어느 하나에 해당하는 작업에 종사하는 일용근로자를 제외한 근로자</td><td>- 16시간 이상(최초 작업에 종사하기 전 4시간 이상 실시하고 12시간은 3개월 이내에서 분할하여 실시가능)
- 단기간 작업 또는 간헐적 작업인 경우에는 2시간 이상</td></tr>
<tr><td>마. 건설업 기초안전 · 보건교육</td><td colspan="2">건설 일용근로자</td><td>4시간</td></tr>
</table>

〈첨부 2〉 교육대상별 교육내용

가. 근로자 정기안전·보건교육

교육내용
○ 산업안전 및 사고 예방에 관한 사항 ○ 산업보건 및 직업병 예방에 관한 사항 ○ 건강증진 및 질병 예방에 관한 사항 ○ 유해·위험 작업환경 관리에 관한 사항 ○ 「산업안전보건법」 및 일반관리에 관한 사항 ○ 산업재해보상보험 제도에 관한 사항

나. 관리감독자 정기안전·보건교육

교육내용
○ 작업공정의 유해·위험과 재해 예방대책에 관한 사항 ○ 표준안전작업방법 및 지도 요령에 관한 사항 ○ 관리감독자의 역할과 임무에 관한 사항 ○ 산업보건 및 직업병 예방에 관한 사항 ○ 유해·위험 작업환경 관리에 관한 사항 ○ 「산업안전보건법」 및 일반관리에 관한 사항

다. 채용 시의 교육 및 작업내용 변경 시의 교육

교육내용
○ 기계·기구의 위험성과 작업의 순서 및 동선에 관한 사항 ○ 작업 개시 전 점검에 관한 사항 ○ 정리정돈 및 청소에 관한 사항 ○ 사고 발생 시 긴급조치에 관한 사항 ○ 산업보건 및 직업병 예방에 관한 사항 ○ 물질안전보건자료에 관한 사항 ○ 「산업안전보건법」 및 일반관리에 관한 사항

<table>
<tr><td rowspan="4">○○(주)</td><td rowspan="2">안전보건경영 지침서</td><td>문 서 번 호</td><td>KR-J-17</td></tr>
<tr><td>개(제) 정 일</td><td>2018.01.01</td></tr>
<tr><td rowspan="2">제17장 안전작업허가제도 운영</td><td>개 정 번 호</td><td></td></tr>
<tr><td>페 이 지</td><td>of</td></tr>
</table>

1. 목적

본 지침은 (주)○○(이하 '회사'라 한다)의 사업장에서 유해위험 설비 등에서 작업 시 사전에 안전을 확보하기 위하여 안전작업허가 작성 및 안전작업 수행에 필요한 사항을 제시하는 것을 목적으로 한다.

2. 적용범위

이 지침은 유해위험요소가 잠재되어 있는 사업장 내에서 시운전 또는 운전중 점검, 정비·보수 등의 작업을 할 때 적용한다.

3. 정의

이 지침에서 사용하는 용어의 정의는 다음과 같다.

3.1 "화기작업"이라 함은 용접, 용단, 연마, 드릴 등 화염 또는 스파크를 발생시키는 작업 또는 가연성물질의 점화원이 될 수 있는 모든 기기를 사용하는 작업을 말한다.

3.2 "일반위험작업"이라 함은 노출된 화염을 사용하거나 전기, 충격에너지로부터 스파크가 발생하는 장비나 공구를 사용하는 작업 이외의 작업으로서 유해·위험물 취급작업, 위험설비 해체작업 등 유해·위험이 내재된 작업을 말한다.

3.3 "보충적인 작업"이라 함은 화기작업 또는 일반 위험작업을 하는 과정에서 보충적으로 병행하여 수행되는 작업을 말한다.

3.4 "위험지역"이라 함은 산업안전보건기준에 관한규칙 제230조(폭발위험이 있는 장소의 설정 및 관리) 제1항에서 규정하는 장소 및 인근지역, 그리고 그 외의 장소에 설치된 설비 및 그 주위에서 화재·폭발을 일으킬 우려가 있는 장소를 말한다.

3.5 "밀폐공간"이라 함은 질식·중독·화재·폭발 등의 위험이 있는 장소로서 산업관한규칙 제618조 제1호에서 정한 장소를 말한다.

3.6 "일반지역"이라 함은 일반행정 또는 정비부서 등과 같은 위험지역 이외의 지역을 말한다.

3.7 “가연성물질”이라 함은 산업안전보건기준에 관한 규칙 별표 1에서 정한 위험물질의 종류 중 6. 부식성 물질과 7. 급성 독성 물질을 제외한 물질 및 위험물질 이외 인화성유류, 가연성분진, 단열재 등 가연물을 말한다.

3.8 “중장비작업”이라 함은 이동식 크레인 등을 사용하여 중량물을 매달아 들어올리고 수리, 점검 등을 수행하는 작업을 말한다.

3.9 기타 이 지침에서 사용하는 용어의 정의는 특별한 규정이 있는 경우를 제외하고는 산업안전보건법, 같은 법 시행령, 같은 법 시행규칙 및 산업안전보건 기준에 관한 규칙에서 정의하는 바에 따른다.

4. 책임

4.1 운전부서 책임자(운전부서장)는 작업허가의 효력이 발생되는 시간부터 허가기간이 종료될 때가지 작업을 안전하게 수행하고 해당작업 지역을 안전하게 관리할 책임이 있다.

4.2 안전관리부서 책임자(안전부서장)는 운전부서 책임자의 요청이 있을 경우 작업전에 해당 작업에 요구되는 모든 안전요구사항에 대한 조치 여부를 확인하고 작업에 필요한 안전장비 등을 준비할 책임이 있다.

4.3 작업부서 책임자(정비부서장)는 작업허가서상의 안전조치사항을 확인하고 안전하게 작업을 수행할 책임이 있다.

4.4 운전부서에서 입회자로 선임된 자는 작업 중 작업허가서의 안전요구사항이 유지되고 있는지를 확인할 책임이 있다.

5. 안전작업 허가에 대한 일반사항

5.1 안전작업 허가의 종류

1) 화기작업 허가

2) 일반위험작업 허가

3) 보충적인 작업 허가

보충적인 작업허가는 화기작업 허가 또는 일반위험작업 허가와 함께 이루어져야 하며 그 종류는 다음 각 호와 같다.

가. 밀폐공간출입작업 허가

나. 정전작업 허가

다. 굴착작업 허가

라. 방사선 사용작업 허가

마 고소작업 허가

바. 중장비사용작업 허가 등

5.2 안전작업허가서의 발급, 승인 및 입회

1) 발급

안전작업허가서(이하 "허가서"라 한다)는 신청자의 서면이나 전자문서 등으로 작업을 할 지역의 운전부서 담당자가 현장확인을 통하여 발급한다. 발급자는 보충작업이 수반되는 경우 확인자의 사전확인 여부를 검토한 후 허가서를 발급하여야 한다.

2) 확인, 점검

보충작업을 병행하여 수행하는 경우에는 각 보충작업별 전문지식을 갖춘 자가 내용을 사전에 확인, 점검 후 허가서에 서명한다. 다만, 발급자가 해당 작업에 대한 전문지식을 갖춘 경우에는 본인이 확인, 점검업무를 수행하고 서명은 생략할 수 있다.

3) 승인(허가)

허가서의 승인은 작업하고자 하는 공정지역의 운전부서 책임자 또는 다른 상위조직에서 발급된 허가서의 서면확인을 통하여 승인한다. 다만, 조직 등 인력이 적은 소규모사업장, 위험도가 낮은 일반위험작업 허가 및 정상근무 시간 이외에 수행되어 책임자의 승인을 얻기가 어려운 경우 등 사업장 내부 규정에 따라 승인권한을 발급자에게 위임할 수 있다.

4) 입회

작업의 위험정도, 규모 및 복잡성에 따라 작업 중에 현장에서 안전감독이 필요할 경우 운전부서에서 입회하여 제반 안전요구사항에 대한 조치를 확인한다.

5.3 허가서의 작성

1) 허가서 발급자는 허가서 발행에 앞서 당해 작업 현장 감독자 또는 작업담당자와 같이 현장을 확인하고, 안전작업에 필요한 조치사항이 무엇인지 확인하여야 한다.
2) 당해 작업의 안전과 관련하여 인근의 다른 공정지역 책임자에게 당해 작업 수행을 알릴 필요가 있을 경우에는 관련 운전부서 책임자의 협조를 받아야 한다.
3) 허가서 발급자는 작업허가서 중 작업허가시간, 수행작업 개요, 작업상 취해야 할 안전조치사항 및 작업자에 대한 안전요구사항 등을 기재하여야 한다.

4) 작업이 근무 교대시간 이후까지 연장될 경우에는 발급자 또는 업무를 위임받은 자가작업현장을 재확인한 후 허가서에 명시된 사항과 일치하는지를 파악하고 안전하다는 판단에 따라 안전작업허가서의 작업시간을 연장하고 다시 확인 서명하여야 한다.

5) 허가서 사본 1부 또는 인쇄본 1부를 해당 작업현장에 게시한다.

5.4 허가서의 보존 등

1) 해당 작업현장에 게시하였던 허가서를 회수하여 보존한다. 다만, 현장에서 측정한 가스농도 등 모든 작성 내용을 입력한 전자문서의 경우에는 전자문서로 보존할 수 있다.

2) 허가서의 보존기간은 1년으로 한다.

5.5 허가서의 효력 등

1) 허가서의 효력은 허가서 상의 허가기간에서만 유지되며, 일일 정상근무시간을 초과할 수 없다. 다만, 작업자 및 허가서 발급자의 변경 없이 허가당일 내에서 작업이 연장될 경우에는 그러하지 않을 수 있다.

2) 작업이 허가 익일까지 지속되거나 작업내용의 변경, 안전요구 사항의 변경 및 기타 조건의 변동이 있을 때에는 재발급하여야 한다.

3) 식사 등으로 인하여 작업이 일시 중단되었다가 다시 작업을 재개하고자 할 때에는 입회자 또는 현장 책임자로부터 안전상태를 다시 확인받은 후 서명을 득하고 작업하여야 한다.

6. 허가서 종류별 실행 절차

6.1 밀폐공간출입작업 허가

1) 밀폐공간출입작업 허가서 발급

밀폐공간에서의 작업을 위하여 출입을 할 때에는 안전성 확보를 위하여 밀폐공간출입 허가서를 발급받아야 한다.

2) 밀폐공간출입작업 허가 대상

산업안전보건기준에 관한 규칙 제618조 제1호에서 정한 장소로서 첨부 1과 같다.

3) 밀폐용기의 개방 시 안전조치사항

밀폐용기의 개방 시 취하여야 할 최소한의 안전조치사항은 아래와 같다.

가. 고온 또는 고압 하에서 운전되었던 밀폐용기에서 작업하고자 할 때에는 압

력을 방출시키거나 온도를 낮추어야 한다.

나. 공정물질을 제거하고 질소와 공기로 치환하여야 한다. 특히, 용기 내부의 포켓 부분 및 드레인라인 등에 잔류될 수 있는 공정물질을 완전히 방출시켜야 한다.

다. 배관을 격리하거나 밸브의 이중잠금 또는 맹판을 설치하는 경우에는 밸브 잠금 또는 맹판설치 표지를 부착하여야 하며, 기기 내의 모든 작동부분은 전기 또는 기계적으로 차단되어야 한다.

라. 운전책임자는 개방대상용기와 공정물질의 물질안전보건자료 및 내재된 위험 사항에 대하여 작업자에게 특별안전보건교육을 실시하여야 한다.

마. 용기 내에 잔류될 수 있는 공정물질에 작업자가 폭로되지 않도록 안전장구 및 개인보호구를 지급하고 착용여부를 확인하여야 한다.

바. 배출장치가 설치되어 있지 않는 인화성 물질 또는 독성물질 취급용기를 개방할 때는 별도의 작업절차서를 작성하여 입회자의 감독 하에 작업을 하여야 한다.

6.2 정전작업 허가

1) 정전작업 허가서의 발급

전기설비에 의한 불꽃으로 인화성 물질의 점화원이 되거나 전기구동기계 및 전기회로에서 작업하는 작업자가 작업수행 중 감전의 위험이 있다고 판단되는 작업을 할 경우에는 정전작업 허가서를 발급받아야 한다.

2) 정전작업 허가서

가. 정전작업 허가 시에는 사전에 전기단선도에 따라 차단하여야 할 스위치를 확인한다.

나. 허가서에 차단하여야 할 기기 번호와 이름을 기재한다.

3) 정전작업 시 안전조치사항

가. 차단하여야 할 기기의 현장 스위치를 현장 운전원이 차단한다.

나. 현장스위치를 제외한 주차단 스위치, 기기 차단기, 시험전원 등은 전기담당자가 차단한다.

다. 전기담당자의 주차단기의 조작과 운전원의 현장 스위치의 차단은 상호 연락하여 완전히 차단되었음을 확인하고 잠금장치와 차단표지를 부착한다.

라. 스위치의 잠금장치 열쇠(Key)는 작업자 또는 전기담당자가 보관하고 표지에는 작업명, 작업시간, 작업자, 연락처 등을 기재한다.

마. 작업이 완료가 되면 작업자의 확인에 의하여 작업이 완료되었음을 전기담당자에게 알리고 앞의 역순으로 통전한다.

4) 보충작업 허가인 정전작업 허가는 화기작업〈별지 양식1〉, 일반위험작업〈별지 양식2〉의 통합양식을 사용가능하며, 별도로 분리하여 작성, 사용할 수 있다.

6.3 굴착작업 허가

1) 굴착작업 허가서 발급

깊이 30cm 이상 지반을 파고 배관, 전기케이블 등의 지하매설 작업을 하고자 할 때는 굴착작업 허가서를 발급받아야 한다.

2) 굴착작업 허가서

가. 굴착작업 허가 시에는 사전에 지하에 설치되어 있는 배관, 전력선, 계장선, 전화선, 접지선 등의 매설위치를 도면에서 검토한다.

나. 사전에 당해 지하시설물을 관장하는 부서로부터 안전요구사항에 대하여 확인을 받는다.

다. 필요한 경우 굴착작업에 대한 도면을 첨부한다.

3) 굴착작업 시 안전조치사항

가. 굴착지점 외 지하에 배관, 전력선, 계장선, 전화선 또는 접지선이 있을 때에는 수동굴착으로 작업한다.

나. 그 밖에 굴착작업과 관련한 안전에 대한 지침은 KOSHA GUIDE "굴착공사안전작업지침"을 준용한다.

4) 보충작업 허가인 굴착작업 허가는 화기작업〈별지 양식1〉, 일반위험작업〈별지 양식2〉의 통합양식을 사용가능하며, 별도로 분리하여 작성, 사용할 수 있다.

6.4 방사선사용작업 허가

1) 방사선사용작업 허가서 발급

방사선을 사용하여 기기의 점검 또는 비파괴검사를 할 때에는 방사선사용 작업 허가서를 발급 받아야 한다.

2) 방사선사용작업 허가서

방사선사용작업 허가서에는 방사선 방사위치를 도면에 표시하여 첨부한다.

3) 방사선 사용 시 안전조치사항

가. 방사선 사용작업은 자격이 있는 작업자에 의하여 안전수칙에 따라 수행하여야 한다.

나. 작업지역 주위에는 방사선 노출로부터 보호하기 위하여 출입제한 표지를

게시하고 통행 및 출입을 제한한다.

다. 출입제한 표지에는 방사선 위험표지 및 점멸등을 설치한다.

라. 작업이 완료되면 방사선 물질을 즉시 안전하게 수거한다.

4) 보충작업 허가인 방사선사용작업 허가는 화기작업〈별지 양식1〉, 일반위험작업〈별지 양식2〉의 통합양식을 사용가능하며, 별도로 분리하여 작성, 사용할 수 있다.

6.5 고소작업 허가

1) 고소작업 허가서 발급

기계의 점검, 수리 등과 용기 내부점검, 충전물교체 등의 고소작업 중 추락이나 높은 곳에서의 중량물 낙하 등의 위험이 있을 경우에는 고소작업 허가서를 발급받아야 한다.

2) 고소작업 허가대상

가. 2 m이상의 높이에서 정비, 점검 작업

나. 2 m이상 시설물 또는 설비의 도장, 보온 작업

다. 높이가 2 m이하이나 고열물, 강산 등 위험물의 상부에서 행하는 작업

3) 고소작업 시의 안전조치 사항

가. 추락의 위험이 있는 장소에는 KOSHA GUIDE "작업발판설치 및 사용안전지침"을 준용하여 비계 및 발판을 견고하게 설치한다.

나. 작업자는 안전대를 착용하여야 하며, 이 경우에 일정간격의 안전대 부착설비에 안전대를 부착한 후 작업하여야 한다.

4) 보충작업 허가인 고소작업 허가는 화기작업〈별지 양식1〉, 일반위험작업〈별지 양식2〉의 통합양식을 사용가능하며, 별도로 분리하여 작성, 사용할 수 있다.

6.6 중장비사용작업 허가

1) 중장비사용작업 허가서 발급

보수를 위한 준비, 청소, 정비, 촉매교환 등을 위하여 중장비를 사용할 경우에는 중장비작업 허가서를 발급받아야 한다.

2) 중장비사용 작업의 구분

가. 새로운 기계류, 장치류의 설치, 교체 또는 정비

나. 반응기, 흡수탑, 탱크 등의 충전물 교체 또는 점검

다. 보온, 단열, 도장을 위한 케이지 작업

라. 제품 적재 파일 또는 제품의 이송 작업

3) 중장비 작업 시의 안전조치 사항

가. 해당 중장비는 자격을 갖춘 지정된 운전자가 운전하여야 하며 작업전반을 관리할 수 있는 감독자가 배치되어야 한다.

나. 시야간섭이 예상되는 지역에서는 통신장비를 휴대한 지정된 신호수(유도자)를 배치한다.

다. 연약지반이나 협소 공간에서의 작업은 금한다.

라. 중량물의 이동은 허용하중 및 붐의 안전각도를 유지한다.

마. 차량운반구를 적상 또는 적하 시 운전자의 탑승을 금한다.

바. 장비의 부속 및 부품, 물체를 결속하는 보조달기구는 규정품을 사용한다.

사. 중장비는 일상점검을 실시하여야 한다.

아. 중장비 작업계획과 내용은 장비투입 전 운전부서 및 관련부서와 상의하여야 한다.

4) 보충작업 허가인 중장비사용작업 허가는 화기작업〈별지 양식1〉, 일반위험작업〈별지 양식2〉의 통합양식의 사용이 가능하며, 별도로 분리하여 작성, 사용할 수 있다.

7. 첨부

〈양식 1〉 화기작업 허가서(kr-j-17-01)

〈양식 2〉 일반위험작업 허가서(kr-j-17-01)

〈첨부 1〉 밀폐공간(제618조제1호 관련)

밀폐공간(제618조제1호 관련)

1. 다음의 지층에 접하거나 통하는 우물 · 수직갱 · 터널 · 잠함 · 피트 또는 그밖에 이와 유사한 것의 내부
   가. 상층에 물이 통과하지 않는 지층이 있는 역암층 중 함수 또는 용수가 없거나 적은 부분
   나. 제1철 염류 또는 제1망간 염류를 함유하는 지층
   다. 매탄 · 에탄 또는 부탄을 함유하는 지층
   라. 탄산수를 용출하고 있거나 용출할 우려가 있는 지층
2. 장기간 사용하지 않은 우물 등의 내부
3. 케이블 · 가스관 또는 지하에 부설되어 있는 매설물을 수용하기 위하여 지하에 부설한 암거 · 맨홀 또는 피트의 내부
4. 빗물 · 하천의 유수 또는 용수가 있거나 있었던 통 · 암거 · 맨홀 또는 피트의 내부
5. 바닷물이 있거나 있었던 열교환기 · 관 · 암거 · 맨홀 · 둑 또는 피트의 내부
6. 장기간 밀폐된 강재(鋼材)의 보일러 · 탱크 · 반응탑이나 그 밖에 그 내벽이 산화하기 쉬운 시설(그 내벽이 스테인리스강으로 된 것 또는 그 내벽의 산화를 방지하기 위하여 필요한 조치가 되어 있는 것은 제외한다)의 내부
7. 석탄 · 아탄 · 황화광 · 강재 · 원목 · 건성유(乾性油) · 어유(魚油) 또는 그 밖의 공기 중의 산소를 흡수하는 물질이 들어 있는 탱크 또는 호퍼(hopper) 등의 저장시설이나 선창의 내부
8. 천장 · 바닥 또는 벽이 건성유를 함유하는 페인트로 도장되어 그 페인트가 건조되기 전에 밀폐된 지하실 · 창고 또는 탱크 등 통풍이 불충분한 시설의 내부
9. 곡물 또는 사료의 저장용 창고 또는 피트의 내부, 과일의 숙성용 창고 또는 피트의 내부, 종자의 발아용 창고 또는 피트의 내부, 버섯류의 재배를 위하여 사용하고 있는 사일로(silo), 그 밖에 곡물 또는 사료종자를 적재한 선창의 내부
10. 간장 · 주류 · 효모 그 밖에 발효하는 물품이 들어 있거나 들어 있었던 탱크 · 창고 또는 양조주의 내부
11. 분뇨, 오염된 흙, 썩은 물, 폐수, 오수, 그 밖에 부패하거나 분해되기 쉬운 물질이 들어있는 정화조 · 침전조 · 집수조 · 탱크 · 암거 · 맨홀 · 관 또는 피트의 내부
12. 드라이아이스를 사용하는 냉장고 · 냉동고 · 냉동화물자동차 또는 냉동컨테이너의 내부
13. 헬륨 · 아르곤 · 질소 · 프레온 · 탄산가스 또는 그 밖의 불활성기체가 들어있거나 있었던 보일러 · 탱크 또는 반응탑 등 시설의 내부
14. 산소농도가 18% 미만 또는 23.5% 이상, 탄산가스농도가 1.5% 이상, 일산화탄소농도가 30ppm 이상 또는 황화수소농도가 10ppm 이상인 장소의 내부
15. 갈탄 · 목탄 · 연탄난로를 사용하는 콘크리트 양생장소(養生場所) 및 가설숙소 내부
16. 화학물질이 들어있던 반응기 및 탱크의 내부
17. 유해가스가 들어있던 배관이나 집진기의 내부
18. 근로자가 상주(常住)하지 않는 공간으로서 출입이 제한되어 있는 장소의 내부

〈양식 1〉 화기작업 허가서(kr-j-17-01)

화기작업 허가서

허가번호: 허가일자:

신 청 인: 부서 직책 성명 (서명)

작업허가기간 : 년 월 일 시부터 시까지

작업장소및 설비(기기)	정비작업 신청번호		장치번호	
	작업지역(장소)		장 치 명	
작업 개요				

첨부 서류	작업계획서 ☐	소화기목록 ☐	특수작업절차서 ☐	작업전위험성 평가필요	작업절차서 ☐유 ☐무
	기술자료(도면) ☐	안전장구 목록 ☐	굴착도면 ☐		변화,작업상이 ☐유 ☐무

안전조치 요구사항	* 필요한 부분에 ☑ 표시, 확인은 ⓥ 표시				
작업구역 설정(출입경고 표지)	☐ ○	용기개방 및 압력방출	☐ ○	조명장비	☐ ○
작업주위 가연성물질 제거	☐ ○	용기내부 세정 및 처리	☐ ○	소화기	☐ ○
가스농도 측정	☐ ○	불활성가스 치환 및 환기	☐ ○	안전장구	☐ ○
밸브차단 및 차단표지부착(도면 비교)	☐ ○	비산불티차단막 설치	☐ ○	안전교육	☐ ○
맹판설치 및 표지부착(도면 비교)	☐ ○	환기장비	☐ ○	운전요원의입회	☐ ○
위험물질(가연성분진 포함)방출 및 처리	☐ ○				

보충작업허가		* 필요한 부분에 ☑ 표시, 확인은 ⓥ 표시
밀폐 공간	☐	o 통신수단 ☐ ○ 구명장구(줄, 송기마스크) ☐ ○ 허가기간 : ~ 확인자 (서명) (가스농도 측정결과1.HC:0%,2.O2:18%이상,3.CO: 30ppm미만,4.CO2:1.5%미만5. H2S:10ppm미만)
정전	☐	o 차단기기 : 제어실( ) 현장( ) o 제어실 : 스위치, 차단기 내림 ☐ ○ 잠금장치 시건, 표지부착 ☐ ○ 허가기간 : ~ o 현 장 : 스위치, 차단기 내림 ☐ ○ 잠금장치 시건, 표지부착 ☐ ○ 확인자 (서명) 전원복구 : 모든 작업이 완료된 후 운전부서의 입회자의 요청에 의해서만 전원을 복구하여야 한다. ※ 전원복구 : 요청자 복구시간 확인자
굴착	☐	o 설비 : 가스,기계,소방배관 ☐ ○ 점검자: o 설비 : 전기,계장,통신 ☐ ○ 점검자: 허가기간 : ~ 확인자 (서명)
방사선	☐	o 비인가자 출입제한 ☐ ○ 방사선 위험경고, 표지 ☐ ○ 자격증 소지 ☐ ○ o 방사선 방사점 도면 첨부 ☐ ○ 허가기간 : ~ 확인자 (서명)
고소	☐	o 작업발판, 안전난간 ☐ ○ 안전대 착용·부착 ☐ ○ 추락방지망 ☐ ○ 허가기간 : ~ 확인자 (서명)
중장비	☐	o 투입장비 : ( ) 자격증 소지 ☐ ○ 현장책임자 감독 ☐ ○ o 기상, 노면상태 ☐ ○ 전선, 설비 간섭 ☐ ○ 신호수배치 ☐ ○ 매트 등 부속장구 ☐ ○ 운전원: 허가기간 : ~ 확인자 (서명)

가스 농도 측정	물 질 명	결과	측정시간	측정자/확인자	물 질 명	결과	측정시간	측정자/확인자

기타 특별사항	
작업완료	시간 : , 입회자 : , 작업자 : 복원(조치)상태 :
안전조치 확인	작업(공무)부서 책임자 : (서명) 입회자 : (서명)

	관련부서 협조자
발급자 부서 직책 성명 (서명) 승인자 부서 직책 성명 (서명)	부서 직책 성명 (서명) 부서 직책 성명 (서명)

작업허가 연장	년 월 일 시 부터 시 까지 발급자 (서명)

〈양식 2〉 일반위험작업 허가서(kr-j-17-01)

일반위험작업 허가서

허가번호: 허가일자:

신 청 인: 부서 직책 성명 (서명)

작업허가기간 : 년 월 일 시부터 시까지

작업장소및 설비(기기)	정비작업 신청번호		장치번호	
	작업지역(장소)		장 치 명	
작업 개요				

첨부 서류	작업계획서 ☐	소화기목록 ☐	특수작업절차서 ☐	작업전위험성 평가필요	작업절차서 ☐유 ☐무
	기술자료(도면) ☐	안전장구 목록 ☐	굴착도면 ☐		변화,작업상이 ☐유 ☐무

안전조치 요구사항	* 필요한 부분에 ☑ 표시, 확인은 ⓥ 표시	
작업구역 설정(출입경고 표지) ☐ ○	용기개방 및 압력방출 ☐ ○	조명장비 ☐ ○
작업주위 가연성물질 제거 ☐ ○	용기내부 세정 및 처리 ☐ ○	소화기 ☐ ○
가스농도 측정 ☐ ○	불활성가스 치환 및 환기 ☐ ○	안전장구 ☐ ○
밸브차단 및 차단표지부착(도면 비교) ☐ ○	환기장비 ☐ ○	안전교육 ☐ ○
맹판설치 및 표지부착(도면 비교) ☐ ○	☐ ○	운전요원의입회 ☐ ○
위험물질(가연성분진 포함)방출 및 처리 ☐ ○		

보충작업허가		* 필요한 부분에 ☑ 표시, 확인은 ⓥ 표시
밀폐 공간	☐	o 통신수단 ☐ ○ 구명장구(줄, 송기마스크) ☐ ○ 허가기간 : ~ 확인자 (서명) (가스농도 측정결과1.HC:0%,2.O2:18%이상,3.CO: 30ppm미만,4.CO2:1.5%미만5. H2S:10ppm미만)
정전	☐	o 차단기기 : 제어실( ) 현장( ) o 제어실 : 스위치, 차단기 내림 ☐ ○ 잠금장치 시건, 표지부착 ☐ ○ 허가기간 : ~ o 현 장 : 스위치, 차단기 내림 ☐ ○ 잠금장치 시건, 표지부착 ☐ ○ 확인자 (서명) 전원복구 : 모든 작업이 완료된 후 운전부서의 입회자의 요청에 의해서만 전원을 복구하여야 한다. ※ 전원복구 : 요청자 복구시간 확인자
굴착	☐	o 설비 : 가스,기계,소방배관 ☐ ○ 점검자: o 설비 : 전기,계장,통신 ☐ ○ 점검자: 허가기간 : ~ 확인자 (서명)
방사선	☐	o 비인가자 출입제한 ☐ ○ 방사선 위험경고, 표지 ☐ ○ 자격증 소지 ☐ ○ o 방사선 방사점 도면 첨부 ☐ ○ 허가기간 : ~ 확인자 (서명)
고소	☐	o 작업발판, 안전난간 ☐ ○ 안전대 착용 · 부착 ☐ ○ 추락방지망 ☐ ○ 허가기간 : ~ 확인자 (서명)
중장비	☐	o 투입장비 : ( ) 자격증 소지 ☐ ○ 현장책임자 감독 ☐ ○ o 기상, 노면상태 ☐ ○ 전선, 설비 간섭 ☐ ○ 신호수배치 ☐ ○ 매트 등 부속장구 ☐ ○ 운전원: 허가기간 : ~ 확인자 (서명)

가스 농도 측정	물 질 명	결과	측정시간	측정자/확인자	물 질 명	결과	측정시간	측정자/확인자

기타 특별사항	
작업완료	시간 : , 입회자 : , 작업자 : 복원(조치)상태 :
안전조치 확인	작업(공무)부서 책임자 : (서명) 입회자 : (서명)

발급자/승인자	관련부서 협조자
발급자 부서 직책 성명 (서명) 승인자 부서 직책 성명 (서명)	부서 직책 성명 (서명) 부서 직책 성명 (서명)

작업허가 연장	년 월 일 시 부터 시 까지 발급자 (서명)

<table>
<tr><td rowspan="4">○○(주)</td><td rowspan="2">안전보건경영 지침서</td><td>문 서 번 호</td><td>KR-J-18</td></tr>
<tr><td>개(제) 정 일</td><td>2018.01.01</td></tr>
<tr><td rowspan="2">제18장 구매 및 임대물품관리</td><td>개 정 번 호</td><td></td></tr>
<tr><td>페 이 지</td><td>of</td></tr>
</table>

1. 목적

이 지침서는 (주) ○○(이하, '회사'라 한다)에서 필요에 의해서 구매 또는 임대하는 설비, 부품 및 자재, 공구등이 법규 및 검정기준에서 요구하는 자재를 관리함을 그 목적으로 한다.

2. 적용범위

이 지침서는 사업장에서 구매 또는 임대와 관련하여 절차 및 관리에 대하여 적용한다.

3. 책임과 권한

3.1 대표이사

1) 구매 또는 임대 절차에 대한 사항을 최종 승인한다.
2) 안전보건에 관한 물품을 구매 또는 임대하는 사항에 대하여 안전보건팀장의 보고가 있는 경우 필요사항을 지시한다.

3.2 안전보건팀장

1) 안전보건과 관련한 물품의 구매 또는 임대절차서 작성
2) 구매 또는 임대부서에서 요구하는 검정사항에 대한 검토 및 승인
3) 안전보건 용품에 대한 입고검사

3.3 구매 또는 임대관리부서장

1) 구매시방서의 작성 및 필요 물품목록 작성
2) 구매 또는 임대품에 대한 안전보건팀장에게 검수 요청
3) 구매 도는 임대실행
4) 안전보건시스템에 요구하는 구매 또는 임대관련 절차를 담당에게 교육
3) 안전보건관련 용품의 경우 우선적으로 검정품을 선정 함

4. 업무 절차

4.1 구매요청

1) 각 부서장은 필요한 안전보건용품의 목록을 작성하여 구매부서장에게 구매를 의뢰한다.
2) 각 부서장은 구매물품에 대하여 원칙적으로 안전용품의 인증을 받은 검정품을 구매 요청한다.

4.2 구매발주

1) 구매 부서장은 필요한 부품을 파악하고 부품창고의 재고를 조사하여 필요한 부품에 대하여 자재청구서를 작성하여 구매 관련 담당자에게 요청한다.
2) 구매담당자는 자재청구서를 승인 후 발주서를 작성하여 승인된 판매업체에 구매 발주한다.
3) 구매발주 시 유해화학물질의 경우 우선적으로 MSDS를 요청하고 물품 반입과 동시에 MSDS를 입수한다.
4) 보호구의 경우 법에서 정한 검정대상 품목은 검정품을 구매한다.
5) 검정 대상품이 아닌 경우 안전보건상 최상품을 구매하는 것을 원칙으로 한다.
6) 요청부서에서 특별히 요청하는 사항이 있는 경우 법적으로 문제의 소지가 있는지 검토하고 그 물품에 대하여 적합성을 판정하여 구매한다.

4.3 구매발주서

1) 구매발주 문서는 청구요건을 포함하여 작성한다.
2) 자재 주문서는 첨부 양식을 참고한다.

4.4 임대물품 관리

1) 임대물품에 관해서는 구매절차를 준용하여 실행한다.
2) 임대물품의 입고는 원칙적으로 완전하고 검정 또는 안전검사를 필한 것을 입고하도록 한다.
3) 안전보건팀장은 임대물품의 검수와 안전보건상의 문제점 여부를 완전하게 검수한다.

4.5 입고 관리

1) 구매물품은 입고 전에 반드시 안전담당자의 검수를 받은 후에 자재 및 물품 보관소에 입고한다.
2) 창고에 각 품목별로 정리하여 보관하여 필요 시 즉각 반출할 수 있도록 한다.
3) 입고물품은 원칙적으로 관련법에서 정하고 있는 사항을 충족하는 것을 구매한다.

4) 물품과 함께 첨부된 사용 설명서나 각 증명서류는 별도로 보관하여 추후 증빙 서류로 사용한다.

5) 자재의 검수는 첨부된 양식의 검수서를 사용한다.

5. 기록 및 관리

문서 및 기록관리는 '문서 및 문서화 관리 절차서와 기록관리 절차서에서 정한다.

6. 첨부

양식1 : 자재청구서(kr-j-18-01)

양식2 : 자재검수서(kr-j-18-02)

〈양식 1〉 자재청구서(kr-j-18-01)

자 재(임대물품)청구서	담당		팀장

연번	품명	규격	단위	금 회 청구량	청구요건	검수 여부	투입공정	조달 방법

〈양식 2〉 자재검수서(kr-j-18-02)

<table>
<tr><td rowspan="2">자재(임대물품)검수서</td><td>담당</td><td></td><td>팀장</td></tr>
<tr><td></td><td></td><td></td></tr>
</table>

연번	품명	규격	단위	수량	검수결과	비고

4.4.7 비상시 대비 및 대응

(1) 인증기준

비상시 대비 및 대응에 관한 인증기준(KOSHA 18001)에서 정하고 있는 내용은 다음과 같다.

○ 사업장은 위험성평가 결과 중대산업사고 또는 사망 등 중대재해가 발생할 가능성이 있는 경우, 비상사태별 시나리오와 대책을 포함한 비상조치계획을 작성하고 사고발생 시 피해를 최소화 하여야 한다.

○ 사업장은 비상사태 시나리오별로 정기적인 교육·훈련을 실시하고 비상사태 대응 훈련 후에는 성과를 평가하여 필요 시 개정·보완하여야 한다.

○ 비상시 대비 및 대응 내용에는 다음 사항이 포함되어야 한다.
1. 비상조치를 위한 인력, 장비 보유현황
2. 사고발생 시 각 부서·관련기관과의 비상연락체계
3. 사고발생 시 비상조치를 위한 조직의 임무 및 수행절차
4. 비상조치 계획에 따른 교육·훈련계획
5. 비상시 대피절차와 재해자에 대한 구조, 응급조치 절차

○ 비상시 대비 및 대응 내용에 인근주민 및 환경에 대한 영향과 대응 및 홍보 방안을 포함할 수 있다.

(2) 해석

비상시 대비 및 대응은 안전보건경영시스템에서 시스템을 실행하는 과정에서 산업재해가 발생했을 때 즉각적인 조치를 취함으로써 피해의 확산을 방지하고 피해자를 구조하는 단계를 진행하는 것을 말한다. 시스템에서 요구하는 사항은 비상사태 시나리오를 작성하고 교육 및 훈련을 실시하며 훈련에서 발생된 문제점을 시나리오에 반영하여 점차 효과적인 대처가 되도록 끊임없이 개선해 나가야 한다는 점이다. 현재 우리의 실정은 인증기준에서 요구하는 사항에서 조금은 부족함이 있는 형편이다. 대부분의 회사에서 준비하고 있는 비상사태 시나리오는 소방훈련이 전부라해도 과언이 아닐 정도로 인증기준에서 요구하는 기준에서 부족한 편이다. 소방훈련은 소방법에서 정하고 있는 훈련의 부분이다. 매년 정기적으로 2회 정도는 실시하고 있다. 대형업체의 협력사에서는 수동적으로 소방훈련을 모기업과 합동으로 실시하고 있다. 인증기준에서는 그것을 요구하는 것이 아니다. 분명히 인증기준

첫 머리에 언급되어 있는 것처럼 "사업장은 위험성 평가 결과 중대산업사고 또는 사망 등 중대재해가 발생할 가능성이 있는 경우, 비상사태별 시나리오와 대책을 포함한 비상조치계획을 작성하고 사고발생 시 피해를 최소화 하여야 한다."라고 규정되어 있기 때문에 반드시 위험성 평가를 선행하고 그것을 기반으로 시나리오를 작성해야 한다. 거의 대부분의 사업장에서 화재를 주로 시나리오로 선정하고 훈련을 실시하고 있는데 좀더 세분해서 다양한 시나리오의 작성이 필요하다.

시스템을 이해하고 실행한다는 것은 굉장히 복잡하고 힘든 업무이다. 그렇지만 시스템의 효과를 위해서는 깊이있는 공부가 필요한 것이다. 사업장 별로 특색이 있고 취급하는 물질도 다르지만 비상시나리오는 모두 화재에 대한 대비만 하고 있다면 좀 더 고민이 필요한 시점이다. 농업에 종사한다고 가정하고 각기 다른 지역에서 농사를 할 때, 지역의 특징에 맞게 비상대비가 필요할 것이다. 비가 자주 오는 지역이나 가뭄이 있는 지역 그리고 냉기가 있는 지역에서의 농사는 가을에 수확을 풍족하게 하기 위해서는 지역 별로 대비하는 종류가 다를 것이다. 모두 병충해의 대비만 한다면 수확은 적어지게 될 것이다. 물론 병충해 방지는 기본으로 잘 해야 한다. 비가 부족한 지역에서는 가뭄에 대비한 대비를 잘 해야 하고 반대로 홍수가 우려되는 지역에서는 농로의 정비 등 필요한 대책을 수립해야 할 것이다.

심사에서 많은 사업장의 지적사항으로는 비상사태 시나리오의 종류가 매우 부족하고 회사와 관계없는 시나리오를 준비한다는 점이다. 실제 현장에서 위험한 상태나 작업에 대하여 발생 가능한 시나리오를 준비하여 교육 및 훈련을 실시해야 한다. 년초에 수립하는 교육 계획에도 시나리오에 대한 교육을 계획하여야 한다. 또한 훈련 후에는 훈련에서 발생된 문제점에 대하여 시나리오나 교육에 반영하여 완벽한 시나리오가 되도록 하여야 한다.

비상시 대비 및 대응의 내용은 인증기준에서 정하고 있는 사항을 빠짐없이 작성하여야 한다. 주요한 점은 인증기준을 정확히 준수해야 한다는 점이다. 인증기준은 하루 이틀에 걸쳐 탄생한 시스템이 아니다. 무수히 많은 사고의 원인과 대책을 찾아가는 과정에서 탄생한 기준이란 점을 기억해야 한다. 요즘의 문제는 인근 주민에 대한 영향과 환경에 미치는 부분에 대해서도 대책에 포함하여 준비를 해서 회사의 경영에 불확실한 문제를 제거할 필요가 있다.

(3) 부적합, 관찰 및 권고사항

- 시나리오의 종류 부족(일반적으로 소방위주로 되어 있음)
- 인증기준에서 요구하는 내용의 미 작성
- 교육계획 미 수립

- 위험성 평가와 연계된 시나리오의 부족
- 훈련후 미비사항을 시나리오에 재 반영하는 개선활동 미흡
- 인근주민 및 환경에 대한 대응 부족

(4) 매뉴얼 제정

비상시 대비 및 대응에 대한 매뉴얼의 제정은 인증기준을 참고하여 하나의 문서로 작성한다. 다음은 비상시 대비 및 대응에 대한 참고용 매뉴얼이다.

(5) 절차서 제정

비상시 대비 및 대응에 대한 절차서의 제정은 인증기준을 참고하여 하나의 문서로 작성한다. 매뉴얼 다음은 비상시 대비 및 대응에 대한 참고용 절차서이다.

<table>
<tr><td rowspan="4">○○(주)</td><td rowspan="2">안전보건경영 매뉴얼</td><td>문서번호</td><td>KR-M-13</td></tr>
<tr><td>개(제) 정 일</td><td>2018.01.01</td></tr>
<tr><td rowspan="2">4.4.7 비상시 대비 및 대응</td><td>개정번호</td><td></td></tr>
<tr><td>페 이 지</td><td>of</td></tr>
</table>

1. 목 적

본 문서 (주)○ ○(이하 '회사'라 한다)의 안전보건경영체제와 관련한 비상시 대비 및 대응을 관리함으로써 안전보건경영체제가 효과적으로 운영되도록 하는데 그 목적이 있다.

2. 적용범위

본 문서는 안전보건경영시스템을 운용하기 위한 비상시 대비 및 대응의 실행에 적용한다.

3. 책임과 권한

3.1 대표이사는 시스템의 운용과 관련한 비상시 대비 및 대응의 문서를 승인한다.

3.2 비상시 대표이사는 안전보건 비상사태 발생 시 대응에 대한 지휘의 책임이 있다.

3.3 안전보건팀장은 비상시 대비 및 대응에 따라 훈련을 년 1회 이상 실시한다.

3.4 안전보건팀장은 비상사태 발생 시 작업부서 간 또는 유관기관의 협조 체제를 구축하여 신속한 조치를 취할 책임이 있으며 비상사태 현황 파악, 대표이사에게 보고 및 관련 기관에 통보할 책임이 있다.

3.5 안전보건팀장은 비상사태 발생 시 신속한 처리를 위한 문서화된 절차를 수립한다.

3.6 안전보건팀장은 비상 시나리오에 대한 교육 및 훈련 계획을 수립한다.

3.7 각 부서장은 시나리오와 관련된 사항에 대하여 안전보건팀장과 협의하고 지시를 따른다.

4. 안전보건경영시스템의 비상시 대비 및 대응기본체계

4.1 사업장은 위험성 평가 결과, 중대산업사고 또는 사망 등 중대재해가 발생할 가능성이 있는 경우, 비상사태별 시나리오와 대책을 포함한 비상조치계획을 작성하고 사고 발생 시 피해를 최소화하여야 한다.

4.2 사업장은 비상사태 시나리오별로 정기적인 교육·훈련을 실시하고 비상사태 대응

훈련 후에는 성과를 평가하여 필요 시 개정 · 보완하여야 한다.

4.3 비상시 대비 및 대응 내용에는 다음 사항이 포함되어야 한다.

1) 비상조치를 위한 인력, 장비 보유현황
2) 사고발생 시 각 부서 · 관련 기관과의 비상연락체계
3) 사고발생 시 비상조치를 위한 조직의 임무 및 수행절차
4) 비상조치 계획에 따른 교육 · 훈련계획
5) 비상시 대피절차와 재해자에 대한 구조, 응급조치 절차

4.4 비상시 대비 및 대응 내용에 인근주민 및 환경에 대한 영향과 대응 및 홍보방안을 포함할 수 있다

5. 비상시 대비 및 대응 훈련

사업장은 대표이사의 승인을 득한 시나리오를 바탕으로 안전보건팀장이 주관하여 비상시에 대한 대비 및 대응 절차에 따라 년 1회 이상 정기적으로 훈련을 실시하고, 훈련을 실시한 후에는 평가 과정을 통해 발생된 문제점을 차기년도에 반영한다.

6. 문서 및 기록의 관리

비상시 대비 및 대응과 관련 모든 문서 및 기록은 표준문서 작성 및 관리 절차서(KR-P-05), 문서관리 절차서(KR-P-06) 및 기록관리 절차서(KR-P-10)에 따른다.

7. 관련 문서

7.1 표준문서 작성 및 관리 절차서(KR-P-05)

7.2 문서관리 절차서(KR-P-06)

7.3 비상사태 대비 및 대응 절차서(KR-P-07)

7.4 기록관리 절차서(KR-P-10)

○○(주)	안전보건경영 절차서	문 서 번 호	KR-P-07
		개(제) 정 일	2018.01.01
	제7장 비상시 대비 및 대응	개 정 번 호	
		페 이 지	of

1. 목 적

본 절차는 (주) ○○(이하 '회사'이라 한다)에서 안전보건경영에 영향을 미치는 사항에 대하여 비상시 대비 및 대응을 실행함으로서 안전보건경영 체제를 지속적으로 개선하여 재해를 방지하고자 함을 목적으로 한다.

2. 적용범위

사업장의 안전보건경영체제와 관련된 활동에서 발생되는 결과에 대하여 비상시 대비 및 대응의 처리 절차에 적용한다.

3. 용어의 정의

3.1 "사건(Incident)"이라 함은 위험요인의 자극에 의하여 사고로 발전되었거나 사고로 이어질 뻔했던 원하지 않는 사상(Event)으로서 인적·물적 손실인 상해·질병 및 재산적 손실뿐만 아니라 인적·물적 손실이 발생되지 않은 아차사고를 포함한 것을 말한다.

3.2 "사고(Accident)"라 함은 위험요인(Hazard)을 근원적으로 제거하지 못하고 위험(Danger)에 노출되어 발생되는 바람직스럽지 못한 결과를 초래하는 것으로서 사망을 포함한 상해, 질병 및 기타 경제적 손실을 야기하는 예상치 못한 사상(Event)과 현상을 말한다.

3.3 "유해·위험요인(Hazard)"이라 함은 유해·위험을 일으킬 잠재적 가능성이 있는 것의 고유한 특징이나 속성을 말한다.

3.4 "유해·위험요인 파악(Hazards Identification)"이라 함은 유해요인과 위험요인을 찾아내는 과정을 말한다.

3.5 "산업재해"란 근로자가 업무에 관계되는 건설물·설비·원재료·가스·증기·분진 등에 의하거나 작업 또는 그 밖의 업무로 인하여 사망 또는 부상하거나 질병에 걸리는 것을 말한다.

3.6 "중대재해"란 다음 아래 사항에 해당하는 경우이다.

1) 사망자가 1명 이상 발생한 재해

2) 3개월 이상의 요양이 필요한 부상자가 동시에 2명 이상 발생한 재해

3) 부상자 또는 직업성 질병자가 동시에 10명 이상 발생한 재해

3.7 "중대산업사고"라 함은 유해·위험설비를 보유한 사업장의 당해 설비로부터의 위험물질의 누출·화재·폭발 등으로 인하여 사업장 내의 근로자에게 즉시 피해를 주거나 사업장 인근지역에 피해를 줄 수 있는 사고를 말한다.

4. 업무 절차

4.1 비상조치계획의 수립

1) 비상조치계획의 수립에는 다음과 같은 원칙이 지켜지도록 하여야 한다.

가. 근로자의 인명보호에 최우선 목표를 둔다.

나. 가능한 비상사태를 모두 포함시킨다.

다. 비상통제 조직의 업무분장과 임무를 분명하게 한다.

라. 주요 위험설비에 대하여는 내부 비상조치계획 뿐만 아니라 외부 비상조치계획도 포함시킨다.

마. 비상조치계획은 분명하고 명료하게 작성되어 모든 근로자가 동의하고, 활용할 수 있도록 한다.

바. 비상조치계획은 반드시 문서로 작성하여 모든 근로자가 쉽게 활용할 수 있는 장소에 비치한다.

2) 비상조치계획에는 최소한 다음과 같은 사항을 포함하여야 한다.

가. 비상조치를 위한 인력, 장비 보유현황

나. 사고발생 시 각 부서·관련기관과의 비상연락체계

다. 사고발생 시 비상조치를 위한 조직의 임무 및 수행절차(첨부 1)

라. 비상조치 계획에 따른 교육·훈련계획

마. 비상시 대피절차와 재해자에 대한 구조, 응급조치 절차

바. 비상시 대비 및 대응 내용에 인근 주민 및 환경에 대한 영향과 대응 및 홍보 방안을 포함할 수 있다

사. 응급조치 요령 및 절차

4.2 비상조치계획의 검토

1) 사업주는 다음과 같은 경우에 비상조치계획을 검토하여야 한다.

가. 처음 비상조치계획 수립 시

나. 조직원이 해당 작업에 처음 배정된 경우

다. 각 비상조치요원의 담당 임무가 변경된 경우

라. 비상조치계획 자체가 변경되어 새롭게 계획을 수립하는 경우

2) 비상조치계획의 수립 및 검토 시에는 모든 조직원의 의견을 청취하여 자발적인 참여로 임무에 충실하도록 한다.

4.3 비상대피 계획

1) 비상대피 계획의 목적은 비상사태가 발생하는 경우 적절한 통제와 임무를 부여하여 비상사태의 확대 전파를 저지하고, 이로 인한 인명피해를 최소화하는데 있다.

2) 피해의 최소화를 위하여 적절하고, 신속한 비상대피가 진행되도록 다음 사항을 준비하여야 한다.

가. 경보 발령절차

나. 비상통로 및 비상구의 명확한 표시

다. 근로자 등의 대피절차 및 대피장소 결정

라. 대피장소별 담당자 지정과 그들의 임무 및 책임사항

마. 비상통제센터의 위치 및 비상통제센터와의 보고체계 확립

바. 임직원 명부 및 하도급업체 방문자 명단의 확보와 대피자의 확인체계 확립

사. 대피장소에서 근로자 및 일반대중의 행동요령

아. 임직원 비상연락망의 확보

자. 외부 비상조치기관과의 연락수단 및 통신망 확보

4.3 비상조치 훈련

1) 각 부서장은 각 부서에서 수립한 비상조치 계획을 년초에 수립한 교육 계획을 바탕으로 교육 등을 통하여 소속 작업자들이 숙지할 수 있도록 하여야 한다.

2) 각 부서장은 부서의 모든 조직원들이 비상조치에 해당 업무를 숙지할 수 있도록 교육하고 시나리오에 대하여 년 1회 이상 교육훈련을 실시한다.

3) 비상조치 훈련을 실시한 각 부서장은 훈련실시 후 평가를 하고, 평가 후 문제점이 발생되면 확실한 대책을 수립한 후 차기년도에 비상조치 계획에 반영한다.

4) 비상조치 훈련을 실시한 부서장은 훈련실시 후 훈련실시 결과를 작성하여야 한다.

4.4 대피장소 지정

각 부서장은 각 부서 실정에 맞게 신속하게 대피가 가능한 적절한 장소를 지정하고 부서원에게 교육 및 훈련을 통해 주지시켜야 한다.

5. 비상통제 조직의 기능 및 책무

5.1 비상통제 조직의 기능

1) 비상통제 조직의 임무는 최소한의 필수 요원을 활용하여 인명 및 물적 피해를 최소화하는데 있으며, 주 업무는 다음과 같다.

가. 사고의 수습

나. 인접지역으로 확산 방지와 제한

다. 명령 전달체계 확립과 간단명료한 기본적 책임의 명시

2) 비상통제 조직표 및 업무분장은 〈첨부 2〉 및 〈첨부 3〉과 같다.

5.2 비상지휘 담당

정상근무 시간 내에서는 비상사태가 발생한 부서의 부서장이 비상지휘자가 되며, 휴무일 또는 일과시간 이후에는 각 교대 근무자 중 선임자가 부서장 도착 시까지 그 임무를 수행한다.

1) 비상통제 인원의 신속한 소집과 지휘

2) 재난관리에 필요한 장비의 동원과 운영

3) 설비의 비상운전정지와 위험물질의 제거 등 운전 통제에 관한 사항

4) 누출 등으로 인한 환경오염방지에 필요한 조치

5) 비상사태의 진행예측 및 영향파악과 대피여부에 대한 결정 및 실행

5.3 연락담당

연락담당은 발생부서 부서장에게 비상상황을 보고하고, 비상통제조직 소집과 인원파악을 담당하며, 비상지휘자를 보좌하고, 지시에 따른다.

1) 휴무일, 일과이후 : 각 교대 근무조 중 운전업무 근무자

2) 정상근무 시 : 비상사태 발생부서원이나 사무실 직원 중 지정된 직원

5.4 인명구조 및 의료담당

상해자 발생 시 신속하게 인명을 구조하여 응급처치 후 병원으로 후송 조치한다.

1) 휴무일, 일과이후 : 응급처리 훈련과정을 이수하고, 응급 처치요원으로 지정된 직원

2) 정상근무 시 : 안전보건관리자업무 관계자

5.5 경비담당

경비담당은 비상지휘자의 지시에 따라 소방서, 인근공장 등에 지원을 요청하고, 방문객의 명단을 파악 보고하고, 신속히 대피토록 하며, 외부로부터의 불필요한 출입통제와 구내 교통정리를 담당한다.

5.6 대응담당

대응담당은 사고발생 지역의 생산담당자 중 선임자가 지휘자가 되어 비상지휘자의 지시를 받아 비상사태 발생공정과 관련된 비상정지조치 및 비상발전기, 소방펌프의 가동 등 필요 조치를 취하도록 하고, 지원 인원의 도착 시까지 비상 대응을 담당한다.

5.7 비상통제담당

안전보건책임자가 안전관리관계자를 비상통제담당으로 지명하되, 다음과 같은 직무를 수행토록 한다.

1) 비상사태 발생 시 비상지휘자와 연락을 취하여 요청사항을 조치한다.
2) 비상통제를 위한 공간을 구성하고 조치명령과 협조요청 등에 필요한 준비를 한다.
3) 언론계, 의료계, 정부기관 및 직원 가족 등에게 발표, 보고, 통보하는 업무를 담당한다.
4) 비상사태 발생 시에는 관할 소방관서 및 고용노동부 지청, 한국산업안전보건공단 관할지사 등에 지원을 요청한다.
5) 전화, FAX 등 통신설비를 설치하여 필요한 사람에게 송·수신토록 한다.

5.8 비상통제센터의 설치

1) 비상사태 시 효과적으로 지휘 및 통제할 수 있는 센터는 위험이 적은 장소에 설치할 수 있다.
2) 비상통제센터에는 비상통제 일지를 비롯하여 다음과 같은 사항을 갖추어야 한다.
   가. 적절한 수의 통신설비
   나. 개인보호구 및 기타 구조장비
   다. 풍속 및 풍향계
   라. 근로자, 도급자 및 방문자의 명단
   마. 비상조치 기관의 명부
   바. 시설물 관련 도면 및 자료

3) 시설물 관련서류(필요 시)

가. 위험물질의 시설별, 지역별 취급 및 저장수량

나. 위험물질의 안전자료

다. 안전 및 소방시설 장비현황

라. 소방용수 저장설비 및 공급계획

마. 공장 배치 및 설비 위치도

바. 사업장의 출입문 및 도로망 위치

사. 주변 지역 주요 시설물의 위치

아. 하수 및 배수시설

6. 주민 홍보계획

사업장은 비상사태 발생에 대비하여 인근 거주 주민에게 미치는 영향에 관한 정보를 제공하여야 한다.

6.1 주민 홍보계획에는 다음 사항을 포함시켜야 하여야 한다.

1) 유해 · 위험설비의 종류

2) 사용하고 있는 유해 · 위험물질 및 그 관리대책

3) 비상사태 발생 경보체계 등 인지방법

4) 비상사태 발생 시 주민행동요령

5) 중대사고가 주민에게 미치는 영향

6) 중대사고로 입은 상해에 대한 적절한 치료방법

6.2 비상사태 중에 다음 사항을 홍보에 포함시켜야 한다.

1) 비상사태가 발생했을 경우 주요 위험시설 인근 지역에 거주하는 주민 또는 작업자들에게 가능한 신속하게 중대사고 발생을 알리는 등의 정보 제공

2) 비상사태 발생기간 중에 각종 최근 정보를 홍보하여야 하며, 특히 과거에 제공한 정보와 상이한 주민행동 요령이 필요할 때에는 언론기관과 협조

6.3 중대사고 이후에 사고조사 결과 및 주민과 환경에 미칠 장 · 단기적 영향을 주민들에게 홍보하여야 한다.

6.4 주민홍보계획서의 예시는 (첨부 8)과 같다.

7. 사고 조사

7.1 비상사태 발생 시 해당 부서장은 사고발생 원인을 조사하고, 안전보건팀장과의 협

의를 통해 대표이사에게 사고발생을 보고한다.

7.2 비상사태 발생 부서장은 비상시 활동상황을 비롯한 예방대책과 복구계획이 포함된 종합 보고서를 대표이사에게 신속히 보고하여야 한다.

8. 관련기록

비상사태 대비 및 대응 절차에 관한 모든 기록은 기록관리 절차서(KR-P-10)에 따른다.

9. 첨부

9.1 비상신고계통도(첨부 1)

9.2 비상통제조직표(첨부 2)

9.3 비상통제조직별 업무분장(첨부 3)

9.4 비상사태발생시 대피장소(첨부 4)

9.5 비상조치계획서(첨부 5)

9.6 비상대응시나리오(예시)(첨부 6, 2건)

9.7 응급처치요령 및 절차(첨부 7)

9.8 주민홍보계획서의 예시(첨부 8)

10. 관련양식

10.1 비상훈련(교육) 결과보고서(양식 1)(kr-p-07-01)

〈첨부 1〉 비상신고 계통도

〈첨부 2〉 비상통제조직표

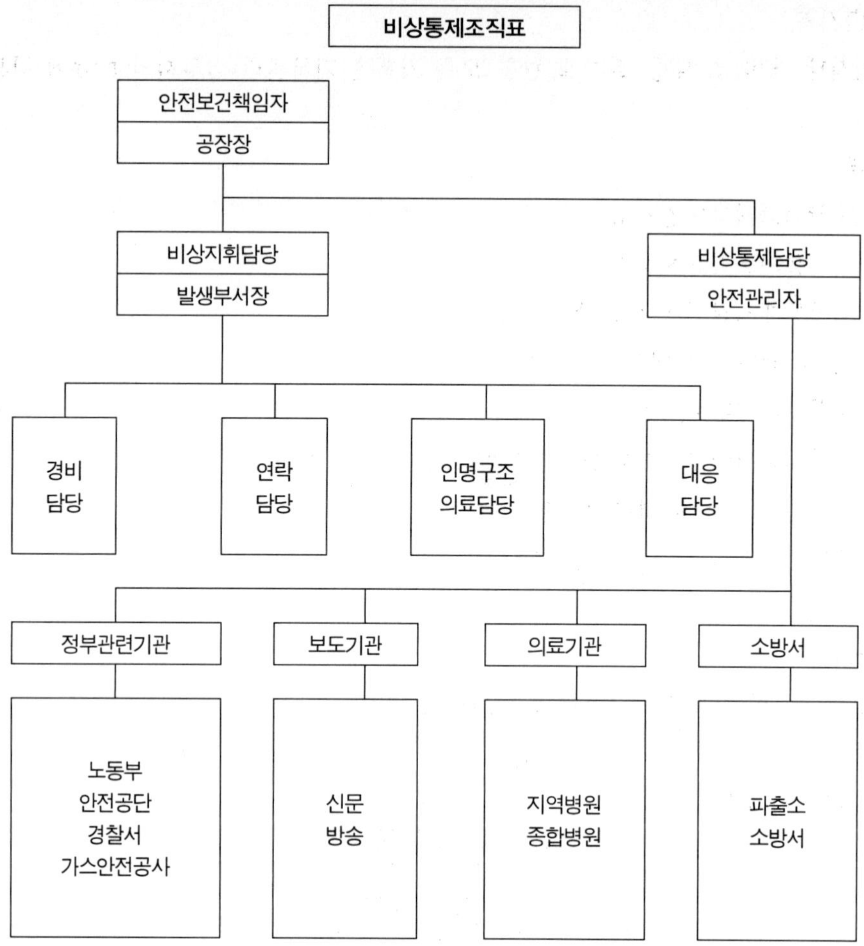
비상통제조직표
안전보건책임자
공장장
비상지휘담당
발생부서장
비상통제담당
안전관리자
경비
담당
연락
담당
인명구조
의료담당
대응
담당
정부관련기관
보도기관
의료기관
소방서
노동부
안전공단
경찰서
가스안전공사
신문
방송
지역병원
종합병원
파출소
소방서

〈첨부 3〉 비상통제 담당별 업무분장

통제조직	업무분장 내용	비고
안전보건책임자 (공장장)	- 전 공장 비상체제로의 전환 - 비상사태 수습에 필요한 조치 결정 - 보도통제와 공식적 보도	
비상지휘담당 주 : 발생부서장 야 : 교대선임자	- 비상통제 인원의 동원과 지휘 - 비상통제에 필요한 인원과 장비 증원 - 비상사태의 영향파악과 대피상황 결정 - 사고 속보의 작성과 보고 - 재발방지대책의 수립과 실행 - 비상동원체제의 훈련	
비상통제담당 안전관리관계자	- 안전보건책임(공장장)로부터 지시된 사항의 실행 - 통제공간의 확보, 설치 - 소방지원요청 등 관련기관의 보고 - 사고원인 조사 및 언론통제 - 비상동원 계획의 수립과 교육	
대응담당 발생부서원	- 재난 발생 공정의 비상운전정지 - 비상발전기 및 소방펌프의 가동 - 화재진화 활동 및 발생방지	
인명구조 및 의료담당 조직임명자	- 인명구조 및 부상자 확인 - 응급치료 및 후송	
연락담당 사무실 근무자	- 비상지휘담당을 보좌하고, 지시에 따름 - 경보 취명, 비상방송 - 비상상황의 파악과 보고 - 비상연락망의 가동 - 비상통제인원의 동원 - 비상통제담당의 업무대행과 지시된 사항	
경비담당 경비실	- 방문객 명단 파악과 보고 - 비상지휘담당의 지시에 따라 대피안내 - 불필요한 인원의 진입통제와 소방지원단의 안내	

〈첨부 4〉 비상사태발생시 대피장소

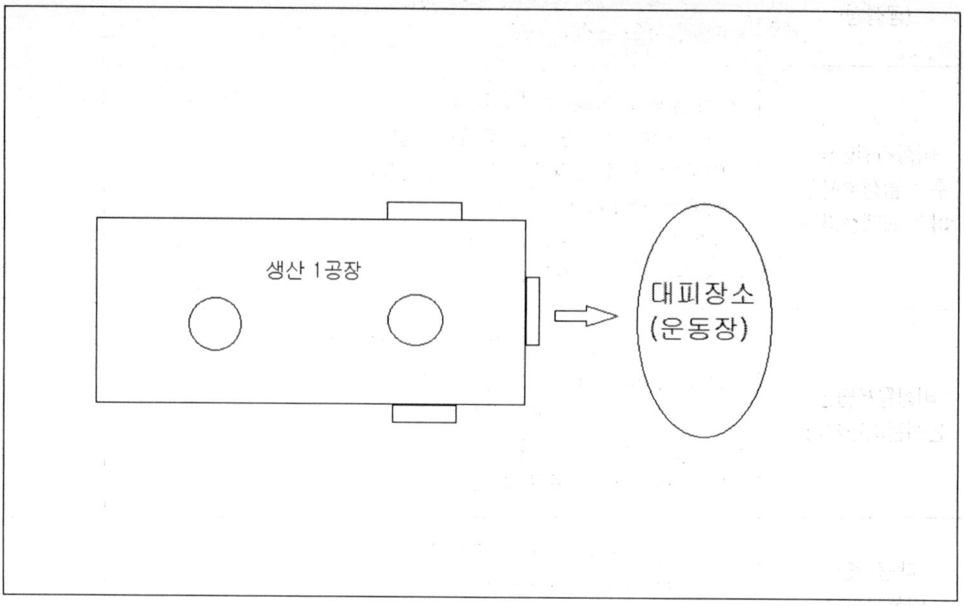

〈첨부 5〉 비상조치계획서

비 상 조 치 계 획 서

작 성 팀	안전보건팀	제(개)정일자	2018년 01월 01일
비상사태유형	■ 화재&폭발 □ 누출 □ 안전사고 □ 기타	장 소	작업구역
발생원인	용접작업중 화재발생		
예상피해	화재발생으로 인한 화상 및 공장내부의 연소우려		

1. 비상연락망

사 내 비 상 연 락	유 관 기 관
사무실 :	○○파출소 :
대표이사 :	○○소방서 :
안전보건팀장 :	노동청(○○) :

2. 화재발생 시 대응요령

2.1 화재발생 시 행동요령

1) 신속한 화재 신고
   가. 음성으로 경고
   나. 경보설비 작동
   다. 119 신고
2) 초기 조치사항
   가. 주위 작업자에 화재 발생의 전달
   나. 소화기 또는 소화전을 이용하여 화재 진압
3) 주변 인화성 물질, 폭발성 물질 등을 제거

2.2 대피요령

1) 연기의 발생방향 반대로 대피
2) 유도등이나 유도표지를 확인하고 그 방향으로 대피
3) 대피 시 낮은 자세를 유지하고 젖은 수건으로 코와 입을 막고 대피

3. 복구요령

3.1 진압 후 조사팀 구성하여 조사에 착수
3.2 현장조사 및 사고 분석을 실시한 후 사고보고서 작성하여 보고
3.3 사고로 야기된 환경오염을 방지하기 위한 조치를 시행
3.4 업무담당에 따라 복구진행
3.5 복구시간이 장기간이 예상되는 경우 계획을 수립하여 진행한다.

4. 계통도

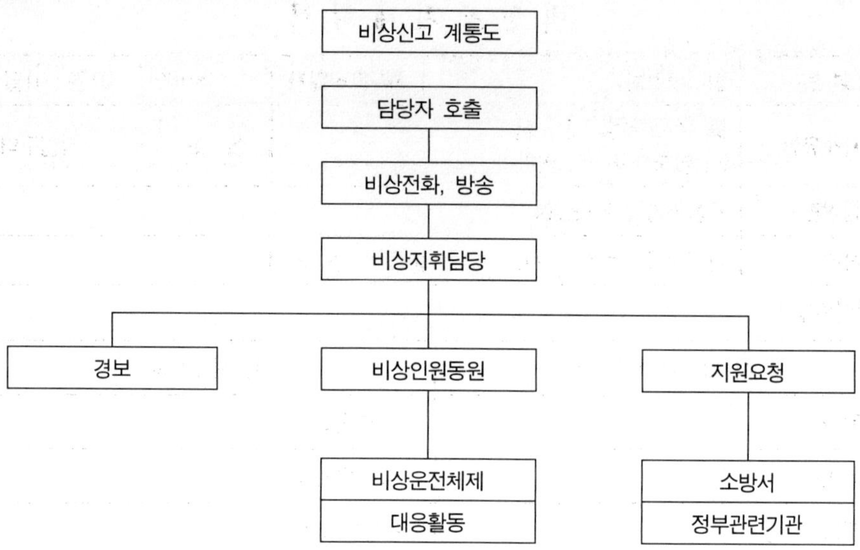

5. 동원장비

- 소화기 : 현장에 배치된 소화기
- 소화설비 : 주변의 소화설비사용(옥내소화전)
- 기타 개인 보호구 및 응급구조용품

6. 교육·훈련 계획

- 교육·훈련계획의 절차에 따라 비상조치에 관한 교육을 실시 함
- 소방서 합동 훈련과 자체 소방훈련 실시
- 필요시 지역주민 참관

7. 응급조치요령

- (첨부 7)의 응급처치 요령 및 절차에 따른다.

〈첨부 6.1〉

비상대응 시나리오(예시)

결재	담 당		팀장
	/	/	/

비상사태명	업무용 건물 화재	
발 생 장 소	옆 사무실 화재	
발 생 내 용	사무실 내에서 담뱃불관리를 소홀히 하여 화재 발생	
예상되는 피해 (안전보건영향)	화재로 인한 질식	
조 치 단 계	행동 요령	비 고
1. 최초 발견자 구두로 전파	최초 발견자(목격자)가 일단 구두로 "불이야"하며 외친다.	
2. 비상벨 울림	누구든 사태의 심각성을 파악하면 가까운 비상벨을 누른다.	
3. 소화기 작동	가까운 소화기를 찾아서 화재가 일어난 곳을 향해 소화한다(발포 시 바람을 등지고 발포한다).	
4. 119연락	소화기 발포와 동시에 통보반에서 119에 연락하여 도움을 요청한다.	
5. 처리된 오염물 제거	화재가 완전히 진압된 후 오염물을 제거한다.	
6. 부상자 발생	부상자 발생 시는 신속히 병원으로 후송한다.	

〈첨부 6.2〉

결재	담 당		팀장
	/	/	/

비상대응 시나리오(예시)

비상사태명	중량물의 넘어짐으로 골절	
발 생 장 소	작업준비실	
발 생 내 용	고압가스 용기(40리터)의 운반중에 밸브를 잡고 있는 손이 미끄러지면서 용기가 바닥에 낙하하여 발가락을 압착한 결과 골절 발생	
예상되는 피해 (안전보건영향)	발가락 골절	
조 치 단 계	행동 요령	비 고
1. 최초 발견자	최초 발견자(또는 본인)가 일단 옆 동료에게 전달한다.	
2. 상태파악	동료는 부상의 상태를 파악하여 부상의 정도에 따라 사무실이나 소방서로 연락한다.	
3. 부상자이동	단독보행이 어려운 경우 병원으로 후송한다.	
4. 주변고정	2차적인 피해를 방지하기 위하여 중량물을 고정시킨다.	
5. 정리	주변의 물품을 정리한다.	

〈첨부 7〉 응급처치 요령 및 절차

1. 골절

1.1 응급처치

1) 골절환자를 함부로 옮기거나, 다친 곳을 건드려 부러진 뼈 끝이 신경, 혈관 또는 근육을 손상시키거나 피부를 뚫어 복합골절을 유발하는 일이 없도록 한다.
2) 골절부위에 출혈이 있으면 직접압박으로 출혈을 방지하고 부목을 대기 전에 드레싱을 먼저 시행한다.
3) 뼈가 외부로 노출된 경우 억지로 뼈를 안으로 밀어넣으려고 하지 말아야 하며 만약 뼈가 안으로 들어간 경우에는 반드시 의료진에게 알려야 한다.
4) 골절 환자를 가능한 한 움직이지 않도록 해야 한다. 골절부위를 손으로 지지하여 더 이상의 변형과 통증이 유발되지 않도록 해야 하며, 환자가 편안함을 느끼는 자세를 취해준다.

1.2 골절 부위별 응급처치

1) 척추 골절 : 환자를 움직이지 말고 손으로 머리를 고정한다.
2) 팔의 골절 : 상처 입은 팔을 가슴에 대고 가슴과 팔은 지지하고, 가슴과 팔 사이에 부드러운 헝겊 조각 같은 것을 끼워 준다.
3) 골반 골절 : 자동차 사고나 추락사고, 노인의 낙상으로 흔히 발생한다. 환자가 다리를 펴준 채로 눕히거나 무릎을 구부리는 것이 더 편안하다고 하면 무릎 밑에 담요를 말아서 대고 다리를 묶어서 고정하는데, 관절 사이에는 패드를 넣어준다. 골반골절 시에는 과다의 출혈로 쇼크에 빠질 수 있으므로 주의한다.
4) 발의 골절 : 아픈 부위의 발을 들고 발바닥에 헝겊을 대고 부목을 받쳐준 후 고정한다.
5) 쇄골 골절 : 환자를 앉히고, 손상된 쪽의 팔을 가슴을 지나 반대 쪽으로 가게 한다. 넓은 천으로 다친 쪽 팔을 가슴에 고정시킨다.

2. 찔림(천자상)

2.1 찔림 종류별 응급처치

1) 가시

가. 가시에 찔렸을 때는 손톱 같은 것으로 황급히 뽑으면 감염의 원인이 된다.

나. 손을 잘 씻고 소독한 족집게로 뽑는다.

2) 낚싯바늘

가. 낚싯바늘에 찔렸을 때는 무리하게 뽑으려 해도 끝이 걸려서 좀처럼 뽑히지 않는다.

나. 낚싯바늘을 바늘끝 쪽으로 밀어내어 끝을 노출시켜서 뿌리 부분을 니퍼 등으로 잘라낸 후 뽑아낸다.

3) 녹슨 못

가. 녹슨 못에 찔렸을 때는 응급처치를 한 후 조속히 의사의 진찰을 받아 항독소와 파상풍 예방주사를 맞는다.

나. 녹슨 못에 찔린 상처는 잡균이나 파상풍균에 감염되기 쉽다.

4) 재봉 바늘

가. 재봉바늘에 찔려서 바늘이 부러진 경우, 바로 뽑히지 않으면 억지로 뽑으려 하지 말고 의사의 진찰을 받는다.

나. 낡은 재봉바늘은 약하기 때문에 조심해서 뽑지 않으면 끝이 부러져서 몸 안에 남게 되는 경우가 있다.

5) 칼, 유리

가. 금속파편 칼이나 유리 금속편 등으로 몸을 찔렸을 때는 절대로 뽑아서는 안 된다.

나. 뽑으려다가 일부분이 몸 안에 남거나 출혈이 더해져 내장이나 혈관을 상하게 하는 일이 있기 때문이다.

다. 환자를 안정하게 눕히고 타월 등으로 찔린 것을 고정시키고 구급차를 부른다.

라. 깊은 자상을 낸 칼 등이 빠지거나 뽑아졌을 때는 먼저 상처 위를 꾹 눌러 압박해서 지혈한다.

3. 절단

3.1 응급처치

1) 과다 출혈을 예방하기 위해 압박 붕대로 지혈하고 절단부위를 심장 높이보다 위로 유지한다.

2) 지혈제나 지혈대는 조직, 신경, 혈관을 파괴하여 재접합 수술을 방해하기 때문에 상처에 직접 사용하지 않도록 주의한다.

3) 절단부위는 가능하면 빨리 냉장상태로 보관해야 하는데 절단부위의 오염이 심

하면 생리식염수로 씻어낸 후 깨끗한 천이나 가제로 싼 뒤 다시 깨끗한 큰 타월로 두른 다음 비닐봉지에 밀봉한다. 소독된 거즈나 타월을 구하기 어려운 경우에는 가능한 깨끗한 것으로 바꿔주어야 한다.

4) 비닐봉지는 얼음과 물을 1:1의 비율로 섞은 2차 용기(컵 등)에 담아 약 4℃ 정도의 냉장 온도를 유지시킨 다음 환자와 함께 병원으로 가지고 간다. 만약 밀봉이 잘못돼 얼음물에 절단부위가 노출되어 젖게 되면 조직이 흐물흐물해져 재접합이 어려워진다.

5) 일반 병원에서 응급조치를 받은 후에는 빠른 시간 안에 접합수술이 가능한 전문병원으로 환자와 함께 이송하는 것이 바람직하다.

4. 질식

4.1 응급처치

1) 의식이 있는 경우

가. 기도가 완전 폐쇄된 상태가 아니라면, 기침유도를 한다.

나. 환자가 앉아 있거나 서 있을 때는 환자 뒤에 서서 한 손으로 환자의 가슴을 받치고, 다른 한 손으로는 환자의 등(양 어깨뼈의 중간부위)을 빠르고 세게 수차례 친다.

다. 환자가 누워 있을 때는 환자를 옆으로 눕히고 가슴 부위에 시술자의 무릎이 닿게 다가앉아 환자의 등 부위를 빠르게 세게 친다.

라. 만약 상기에 기술한 방법으로도 기도가 뚫리지 않으면 환자를 세우고 뒤로부터 갈비뼈 밑에 양팔을 두르고 두 손을 환자의 배꼽 위 부위에 잡고서 안 쪽으로 세게 당겨주기를 몇 차례 실시한다.

2) 의식이 없는 경우

가. 환자를 단단하고 평평한 바닥에 바로 눕힌다.

나. 환자의 의식이 있는지 확인한다. 환자의 의식은 어깨를 가볍게 두드리면서 큰목소리로 “여보세요, 괜찮으세요”라고 물어본다. 의식 확인 후 반응이 없으면 119에 신고하여 도움을 요청한다.

다. 환자의 호흡이 없거나 비정상적이라면 심정지가 발생한 것으로 판단하고 심폐소생술을 실시한다.

5. 화상

5.1 응급처치

1) 열상화상

가. 환자를 화재지역에서 대피시켜 열과 연기 흡입으로 인한 손상을 막는다.

나. 화상이 국소적이라면 찬물에 담그거나 젖은 찬 붕대로 덮고, 화상이 광범위하다면 건조한 소독 거즈나 화상 거즈로 화상 부위를 덮는다.

다. 만약 환자가 심한 화상으로 인해 의식을 잃거나 맥박과 호흡이 희미해지면 쇼크로 인해 위험하므로 빨리 119로 연락하거나 가까운 병원으로 이송시켜야 한다.

2) 화학화상(피부와 접촉되었을 때)

가. 장갑을 착용하고 환자의 손상된 부위를 물로 씻어주며 옷은 제거하고 통증이 사라진 후에도 10분 이상 씻는다.

나. 생석회, 소다회와 같은 마른 고형 화학물질은 물과 합쳐지면 더욱 심한 조직 손상을 유발하므로 씻기 전에 반드시 고형 화학물질을 털어낸 후 씻어준다.

다. 때로는 화학물질이 피부 깊숙히 침투할 수 있으므로 씻을 때는 높은 압력의 물을 사용하지 않는다.

라. 화학물질을 씻어낸 후에는 건조한 소독 거즈로 열상화상 환자와 같이 화상부위를 덮어주고 환자를 병원으로 이송한다.

3) 화학화상(눈에 들어갔을 때)

가. 눈 손상은 짧은 시간의 노출로 영구적 실명을 초래할 수 있으므로 빨리 물로 씻어준다.

나. 눈꺼풀을 벌려서 세척이 잘 되도록 하고 다른 눈으로 오염 물질이 들어 가지 않도록 눈 안쪽에서 바깥쪽으로 세척한다.

다. 눈을 비비거나 만지지 못하게 한다. 최소한 15분 이상 씻어낸다. 양쪽 눈에 보호대를 대고 즉시 병원으로 이송한다.

4) 전기화상

가. 심정지가 발생한 환자는 심폐소생술을 시행하고, 상처 부위는 마른 무균붕대로 덮고 골절이 의심되면 부목을 댄다.

나. 정도가 경미하게 보이더라도 반드시 병원으로 이송시켜 전문의의 치료를 받아야 한다.

6. 뇌진탕

6.1 응급처치

1) 머리, 경추, 척추 등이 움직이지 않도록 한다.
2) 이송을 할 경우에도 전신 고정이 이루어진 상태로 이동해야 한다.
3) 의식이 없는 경우 정확하고 신속한 응급처치와 더불어 최단 시간 내에 병원 이송이 중요하다. 의식이 있는 경우이면 환자의 상태를 파악한 후 타격된 부위에 얼음으로 마사지를 시행하여 통증을 경감시킨다.
4) 환자를 우선 안정시키면서 몸을 죄는 옷의 단추를 풀어서 통풍이 좋게 한다.
5) 의식이 정상적으로 돌아오길 기다리는데 만약 구토, 기억의 소실이 있거나 두통, 어지러움, 시력약화를 호소한다면 즉시 병원에 가서 의사를 진료를 받는다.

〈첨부 8〉 주민홍보계획서

주민홍보계획서

년 월 일

<table>
<tr><td>회사명</td><td colspan="6"></td></tr>
<tr><td>소재지</td><td colspan="6"></td></tr>
<tr><td>취급물질명</td><td>CAS No</td><td>분자식</td><td>노출기준</td><td>독성치</td><td>인화점</td><td>저장량</td></tr>
<tr><td></td><td></td><td></td><td></td><td></td><td></td><td></td></tr>
<tr><td></td><td></td><td></td><td></td><td></td><td></td><td></td></tr>
<tr><td></td><td></td><td></td><td></td><td></td><td></td><td></td></tr>
<tr><td></td><td></td><td></td><td></td><td></td><td></td><td></td></tr>
<tr><td>위험물질
관리방법</td><td colspan="6">* 관련법령에 의해 관리</td></tr>
<tr><td>경보전달</td><td colspan="6">* 방송, 싸이렌, SNS, 관공서등</td></tr>
<tr><td>주민행동요령</td><td colspan="6">* 사업장에서 상황에 따른 안내</td></tr>
<tr><td>사고의 영향</td><td colspan="6">* 물질의 특성(TWA, LD, LC)에 따른 MSDS 활용</td></tr>
<tr><td>대책수립</td><td colspan="6">* 비상상황이 발생한 경우 관할 관청의 협조를 통해 지역주민의 안전을 위해 집결지 유도, 안전보호구 지급 및 수송 등을 시행한다.
* 화학물질 안전원 통보</td></tr>
<tr><td rowspan="3">지역병원현황</td><td>지역</td><td>병원명</td><td>대표전화</td><td colspan="3">병원선정 자료</td></tr>
<tr><td>○○시</td><td>○○병원</td><td>○○○-○○○○</td><td colspan="3">전문응급의료쎈터</td></tr>
<tr><td>○○시</td><td>○○병원</td><td>○○○-○○○○</td><td colspan="3">산업의학과 진료개설</td></tr>
<tr><td rowspan="2">인근지역주민</td><td colspan="3">○ ○ 리</td><td colspan="3">○ ○ 리</td></tr>
<tr><td>이장</td><td>○○○</td><td>010-○○○-○○○○</td><td>이장</td><td>○○○</td><td>010-○○○-○○○○</td></tr>
<tr><td>대관 및 홍보</td><td colspan="6">* 지역주민 홍보/민원처리
* 인근사 통보
* 관련관청 방문설명</td></tr>
</table>

〈양식 1〉 (kr-p-07-01)

<table>
<tr><td colspan="3" rowspan="3">비상훈련(교육) 결과 보고서</td><td rowspan="3">결
재</td><td>작 성</td><td>검 토</td><td>승 인</td></tr>
<tr><td></td><td></td><td></td></tr>
<tr><td>/</td><td>/</td><td>/</td></tr>
<tr><td>비상
사태명</td><td colspan="6"></td></tr>
<tr><td>훈련일시</td><td colspan="6"></td></tr>
<tr><td>훈련장소</td><td></td><td colspan="2">훈련
실시부서</td><td colspan="3"></td></tr>
<tr><td>훈련구분</td><td>□ 자체훈련 □ 합동훈련</td><td colspan="2">훈련
참가자</td><td colspan="3">대상인원 : 명
참가인원 : 명</td></tr>
<tr><td>훈련내용
(간략하게 기재)</td><td colspan="6"></td></tr>
<tr><td rowspan="2">훈련성과 및 강평</td><td colspan="6">※훈련성과</td></tr>
<tr><td colspan="6">※ 강평</td></tr>
<tr><td>시나리오
반영사항</td><td colspan="6"></td></tr>
<tr><td rowspan="2">문제점 및
개선대책</td><td>문제점</td><td colspan="5">개선대책</td></tr>
<tr><td></td><td colspan="5"></td></tr>
<tr><td>비 고</td><td colspan="6"></td></tr>
</table>

4.5 점검 및 시정조치

4.5.1 성과측정 및 모니터링

(1) 인증기준

성과측정 및 모니터링에 관한 인증기준(KOSHA 18001)에서 정하고 있는 내용은 다음과 같다.

○ 성과측정은 안전보건경영체제의 효과를 측정하는 것으로 조직의 필요에 따라 다음의 사항을 정성적 또는 정량적 측정이 정기적으로 실시될 수 있도록 계획을 수립하고 실행하여야 한다.

1. 안전보건방침에 따른 목표가 계획대로 달성되고 있는가를 측정
2. 안전보건방침과 목표를 이루기 위한 안전보건활동계획의 적정성과 이행 여부 확인
3. 안전보건경영에 필요한 절차서와 안전보건활동 일치성 여부의 확인
4. 적용법규 및 그 밖의 요구사항의 준수 여부 평가
5. 사고, 아차사고, 업무상재해 발생 시 발생원인과 안전보건활동 성과의 관계

○ 성과측정 또는 모니터링 시 현장에 작업환경 측정장비가 필요한 경우 측정장비는 항상 측정이 가능하도록 검·교정이 유지되어야 한다.

(2) 해석

성과측정 및 모니터링은 안전보건경영시스템의 3번째 단계로써 계획을 수립하고 실행을 했을 때 그 성과가 나타나고 있는지를 확인하는 단계이다. 측정 단계에서 시스템에 대한 성과가 나타나지 않는다면 시스템 전반에 대하여 재검토 할 필요가 있다. 봄에 씨를 뿌리고 물도 주고 잘 가꾼다고 생각했는데 가을에 열매가 없다면 씨를 잘못 뿌렸다든지 아니면 물을 주는 시기나 양이 부적절하기 때문일 것이다.

년초에 안전보건시스템을 적용하기 위하여 계획을 수립하고 최선을 다해 실행하였는데 측정 방법이 잘못되어 시스템을 활용하는 정도가 낮다면 문제가 될 것이다. 또한 측정 항목에서 누락이 된다면 시스템의 효과는 적다고 할 수 있겠다. 곡식의 알맹이를 확인해야 하는데 쭉쟁이를 열심히 수확을 하고 있는지 확인할 필요가 있다. 즉 측정방법이나 내용이 아주 중요하다고 할 것이다. 성과측정에 대한 효과를 나타내기 위해서는 세부추진 계획을 수립할 때 측정이 가능하도록 정량적 목표수립이 필수적이라 할 것이다.

만약에 곡식의 추수가 목표라면 가을에는 100% 그 목표를 달성할 것이다. 적당히 관리해도 곡식은 추수가 될 것이다. 다만 그 양과 질은 형편없는 곡식이 될 것이 자명하다. 우리가 옥수수 알맹이 없는 껍질만 수확한다면 의미 없는 농사를 지은 것이다. 추진계획이 껍질이 아닌 알맹이가 튼실한 옥수수 수확처럼 목표추진계획을 수립해야 정상적 일 것이다. 목표수립에서 알맹이가 단단하고 무게가 몇 그램 이상 및 둘레가 15센치 미터 이상의 옥수수 수확이 목표가 되어야 가을에 성과를 측정할 수 있을 것이다. 성과측정의 대상을 선정할 때 인증기준에서 정하고 있는 사항은 누락이 없어야 된다.

어느 사업장의 경우는 성과측정의 내용이 교육실시 위주로 측정을 하고 있는데 이는 아주 일부분을 측정하고 있는 것이다. 성과측정은 시스템의 성과를 측정하는 것이다. 회사의 산업재해를 예방하기 위하여 시스템을 도입하여 실행을 하는데 교육실시만 측정하고 모니터링 한다면 안전보건경영시스템을 도입해서 운용할 필요가 없다. 중요한 점은 시스템의 성과를 측정하는 것이다. 이 시스템이 회사에 도움이 잘 되고 있는지를 평가해야 된다는 점이다. 시스템을 운용해서 안전보건활동에서 효과가 발생하고 근로자의 안전의식이 향상되고 안전문화가 정착이 되어 가고 있는 것을 확인하는 단계이다.

사업장에서 많은 절차서를 구비하여 실행하는데 안전 활동에 아무런 도움이 없다면 이 시스템은 무용지물인 것이다. 이것은 농사짓는 방법을 알려주는 엉터리 교재를 가지고 농사를, 아니 경영을 하는 것이다. 아프리카에서나 활용 가능한 농사법을 가지고 열심히 한다고 해서 가을에 성과가 있을 거라는 보장이 없다. 효과가 적다면 절차서나 지침서를 개정해서라도 우리 것으로 만들어야 한다. 즉 우리 것으로 만들기 위하여 성과 측정을 잘해야 하는 것이다. 5월에 비료를 주어야 되는지 6월에 비료를 주어야 되는지 알고 싶다면 어느 달에 비료를 주었을 때, 효과가 극대화 되는지 측정해야 할 것이다.

사업장에서 불행하게도 안전사고가 발생하는 경우 그 사고원인에 대하여 분석하여 시스템의 운용상의 문제점은 없는지 분석이 필요하지만 대부분의 사업장에서 원인까지만 분석하고 종결을 하는 경우가 많은데 이는 시스템의 취지를 살리지 못하는 경우이다. 작업자가 협착사고가 발생하는 경우, 작업의 부주의나 보호덮개 미부착만으로 원인을 삼는다면 시스템과 연결하여 분석하지 않은 것이다. 왜 시스템에서 미리 그것을 확인하지 못하였는지를 검토해야 하는 것이다. 시스템과의 연관성을 분석하지 않으면 그 같은 사고는 또 발생할 수 있을 것이다. 즉 소도 잃고 외양간도 안 고치는 격이다. 또한 성과측정 도구가 문제라면 그 결과에 대해서는 신뢰가 적을 것이다. 배기장치의 풍속을 측정하는데 교정을 받지 않은 장비라면 당연히 문제가 된다. 항상 정상상태를 유지하는 것도 중요한 사항이다.

(3) 부적합, 관찰 및 권고사항

- 정량적 목표 미수립으로 측정이 불가함
- 인증기준에서 정하는 측정 항목의 누락
- 목표와 추진계획의 적정성 여부 미확인
- 측정장비의 검 · 교정 미실시
- 사고 발생 시 발생원인과 안전보건활동의 성과의 연관성 미확인

(4) 매뉴얼 제정

성과측정 및 모니터링에 대한 매뉴얼의 제정은 인증기준을 참고하여 하나의 문서로 작성한다. 다음은 성과측정 및 모니터링에 대한 참고용 매뉴얼이다.

(5) 절차서 제정

성과측정 및 모니터링에 대한 절차서의 제정은 인증기준을 참고하여 하나의 문서로 작성한다. 매뉴얼 다음의 문서는 성과측정 및 모니터링에 대한 참고용 절차서이다.

<table>
<tr><td rowspan="4">○○(주)</td><td rowspan="2">안전보건경영 매뉴얼</td><td>문 서 번 호</td><td>KR-M-14</td></tr>
<tr><td>개(제) 정 일</td><td>2018.01.01</td></tr>
<tr><td rowspan="2">4.5.1 성과측정 및 모니터링</td><td>개 정 번 호</td><td></td></tr>
<tr><td>페 이 지</td><td>of</td></tr>
</table>

1. 목 적

본 문서 (주)○ ○(이하 '회사'라 한다)의 안전보건경영체제와 관련한 성과측정 및 모니터링을 관리함으로써 안전보건경영체제가 효과적으로 운영되도록 하는데 그 목적이 있다.

2. 적용범위

본 문서는 안전보건경영시스템을 운용하기 위한 성과측정 및 모니터링의 실행에 적용한다.

3. 책임과 권한

3.1 대표이사는 시스템의 운용과 관련한 성과측정 및 모니터링의 결과 보고서를 승인한다.

3.2 안전보건팀장은 성과측정 및 모니터링의 실시를 년 1회 이상 실시한다.

3.3 안전보건팀장은 안전보건경영시스템의 성과를 심사, 측정 및 기록을 유지한다.

3.4 각 부서장은 성과측정 및 모니터링을 실시하는데 있어서 안전보건팀장을 지원한다.

4. 안전보건 경영시스템의 성과측정 및 모니터링 기본체계

4.1 사업장은 성과측정 또는 모니터링에 관한 사항에 대하여 절차서를 수립한다.

4.2 사업장은 안전보건경영체제의 효과를 측정하는 것으로 조직의 필요에 따라 다음의 사항을 정성적 또는 정량적 측정이 정기적으로 실시될 수 있도록 계획을 수립하고 실행한다.

1) 안전보건경영방침에 따른 목표가 계획대로 달성되고 있는가를 측정

2) 안전보건경영방침과 목표를 이루기 위한 안전보건경영활동계획의 적정성과 이행 여부 확인

3) 안전보건경영에 필요한 절차서와 안전보건경영활동 일치성 여부를 확인
4) 적용법규 및 준수여부 평가
5) 안전사고, 아차사고, 업무상 재해 발생 시 발생원인과 안전보건활동 성과와의 관계

4.3 성과측정 또는 모니터링 시 현장에 작업 측정장비가 필요한 경우 측정장비는 항상 측정이 가능하도록 검·교정을 유지한다.

5. 문서 및 기록의 관리

감시 및 측정 관련 모든 문서 및 기록은 표준문서 작성 및 관리 절차서(KR-P-05), 문서관리 절차서(KR-P-06) 및 기록관리 절차서(KR-P-10)에 따른다.

6. 관련 문서

6.1 표준문서 작성 및 관리 절차서(KR-P-05)
6.2 문서관리 절차서(KR-P-06)
6.3 성과측정 및 모니터링 절차서(KR-P-08)
6.4 부적합사항 시정 및 예방조치 절차서(KR-P-10)
6.5 기록관리 절차서(KR-P-11)

<table>
<tr><td rowspan="4">○○(주)</td><td rowspan="2">안전보건경영 절차서</td><td>문 서 번 호</td><td>KR-P-08</td></tr>
<tr><td>개(제) 정 일</td><td>2018.01.01</td></tr>
<tr><td rowspan="2">제8장 성과측정 및 모니터링</td><td>개 정 번 호</td><td></td></tr>
<tr><td>페 이 지</td><td>of</td></tr>
</table>

1. 목 적

본 절차는 (주) ○○(이하 '회사'이라 한다)에서 안전보건경영에 영향을 미치는 사항에 대하여 성과측정 및 모니터링을 실행함으로서 안전보건경영체제를 지속적으로 개선하여 재해를 방지하고자 함을 목적으로 한다.

2. 적용범위

사업장의 안전보건경영체제와 관련된 활동에서 발생되는 결과에 대하여 성과측정 및 모니터링의 처리절차에 적용한다.

3. 용어의 정의

3.1 "성과"라 함은 사업장 또는 조직의 안전보건 방침·목표와 비교하여 조직의 안전보건경영활동으로 달성된 정성적·정량적 결과를 말한다.

3.2 "지속적 개선(Continual Improvement)"이라 함은 사업장 또는 조직의 당해년도 안전보건활동 성과를 분석·평가하고 그 평가 결과를 다음 년도의 안전보건활동에 반영하여 안전보건성과를 지속적으로 향상시키는 반복과정을 말한다.

3.3 "이해 관계자"이라 함은 사업장 또는 조직의 안전보건활동과 성과에 의해 영향을 받거나 그 활동과 성과에 관련된 개인 또는 집단을 말한다.

4. 책임과 권한

4.1 대표이사는 안전보건경영시스템의 성과측정 및 모니터링 사항에 대하여 총괄 책임이 있다.

4.2 안전보건팀장은 안전보건 운영체제 전반적인 이행 여부를 확인하기 위한 성과 측정 및 모니터링의 실행(양식 1)을 수행한다.

4.3 각 부서장은 안전보건경영시스템의 성과에 대하여 정기적으로 측정하고 모니터링을 실시한다.

5. 성과측정 및 모니터링 절차

5.1 안전보건팀장은 성과측정 및 모니터링을 위한 다음 사항을 계획한다.

1) 평가 일정 수립 및 평가요원 선정
2) 평가 일정 및 준비 사항을 각 부서에 통보
3) 최신 법규 및 기타 요건 적용 검토
4) 성과측정 및 모니터링을 위한 체크 리스트 준비

5.2 작업구역별 안전보건경영 성과측정 및 모니터링 실시

1) 각 부서장은 년 1회 작업부서별 자체적으로 안전보건경영시스템의 실행여부에 대하여 성과측정 및 모니터링 평가표(양식 1)에 따라 평가를 실시한다.
2) 각 부서장은 성과측정 및 모니터링의 결과, 계획의 실행이 부적절한 경우 문제점을 해결하여야 한다.
3) 각 부서장은 성과측정 및 모니터링 결과를 기록으로 보관하여야 하며, 안전보건팀의 성과측정 및 모니터링 및 내부심사에 대한 결과자료로서 제시하여야 한다.
4) 각 부서장은 안전보건팀장이 요구하는 경우, 정기적인 평가 외에 별도의 비정기적인 평가를 실시하여야 한다.
5) 각 부서의 점수는 80점 이상을 관리 기준으로 설정하고 부서장은 목표관리를 수행하고 매년 관리점수를 상향조정하여야 한다.

5.3 후속조치

1) 안전보건팀장은 평가 결과에 따라서 시정조치 사항이 발견된 경우 각 부서장에게 조치를 요구한다.
2) 시정조치 요구를 받은 부서장은 시정 및 예방 조치 절차에 따라 시정조치를 실시하고 그 결과를 안전보건팀장에게 통보한다.
3) 안전보건팀장은 시정조치 결과를 확인하여 문제점이 없는 경우는 완료조치하고 개선사항이 필요한 경우 시정조치를 재요구할 수 있다.

6. 관련기록

성과측정 및 모니터링에 따른 모든 관련 기록은 기록관리 절차서(KR-P-10)에 따른다.

7. 관련양식

7.1 성과측정 및 모니터링 평가표 (양식 1)(kr-p-08-01)

〈양식 1〉 성과측정 및 모니터링 평가표(kr-p-08-01)

성과측정 및 모니터링 평가표	결재	작 성	검 토	승 인

일시		평가팀		평가자	

NO	성과측정/모니터링 항목	세부항목	성과지표 (목표대비달성)	평가점수		부진사항 평가
				배점	득점	
1	목표대비달성	재해관련		20		
		산업재해율		10		
		근로손실율		10		
2	안전보건활동계획의 적정성과 이행여부	안전보건활동계획의 적정성 및 이행도 총점		50		
		시정조치 개선		10		
		교육훈련 실시 및 수준		5		
		법규검토		5		
		위험성평가 개선		5		
		성과측정 및 모니터링 실시		5		
		아차사고 및 잠재위험발굴 활동		5		
		내부심사 시정조치 이행		5		
		안전사고 발생 원인분석		5		
		안전보건활동계획의 적정성		5		
3	절차서와 안전보건경영활동의 일치성 여부	절차서와 안전보건경영활동과의 일치성		10		
4	적용법규 및 준수여부 평가	법규 및 준수평가 이행		10		
5	재해발생 시 발생원인과 안전보건활동성과와의 관계	아차사고를 포함하여 사고발생 시 원인조사를 실시하여 시스템과 연관성 조사		10		
총 점				100		

※ 평가기준

1. 평가점수는 각 추진계획에서 성과지표를 참고하여 산정
2. 산재 및 근로손실일수 감소 점수는 아래 기준에 의거 산정

■ 산업재해율 관리(10점)

- 전년도 대비 10% 상승시 마다 2점 감점
- 산출방식 : (당해년도 재해율/전년도 재해율) * 100

- ■ 근로손실율 관리(10점)
  - 전년도 대비 10% 상승시 마다 2점 감점
  - 산출방식 : (당해년도 총근로손실일수/전년도 총 근로손실일수) × 100

3. 안전보건활동계획의 적정성과 이행여부의 점수부여는 다음과 같다.
   - ■ 시정조치의 개선율
     - 개선율의 단계를 5단계로 하고 각 단계별로 점수부여

     - 단계구분은 다음표와 같다.

개선율 (실시율) (분석율)	점수부여								
	시정 조치	교육	위험성 평가	아차 사고	내부 심사	사고 원인 분석	절차서 일치성 여부 (건수)	법규 준수 (건수)	재해 발생 원인 분석
0-19	0	0	0	0	0	0	0(5)	0(5)	0
20-39	2	1	1	1	1	1	2(4)	2(4)	2
40-59	4	2	2	2	2	2	4(3)	4(3)	4
60-79	6	3	3	3	3	3	6(2)	6(2)	6
80-99	8	4	4	4	4	4	8(1)	8(1)	8
100	10	5	5	5	5	5	10(0)	10(0)	10

- ■ 교육훈련 실시 및 수준의 점수반영은 위의 표를 참고하여 산정한다.
- ■ 법규검토는 검토를 정기적으로 절차에 따라서 실행하는 경우 5점을 부여하고 미실행 시에는 0점을 부여
- ■ 위험성 평가의 개선은 개선율에 따라서 위의 표를 참고하여 점수를 부여한다.
- ■ 성과측정 및 모니터링의 점수는 실행하는 경우 5점을 부여하고 미실행 시에는 0점을 부여
- ■ 아차사고 및 잠재위험발굴활동은 건수의 달성율에 근거하여 위의 표를 참고하여 산정한다.
- ■ 내부심사 시정조치 이행율을 근거하고 위의 표를 참고하여 산정한다.
- ■ 안전사고 발생 원인분석을 실시한 비율에 따라서 위의 표를 참고하여 산정한다.
- ■ 안전보건활동계획의 적정성을 검토하는 경우 5점을 부여하고 미실행 시에는 0점을 부여
- ■ 절차서와 안전보건경영활동의 일치성 여부는 절차서에 따라서 실행여부를 판단하여 위반사항이 5건 이상은 0점을 부여하고 건수에 따라 위의 표를 참고하여 산정한다.
- ■ 법규준수여부 평가는 위반사항이 5건 이상은 0점을 부여하고 건수에 따라 위의 표를 참고하여 산정한다.
- ■ 재해발생 시 발생원인과 안전보건활동 성과와의 관계를 분석하는 경우에 분석하고 위험성 평가를 실시하고 개선조치율에 따라서 위의 표를 참고하여 산정한다.
- ■ 첨부: 추진실적물을 완료하여 첨부

4.5.2 시정조치 및 예방조치

(1) 인증기준

시정조치 및 예방조치에 관한 인증기준(KOSHA 18001)에서 정하고 있는 내용은 다음과 같다.

○ 사업장은 성과측정 및 모니터링 결과 부적합 사항이 발견될 경우, 원인을 파악하고 시정조치 또는 예방조치를 할 수 있도록 책임과 권한을 부여하고 실행하여야 한다.

○ 시정조치 또는 예방조치는 사전에 위험성 평가를 실시하고 취해진 조치에 대한 성과를 검토하여야 한다.

○ 사업장은 시정조치 또는 예방조치에 따라 변경사항을 기록하여 유지되도록 하여야 한다.

(2) 해석

시정조치 및 예방조치의 내용으로는 문제점을 발견했을 때 그 해결능력을 향상시키고 그 문제의 재발을 방지하기 위함이다. 만일 회사 내에서 어떠한 문제가 발생했을 때, 회사는 어떠한 방법을 사용해서라도 그 해결점을 찾고 있을 것이다. 그러나 이 시스템을 도입하고 운용하는 사업장은 그 해결 방법을 문서화하여 담당자가 변경되더라도 쉽게 해결방법을 실행하는데 도움이 될 것이다.

확실한 것은 이 시스템의 방법이 현재까지의 세계적인 방법으로 통하고 있다는 것이다. 심사에서 많은 지적사항 중의 하나가 시정조치를 실행하기 전에 사전에 위험성 평가를 시행하지 않는다는 점이다. 예를 들면 모니터링 결과, 기계의 위치를 변경해야 하는데 변경을 실행하기 전에 위험성 평가를 실시하여야 하나 많은 사업장에서 그 부분이 누락되는 현상이 발생한다.

당연한 의미지만 기계의 위치를 변경하기 전에 미리 위험성평가를 진행하는 절차가 타당하다고 고려된다. 간단하게 어떤 실행을 하기 전에 위험성평가는 필수라 생각하면 이해가 될 것이다. 거의 많은 사업장에서의 실수가 시정조치결과에 대하여 추후 성과에 대하여 검토근거가 빈약하다는 점이다. 당연히 시정조치에 대한 성과를 관찰하여 그 실행이 타당하고 효과가 있는지를 확인해야 하며 효과가 없다면 다시 시정조치를 실행해야만 차후 시정조치를 실행할 때 좀더 충분한 조치를 취할 수 있기 때문이다. 이제 실행단계를 살펴보면 시정조치의 절차가 체계적이지 않다는 부분도 많은 지적사항으로 발견되고 있다.

시정조치를 실행하기 위해서는 문서를 통해서 진행이 이루어져야 하는데 중간단계를 건너뛰고 결론에 도달하는 문서가 많이 발견된다. 대표적인 예로 하나의 문서에 여러 단계의 진행이 동시에 이루어지고 서명이 이루어지는 문서가 발견되기도 한다. 절차가 복잡하다고 생각해서인지, 결과물이 너무 쉽게 생성이 되고 있는지 고민할 필요가 있다. 또한 시정조치를 결정해서 진행할 때 그 결과에 대해서도 추적관리가 필요하지만, 그 결과가 없는 시정조치 보고서를 종결하는 경우도 발생하는데 이는 시스템의 효과를 위해서는 반드시 시정되어야 하는 부분이다. 또한 절차서에 등록된 문서와 실행되고 있는 문서도 일치가 필요한데 편리한대로 절차서와 상이한 문서가 사용되고 있는 사업장도 있다. 이는 시스템에서 요구하는 절차의 중요성을 간과해서 발생하는 부분이다. 절차서의 양식을 변경하든지 사용하는 양식을 변경하든지 일치된 문서를 사용하는 점은 시스템의 기본이다.

(3) 부적합, 관찰 및 권고사항

- 시정조치의 양식 불일치
- 한 장의 문서에 여러 단계의 서명이 사용됨
- 사전에 위험성 평가 미실시
- 시정조치의 결과의 작성 생략

(4) 매뉴얼 제정

시정조치 및 예방조치에 대한 매뉴얼의 제정은 인증기준을 참고하여 하나의 문서로 작성한다. 다음은 시정조치 및 예방조치에 대한 참고용 매뉴얼이다.

(5) 절차서 제정

시정조치 또는 예방조치에 대한 절차서의 제정은 인증기준을 참고하여 하나의 문서로 작성한다. 매뉴얼 다음의 문서는 시정조치 또는 예방조치에 대한 참고용 절차서이다.

<table>
<tr><td rowspan="4">○○(주)</td><td rowspan="2">안전보건경영 매뉴얼</td><td>문 서 번 호</td><td>KR-M-15</td></tr>
<tr><td>개(제) 정 일</td><td>2018.01.01</td></tr>
<tr><td rowspan="2">4.5.2 시정조치 및 예방조치</td><td>개 정 번 호</td><td></td></tr>
<tr><td>페 이 지</td><td>of</td></tr>
</table>

1. 목 적

본 문서 (주)○ ○(이하 '회사'라 한다)의 안전보건경영체제와 관련한 시정조치 및 예방조치를 관리함으로써 안전보건경영체제가 효과적으로 운영되도록 하는데 그 목적이 있다.

2. 적용범위

본 문서는 안전보건경영시스템을 운용하기 위한 시정조치 및 예방조치의 실행에 적용한다.

3. 책임과 권한

3.1 대표이사는 시스템의 운용과 관련한 시정조치 및 예방조치 결과 보고서를 승인한다.

3.2 안전보건팀장은 시정조치 및 예방조치에 관한 시스템을 실행하고 결과보고서를 작성한다.

3.2 각 부서장은 시정조치의 이행과 예방조치를 실시한다.

3.3 생성된 기록물에 대하여 각 부서에서 보관할 문서에 대해서는 안전한 장소에 보관하여야 한다.

4. 시정조치 및 예방조치의 체계의 기준

4.1 사업장은 성과측정 및 모니터링 결과, 부적합사항이 발견된 경우 원인을 파악하고 시정조치 또는 예방조치를 할 수 있도록 책임과 권한을 부여하고 실행한다.

4.2 사업장은 시정조치 또는 예방조치는 사전에 위험성평가를 실시하고 취해진 조치에 대한 성과를 검토한다.

4.3 사업장은 시정조치 또는 예방조치에 따라 변경사항을 기록하여 유지되도록 한다.

5. 문서 및 기록의 관리

부적합 시정 및 예방조치 관련 모든 문서 및 기록은 표준문서 작성 및 관리 절차서(KR-P-05), 문서관리 절차서(KR-P-06) 및 기록관리 절차서(KR-P-10)에 따른다.

6. 관련 문서

6.1 위험성평가 절차서(KR-P-01)

6.2 표준문서 작성 및 관리 절차서(KR-P-05)

6.3 문서관리 절차서(KR-P-06)

6.4 비상사태 대비 및 대응 절차서(KR-P-07)

6.5 성과측정 및 모니터링 절차서(KR-P-08)

6.6 기록관리 절차서(KR-P-10)

6.7 내부심사 절차서(KR-P-11)

<table>
<tr><td rowspan="4">○○(주)</td><td rowspan="2">안전보건경영 절차서</td><td>문 서 번 호</td><td>KR-P-09</td></tr>
<tr><td>개(제) 정 일</td><td>2018.01.01</td></tr>
<tr><td rowspan="2">제9장 시정조치 및 예방조치</td><td>개 정 번 호</td><td></td></tr>
<tr><td>페 이 지</td><td>of</td></tr>
</table>

1. 목 적

본 절차는 (주) ○○(이하 '회사'라 한다)에서 안전보건경영에 영향을 미치는 부적합 사항을 효과적으로 시정조치 및 예방조치를 실행함으로서 안전보건경영 체제를 지속적으로 개선함을 목적으로 한다.

2. 적용범위

사업장의 안전보건경영체제와 관련된 활동에서 발생되는 시정조치 및 예방조치사항의 처리절차에 적용한다.

3. 용어의 정의

3.1 "부적합사항"이라 함은 사업장 또는 조직의 안전보건활동이 안전보건경영 체제상의 기준이나 작업표준, 지침, 절차, 규정 등으로부터 벗어난 상태를 말한다.

3.2 "권고사항"이라 함은 안전보건경영시스템 운영의 효율성을 높이기 위해 개선의 여지가 있는 경우 또는 사내규정(표준)대로 시행되고 있으나 업무의 목적상 비효율적이거나 불합리하다고 판단되는 경우를 말한다.

3.3 "관찰사항"이라 함은 부적합이라고 심증은 가지만 객관적인 증거가 없는 경우, 현재 부적합은 아니나 부적합으로 진행될 우려가 있는 경우를 말한다.

3.4 "시정조치"라 함은 발견된 부적합사항 또는 관찰사항의 원인을 제거하여 재발을 방지하기 위한 조치를 말한다.

3.5 "예방조치"이라 함은 잠재적인 부적합사항, 기타 바람직하지 않은 잠재적 상황의 원인을 제거하여 발생을 방지하기 위한 조치를 말한다.

3.6 "이해 관계자"이라 함은 사업장 또는 조직의 안전보건활동과 성과에 의해 영향을 받거나 그 활동과 성과에 관련된 개인 또는 집단을 말한다.

4. 책임과 권한

4.1 대표이사는 시정조치 및 예방조치의 전반적인 사항에 대하여 총괄책임이 있다.

4.2 안전보건팀장은 다음사항에 대하여 업무를 진행한다.

1) 시정(예방)조치 요구서 발행 및 관리
2) 시정(예방)조치 결과서의 확인
3) 시정(예방)조치 현황을 정리하여 대표이사에게 결과보고
4) 경영자 검토 자료 활용지원

4.3 각 부서장은 시정조치 요구사항에 대한 개선 방안의 수립 및 시행한다.

5. 업무절차

5.1 적합 시정(예방)조치 요구대상

1) 안전보건경영시스템의 성과측정 및 모니터링 결과 시정조치나 예방조치가 필요한 경우
2) 안전사고가 발생될 가능성이 있어 예방 조치가 필요한 경우
3) 안전보건경영시스템과 관련하여 법규 및 그 밖의 요구사항에 대한 조치가 필요한 경우
4) 안전보건경영시스템 내부심사에서 부적합, 관찰 및 권고가 발생되어 조치가 필요한 경우
5) 안전보건경영시스템의 경영검토 과정에서 부적합, 관찰 및 권고가 발생되어 조치가 필요한 경우
6) 시정(예방)조치가 불충분하여 재발 가능성이 있는 경우
7) 기관(안전공단, 국제인증 심사 등)에서 심사 결과 부적합 사항이 발생한 경우
8) 부적합 사항은 시정조치를 실행하고 관찰 및 권고사항에 대해서는 대표이사의 승인에 따라 실행 여부를 결정한다.

5.2 부적합 시정(예방)조치 요구서 발행

안전보건팀장은 부적합사항 발견 시 시스템의 효과를 위하여 부적합 보고서(양식 1)를 해당 부서에 발행한다.

5.3 부적합 시정(예방)조치 실시 및 사후관리

1) 부적합 시정(예방)조치를 요구받은 부서장은 부적합의 원인을 파악하여 시정(예방)조치 대책을 수립한다.
2) 시정(예방)조치에 따라 각 부서장은 완료계획서(양식 3)를 작성하여 안전보건팀장

에게 통보한다.

3) 각 부서장은 시정(예방)조치를 실시하기 전에 위험성 평가를 실시하고 조치를 완료한 경우 완료보고서(양식 4)를 작성하여 안전보건팀장에게 통보한다.

4) 안전보건팀장은 시정(예방)조치의 결과를 확인하고 확인 결과, 적절하게 부적합 원인이 제거된 경우 조치를 종결한다.

5) 안전보건팀장의 확인 결과, 부적합이 완전히 제거되지 않은 경우 시정/예방조치 재조치 요구서(양식 5)를 발행하여 해당 부서장에게 통보한다.

6) 시정/예방조치 재심사 요구서(양식 5)를 받은 부서장은 최초의 처리 절차에 따라서 조치계획서를 작성하고 안전보건팀장에게 통보하여 최초 절차에 따라서 완료한다.

7) 안전보건팀장은 재심사 요구서에 따라 조치를 진행한 부서의 조치를 확인하여 적합하다고 판단할 경우 종결처리한다.

8) 안전보건팀장은 조치요구에 따라서 조치완료 된 사항에 대하여 그 성과에 대하여 경영자 검토 사항에 반영하여 시스템에 반영(양식 6)하도록 한다.

9) 시정(예방)조치로 효과성이 입증된 경우 해당 사항을 문서화에 반영되도록 고려하며 조치사항을 관리대장에 작성하여 기록을 유지한다.

5.4 보고

안전보건팀장은 부적합 시정(예방)조치의 진행 및 종결상태를 확인하여 경영자 검토 자료에 포함하여 대표이사에게 보고한다.

6. 기록

부적합사항 시정조치 및 예방조치에 관한 모든 기록은 기록관리 절차서(KR-P-11)에 따른다.

7. 관련양식

7.1 시정/예방조치 요구서 (양식 1)(kr-p-09-01)

7.2 시정/예방조치 요구서 관리대장 (양식 2)(kr-p-09-02)

7.3 시정/예방조치 완료 계획서 (양식 3)(kr-p-09-03)

7.4 시정/예방조치 완료보고서 (양식 4)(kr-p-09-04)

7.5 시정/예방조치 재조치 요구서 (양식 5)(kr-p-09-05)

7.6 시정/예방조치 성과보고서 (양식 6)(kr-p-09-06)

〈양식 1〉 시정/예방조치요구서(kr-p-09-01)

년 월 일

<table>
<tr><td colspan="4" rowspan="2">시정/예방조치 요구서
Audit Finding Report</td><td>발행번호</td><td></td></tr>
<tr><td>발 행 자</td><td>인</td></tr>
<tr><td>심사구분</td><td></td><td>심사일</td><td></td><td>관련요건</td><td></td></tr>
<tr><td>수감부서</td><td></td><td>수감자</td><td></td><td>회신 요청일</td><td></td></tr>
<tr><td colspan="6">지적사항 (부적합/관찰/권고사항)

권고사항 (필요시 작성)

</td></tr>
<tr><td>수감부서 확인</td><td colspan="2">서명</td><td>심사팀장 확인</td><td colspan="2">서명</td></tr>
</table>

〈양식 2〉 시정/예방조치 요구서 관리대장(kr-p-09-02)

시정/예방조치 요구서 관리대장

요구서 No	해당 부서명	발행일	조치 요구사항	회신 요구일	부서 담당자	조치사항	종결일

〈양식 3〉 시정/예방조치 완료 계획서(kr-p-09-03)

시정/예방 조치 완료계획서

부서명: 작성일: 년 월 일

요구서 번호	조치요구사항	회신 요구일	지연사유	예상조치내용	완료 예정일	조치 담당자

부서: 담당자: 서명

〈양식 4〉 시정/예방조치 완료 보고서(kr-p-09-04)

<table>
<tr><td colspan="4" rowspan="3">시정/예방조치 완료보고서</td><td>문서번호</td><td></td></tr>
<tr><td>보고자</td><td>인</td></tr>
<tr><td>보고일</td><td>년 월 일</td></tr>
<tr><td>요구서 번호</td><td colspan="5"></td></tr>
<tr><td>시정/예방
조치 요구사항</td><td colspan="5"></td></tr>
<tr><td>시정/예방
조치 실시사항</td><td colspan="5"></td></tr>
<tr><td colspan="3">시정조치확인(해당부서)
□시정조치 결과가 만족함
□시정조치 결과가 불만족함</td><td colspan="3">시정조치확인(안전보건팀)
□시정조치 결과가 만족함
□시정조치 결과가 불만족함</td></tr>
<tr><td>조치
확인부서</td><td>부(팀)</td><td>인</td><td>확인일</td><td colspan="2">년 월 일</td></tr>
<tr><td rowspan="2">완료확인
(안전보건팀)</td><td>확인자</td><td colspan="4">인</td></tr>
<tr><td>확인일</td><td colspan="4">년 월 일</td></tr>
</table>

〈양식 5〉 시정/예방조치 재 조치요구서(kr-p-09-05)

작성일: 년 월 일

<table>
<tr><td colspan="4" rowspan="2">시정/예방조치 재 조치요구서</td><td>문서번호</td><td colspan="2"></td></tr>
<tr><td>요 구 자</td><td colspan="2"></td></tr>
<tr><td>심사구분</td><td></td><td>재조치
완료요구일</td><td></td><td>관련요건</td><td colspan="2"></td></tr>
<tr><td>수감부서</td><td>부(팀)</td><td>수감자</td><td></td><td>회신요청일</td><td colspan="2"></td></tr>
<tr><td colspan="7">1. 완료심사 지적사항 (부적합/관찰)

2. 권고사항</td></tr>
<tr><td>안전보건팀장</td><td colspan="6">인</td></tr>
<tr><td rowspan="2">조치부서
(수감부서)</td><td rowspan="2" colspan="2">부(팀)</td><td rowspan="2">조치담당</td><td colspan="3">인</td></tr>
<tr><td colspan="3">년 월 일</td></tr>
</table>

〈양식 6〉 시정/예방조치 성과보고서(kr-p-09-06)

작성일: 년 월 일

<table>
<tr><td colspan="3" rowspan="2">시정/예방조치 성과보고서</td><td>문서번호</td><td colspan="2"></td></tr>
<tr><td>보고자</td><td colspan="2">인</td></tr>
<tr><td>요구서 번호</td><td colspan="5"></td></tr>
<tr><td>시정/예방
조치 요구사항</td><td colspan="5"></td></tr>
<tr><td>시정/예방
조치 실시사항</td><td colspan="5"></td></tr>
<tr><td colspan="3">시정조치성과확인(해당부서)
□시정조치 결과의 성과가 만족함.
□시정조치 결과의 성과가 불만족함</td><td colspan="3">시정조치성과확인(안전보건팀)
□시정조치의 성과가 만족함.
□시정조치의 성과가 불만족함</td></tr>
<tr><td>성과
확인부서</td><td>부(팀)</td><td>인</td><td>확인일</td><td colspan="2">년 월 일</td></tr>
<tr><td rowspan="2">성과확인
(안전보건팀)</td><td>확인자</td><td colspan="4">인</td></tr>
<tr><td>확인일</td><td colspan="4">년 월 일</td></tr>
</table>

4.5.3 기록

(1) 인증기준

기록에 관한 인증기준(KOSHA 18001)에서 정하고 있는 내용은 다음과 같다.

○ 기록은 식별, 유지, 보관, 보호, 검색 및 폐기에 관한 절차를 수립하고 문서화하여야 한다.

○ 기록대상에는 다음 사항을 포함하여 목록화를 하고 보존기간을 정하여 유지하여야 한다.
1. 안전보건경영체제의 계획수립과 관련한 결과물
   - 안전보건활동 수준평가, 위험성 평가, 법규 등 검토, 안전보건목표, 안전보건활동 추진계획 등
2. 안전보건경영체제의 실행 및 운영과 관련한 결과물
   - 조직도 및 업무분장표, 교육훈련결과, 자격보유자목록, 의사소통결과
3. 안전보건경영체제의 점검 및 시정조치 결과물
   - 비상시 대비 및 대응 결과, 성과측정 및 모니터링 결과
4. 경영자 검토 결과물
5. 기타 안전보건경영체제와 관련된 활동 결과물

○ 기록은 읽기 쉽고, 식별 및 추적이 가능하여야 한다.

(2) 해석

기록과 관련한 내용으로는 기록물의 식별, 유지, 보관, 보호, 및 폐기에 관한 사항에 대하여 작성하고 관리하여야 한다. 절차서나 지침서를 기준으로 작성한 문서에 대하여 관리절차를 진행하는 사항으로 산업안전보건공단으로부터 외부심사의 절차를 실행할 때 회사의 관리수준을 나타내는 지표라고 할 수 있다. 심사에서 지적받는 사항으로는 기록물의 목록이 누락되어 있거나 목록의 내용이 인증기준에서 정하고 있는 기록물이 누락되는 경우 등이다. 효과적인 시스템의 운용을 위해서는 평상시에 관리를 잘 하여 필요할 때 즉시 사용가능하도록 하여야 한다. 특히 보존기간을 결정할 때는 산업안전보건법에서 정하는 사항과 일치하여야 한다.

(3) 부적합, 관찰 및 권고사항

- 기록물 등록대장의 누락
- 목록에서 인증기준에서 정하는 사항의 누락

– 절차서의 보존기관과 불일치

(4) 매뉴얼 제정

기록에 대한 매뉴얼의 제정은 인증기준을 참고하여 하나의 문서로 작성한다. 다음은 문서화에 대한 참고용 매뉴얼이다.

(5) 절차서 제정

기록에 대한 절차서의 제정은 인증기준을 참고하여 하나의 문서로 작성한다. 매뉴얼 다음의 문서는 기록에 대한 참고용 절차서이다.

<table>
<tr><td rowspan="4">○○(주)</td><td rowspan="2">안전보건경영 매뉴얼</td><td>문 서 번 호</td><td>KR-M-16</td></tr>
<tr><td>개(제) 정 일</td><td>2018.01.01</td></tr>
<tr><td rowspan="2">4.5.3 기록</td><td>개 정 번 호</td><td></td></tr>
<tr><td>페 이 지</td><td>of</td></tr>
</table>

1. 목 적

본 문서 (주)○ ○(이하 '회사'라 한다)의 안전보건경영체제와 관련한 기록물을 관리함으로써 안전보건경영체제가 효과적으로 운영되도록 하는데 그 목적이 있다.

2. 적용범위

본 문서는 안전보건경영시스템을 운용하여 생성된 기록물의 관리에 적용한다.

3. 책임과 권한

3.1 안전보건팀장은 안전보건경영시스템의 운용에서 발생한 기록물의 전체적 인사에 대하여 관리한다.

3.2 각 부서장은 생성된 기록물에 대하여 부서에서 보관할 문서에 대해서는 안전한 장소에 보관하여야 한다.

4. 안전보건경영 기록관리체계의 기준

4.1 안전보건경영체제와 관련 규정에 의거 기록의 식별, 유지, 보관, 보호, 검색, 폐기, 분실 및 손상된 기록에 대한 관리절차를 마련하여야 한다.

4.2 안전보건경영시스템의 기록물은 사업장에서 발생한 안전 및 보건에 관한 사항이므로 정확하게 작성됨을 원칙으로 한다.

4.3 안전보건경영 관련 기록에는 다음 사항들을 수록한다.

1) 안전보건경영체제의 계획수립과 관련한 결과물
 - 안전보건경영활동 수준평가 측면 및 위험성 평가, 법규 등 검토, 안전보건경영 목표, 안전보건 목표 및 추진계획등

2) 안전보건경영체제의 실행 및 운영과 관련한 결과물
 - 조직도 및 업무분장표, 교육훈련 결과, 의사소통 결과

3) 안전보건경영체제의 점검 및 시정조치 결과물

- 비상시 대비 및 대응 결과, 성과측정 및 모니터링 결과

4) 경영자 검토 결과물

5) 기타 안전보건경영체제와 관련된 활동 결과물

4.4 안전보건경영기록은 대표이사가 승인한 문서를 의미하며 문서는 통상 서명을 원칙적으로 하고 사정에 따라 전자서명의 형태도 가능하다.

4.5 기록은 검색이 쉽도록 색인되어야 한다. 색인은 최소한 다음 사항을 포함한다.

1) 보존기간

2) 문서번호

3) 관리책임자

4.6 안전보건경영기록은 파손, 손상, 분실을 방지하기 위하여 적합한 보관장소를 갖춘 시설에서 보관한다.

5. 문서 및 기록의 관리

5.1 안전보건경영기록 관련 모든 문서 및 기록은 표준문서 작성 및 관리 절차서(KR-P-05), 문서관리 절차서(KR-P-06) 및 기록관리 절차서(KR-P-10)에 따른다.

6. 관련문서

6.1 표준문서 작성 및 관리 절차서(KR-P-05)

6.2 문서관리 절차서(KR-P-06)

6.3 기록관리 절차서(KR-P-10)

<table>
<tr><td rowspan="4">○○(주)</td><td rowspan="2">안전보건경영 절차서</td><td>문 서 번 호</td><td>KR-P-10</td></tr>
<tr><td>개(제) 정 일</td><td>2018.01.01</td></tr>
<tr><td rowspan="2">제10장 기록</td><td>개 정 번 호</td><td></td></tr>
<tr><td>페 이 지</td><td>of</td></tr>
</table>

1. 목적

본 절차서는 (주) ○○(이하 '회사'이라 한다)의 안전보건경영에 대한 기록의 식별, 유지, 보관, 보호, 검색 및 폐기에 관한 절차를 수립하고 문서화를 하여 효과적인 시스템을 운용하는데 그 목적이 있다.

2. 적용범위

본 절차서는 회사의 안전보건경영시스템을 운용하는 과정에서 발생하는 기록에 적용한다.

3. 용어의 정의

3.1 기록

안전보건경영시스템의 운용과정에서 발생한 문서

3.2 영구기록

법에서 정하는 사항은 보존기간을 충족하기 위한 회사가 존속하는 기간 동안 보관하는 것을 의미한다.

3.3 비영구기록

시스템과 관련하여 회사에 의해 규정된 기간 동안 보존이 요구되는 기록

4. 업무절차

4.1 일반사항

안전보건팀장은 기록의 식별, 유지, 보관, 보호, 검색 및 폐기에 대한 전반적인 책임을 가진다.

4.2 기록의 생성 및 변경

1) 안전보건팀장은 기록 목록을 작성하여 관련 부서에 배포한다.

2) 기록 목록에는 분류, 기록명, 보존기간 및 책임자를 명기하여야 한다.

3) 해당 부서장은 기록 목록에 명시된 기록을 문서 및 절차서에 따라 작성한다.

4) 기록은 업무와의 관계를 식별할 수 있도록 쉽게 작성하고 정확하게 작성해야 한다.

5) 기록은 승인권자 및 담당자가 서명, 날인한 것에 한하여 유효한 기록으로 간주한다.

6) 기록의 수정 및 갱신은 다음 방법에 따라 수행한다.

가. 중요한 수정 및 갱신은 원본을 대조하여 확인함을 원칙으로 한다.

나. 편집상의 실수로 인한 사항은 별도의 승인 없이 수정할 수 있다.

다. 수정한 부분은 도포액을 사용하지 않고 선을 긋고 내용 주위에 수정사항을 기재하고 수정자의 서명 및 날짜를 기입한다.

5.3 보관대상 기록의 접수 및 검토

1) 해당 부서장은 생성 기록물을 안전보건팀장에게 전달한다.

2) 안전보건팀장은 접수된 기록물에 대해 기록물의 유효성, 정확성 등을 판별한다.

5.4 저장 및 열람

1) 기록은 파일에 견고하게 보관하고 표지에는 기록물의 명칭 등 관련 정보를 표시한다.

2) 기록관리 담당자는 보존기간 및 업무 특성등을 고려하여 기록을 분류하고 각 파일 및 바인더에는 색인표를 견고하게 부착하여 쉽게 검색할 수 있도록 관리한다.

3) 기록관리 담당자는 파일 목록을 기록관리대장에 기록한다.

4) 기록의 저장장소는 안전한 장소가 원칙이며 다음의 요건을 고려한다.

가. 저장장소는 기록의 분실 및 파손을 방지할 수 있도록 보호한다.

나. 저장시설은 누수, 화재, 해충, 곰팡이 등으로부터 적절히 보호되어야 한다.

5) 기록물의 훼손방지를 위해 다음 요건을 적용할 수 있다.

가. 기록물은 온도 및 습도를 고려하여 손상을 방지할 수 있도록 보관한다.

나. 기록물은 바인더나 폴더에 넣어 책장 등의 보관대에 보관한다.

다. 기록물을 컴퓨터에 저장하는 경우 식별표시를 하고, 컴퓨터 관리대장에 기록하여 검색이 용이하도록 한다.

6) 안전보건팀장은 기록이 분실 또는 파손된 기록을 발견했을 때, 최초 원본을 추적하거나 사본을 참고하여 재작성한다.

5.5 기록의 유지

1) 안전보건팀장은 기록물을 유지하여 필요 시 심사원이 요구할 경우 즉시 제시하여야 한다.
2) 안전보건팀장은 기록물을 관계인이 요구하는 경우, 사본을 제공하는 것을 원칙으로 한다.
3) 안전보건팀장은 기록물의 작성이나 보관 등이 연속적으로 이행되어 시스템이 효과적으로 진행되도록 한다.

5.6 기록의 폐기

안전보건팀장은 기록물의 작성이 틀린 경우 또는 새로운 기록물이 생성되어 대체가 가능하다고 판단되는 경우 이전 기록물을 대표이사의 승인 후 폐기할 수 있다.

6. 첨부

6.1 기록관리대장(양식 1)(kr-p-10-01)

〈양식 1〉 기록관리대장(kr-p-10-01)

작성일: 년 월 일

분류	기록명	보존기간	관리책임팀	비고
공 통	안전보건활동수준평가	3년	각부서	
	위험성 평가표/등록부	3년	각부서	
	법규등록부(안전보건)	3년	안전보건팀	
	안전보건목표	3년	안전보건팀	
	경영추진 계획/실적서	3년	각부서	
	조직도 및 업무 분장표	3년	안전보건팀	
	교육훈련 결과	3년	안전보건팀 각부서	
	자격보유자목록	3년	안전보건팀	
	의사소통 결과물	3년	안전보건팀	
	비상시 대비 및 대응 결과서	3년	안전보건팀 각부서	
	내부심사 기록	3년	안전보건팀	
	성과측정 및 모니터링결과			
	사후심사 기록(인증기관)	3년	안전보건팀	
	경영검토 기록	3년	안전보건팀	
	시정/예방조치 요구서	3년	안전보건팀 각부서	
	기타 안전보건경영체제와 관련된 활동 결과물	3년	안전보건팀	
안 전	작업허가서(화기, 밀폐공간, 위험작업등)	3년	안전보건팀	
	보호구 지급대장	3년	안전보건팀	
	사고보고서 (산재, 공상)	5년	안전보건팀	
	안전교육일지	3년	안전보건팀 각부서	
	일상/정기점검표(일상설비점검표)	3년	각부서	
	안전검사 결과서	3년	안전보건팀	
보 건	작업환경측정 결과서	3년	안전보건팀	
	검진결과서(일반, 특수)	30년	안전보건팀	
소 방	비상사태처리결과서	3년	안전보건팀	
	소방시설성능시험결과표	3년	안전보건팀	

4.5.4 내부심사

(1) 인증기준

내부심사에 관한 인증기준(KOSHA18001)에서 정하고 있는 내용은 다음과 같다.

○ 사업장은 안전보건성과의 일상적인 안전보건경영체제의 모든 요소가 체제의 내용과 같이 실행·유지관리되고 있는지의 여부에 대한 내부심사를 최소한 1년에 1회 이상 하여야 한다.
○ 내부심사를 위한 심사조직, 심사일정, 심사일자, 심사결과 조치에 대한 사항을 절차서로 작성하고 이 절차서에 따라 내부심사를 실행한다.
○ 내부심사원은 가능한한 안전보건활동 담당자와 독립적인 능력있는 사람에 의해 수행되어야 하며 필요에 따라 조직외부에서 수행할 수 있다.
○ 내부심사를 실시할 때에는 다음 사항을 고려하여야 한다.
  1. 안전보건경영체제가 요구하는 안전보건목표의 달성여부
  2. 사업장의 안전보건경영체제 실행과 유지의 적합성
  3. 위험성평가 결과에 따른 개선조치의 이행내용

○ 내부심사결과는 보고서로 작성하여 최고경영자를 포함한 모든 조직 구성원에게 전달되고, 시정조치는 요구사항대로 이행되어야 한다.

(2) 해석

내부심사는 시스템을 실행하면서 종합적이고 전체적으로 시스템의 수준정도를 파악하는 것으로서 핵심 사항으로는 년 1회 실시하고, 내부심사를 적정하게 진행하는지와 시정조치 사항이 발생하는 경우 적절한 조치를 시행하고 있는지 여부이다. 발견되는 문제점으로는 내부심사의 조직구성의 문제, 심사 계획서의 작성 등에서 오류가 발견된다. 내부심사원의 자격 기준은 절차서에서 작성이 되고 있으나 실행 과정에서 생략되는 경우가 발생한다. 내부심사 점검항목을 절차서의 양식에 첨부하여 관리하고 있으나 실제 실행에서 임의의 양식을 사용하는 경우도 발생한다. 내부심사가 우수한 현장의 경우 경험이 풍부한 외부 전문가를 초빙하여 각 부서별로 심사를 실시한 경우도 있다. 내부 심사의 목표는 인증기준에서와 같이 목표의 달성여부, 시스템의 적합성 및 개선조치 사항에 대한 이행 내용의 심사의 실행이다. 또한 내부심사 결과는 보고서로 작성하여 최고경영자를 포함한 모든 조직 구성원에게 전달되고, 시정조치는 요구사항대로 이행되어야 한다.

(3) 부적합, 관찰 및 권고사항

- 내부심사자의 자격관리미흡
- 내부심사 점검표 양식의 절차서와 불일치
- 내부심사 항목의 부족
- 심사결과 조치사항에 대한 추적관리 미흡
- 내부심사의 결과에 대한 조직원에게 전달 미흡

(4) 매뉴얼 제정

내부심사에 대한 매뉴얼의 제정은 인증기준을 참고하여 하나의 문서로 작성한다. 다음은 문서화에 대한 참고용 매뉴얼이다.

(5) 절차서의 제정

내부심사에 대한 절차서의 제정은 인증기준을 참고하여 하나의 문서로 작성한다. 매뉴얼 다음의 문서는 내부심사에 대한 참고용 절차서이다.

<table>
<tr><td rowspan="4">○○(주)</td><td rowspan="2">안전보건경영 매뉴얼</td><td>문 서 번 호</td><td>KR-M-17</td></tr>
<tr><td>개(제) 정 일</td><td>2018.01.01</td></tr>
<tr><td rowspan="2">4.5.4 내부심사</td><td>개 정 번 호</td><td></td></tr>
<tr><td>페 이 지</td><td>of</td></tr>
</table>

1. 목 적

본 문서는 (주)○ ○(이하 '회사'라 한다)의 안전보건경영시스템의 내부심사에 관한 사항을 제정하여 효과적인 시스템 적용을 하여 사업장 내에서 사고를 예방하고 차기 년도의 안전보건경영시스템의 효과성, 적절성 및 필요성을 확보하는데 있다.

2. 적용범위

본 문서는 사업장의 안전보건경영시스템에 관련된 내부심사에 대하여 적용한다.

3. 책임과 권한

3.1 최고경영자는 내부심사 결과를 최종 승인할 책임이 있다.

3.2 안전보건팀장은 내부심사를 계획하고 실행한다.

4. 내부심사의 기본요건

4.1 사업장은 안전보건성과의 일상적인 안전보건경영체제의 모든 요소가 체제의 내용과 같이 실행 및 유지 · 관리되고 있는지의 여부에 대한 내부심사를 최소한 1년에 1회 이상 실행한다.

4.2 내부심사를 위한 심사조직, 심사일정, 심사일자, 심사결과 조치에 대한 사항을 절차서로 작성하고 이 절차서에 따라 내부심사를 실행한다.

4.3 내부심사원은 가능한한 안전보건활동 담당자와 독립적인 능력있는 사람에 의해 수행되어야 하며 필요에 따라 조직외부에서 수행할 수 있다.

4.4 내부심사를 실시할 때에는 다음 사항을 고려하여야 한다.

1) 안전보건경영체제가 요구하는 안전보건목표의 달성 여부

2) 사업장의 안전보건경영체제 실행과 유지의 적합성

3) 위험성 평가 결과에 따른 개선조치의 이행 내용

4.5 내부심사결과는 보고서로 작성하여 최고경영자를 포함한 모든 조직 구성원에게 전달되고, 시정조치는 요구사항대로 이행되어야 한다.

5. 문서 및 기록의 관리

5.1 내부심사 관련 모든 문서 및 기록은 표준문서 작성 및 관리 절차서(KR-P-05), 문서관리 절차서(KR-P-06) 및 기록관리 절차서(KR-P-10)에 따른다.

6. 관련 문서

6.1 표준문서 작성 및 관리 절차서(KR-P-05)

6.2 문서관리 절차서(KR-P-06)

6.3 부적합사항 시정 및 예방조치 절차서(KR-P-09)

6.4 기록관리 절차서(KR-P-10)

6.5 내부심사 절차서(KR-P-11)

<table>
<tr><td rowspan="4">○○(주)</td><td rowspan="2">안전보건경영 절차서</td><td>문 서 번 호</td><td>KR-P-11</td></tr>
<tr><td>개(제) 정 일</td><td>2018.01.01</td></tr>
<tr><td rowspan="2">제11장 내부심사</td><td>개 정 번 호</td><td></td></tr>
<tr><td>페 이 지</td><td>of</td></tr>
</table>

1. 목 적

본 절차서는 (주) ○○(이하 '회사'이라 한다)의 안전보건경영시스템에 적용하여 내부심사에 관한 매뉴얼에서 정하는 사항을 바탕으로 시스템을 실행하기 위한 절차서를 규정함을 목적으로 한다.

2. 적용범위

본 절차서는 모든 조직원을 대상으로 하고 내부심사에 관한 사항에 적용한다.

3. 책임과 권한

3.1 대표이사는 안전보건경영시스템을 총괄하여 운영한다.

3.2 안전보건팀장은 다음과 같은 책임이 있다.

1) 내부심사 계획의 수립

2) 내부심사요원의 선정 및 교육관리

3) 내부심사의 결과를 최고경영자에게 보고

4) 내부심사의 결과를 각 부서장에게 통보하고 시정조치 요구

3.3 각 부서장(이하 "관리감독자"라 한다)은 내부심사의 결과에 대하여 기간을 정하여 시정조치를 하고 그 결과를 안전보건팀장에게 보고한다.

4. 내부심사 주기

4.1 정기심사

안전보건팀장은 매년 4분기에 심사계획서를 작성하여 대표이사의 승인을 득하여 연 1회 실시한다.

4.2 특별심사

1) 안전보건경영시스템의 구성요건 등 시스템이 구조적으로 변경될 가능성이 높을 경우

2) 심각한 부적합 사항이 발견된 경우에는 해당 사항에 대하여 특별심사를 진행한다.

5. 내부심사팀의 구성

5.1 심사팀장은 대표이사의 승인 아래 안전보건팀장이 되며, 안전보건팀장은 심사원을 구성한다.

5.2 심사원은 심사에 대한 독립성과 심사능력이 보장되어야 하며, 자격 요건은 다음의 요건에서 한 가지를 충족하는 경우 심사원 자격을 인정한다.

1) KOSHA 18001 인증 관련 내부심사를 안전공단으로부터 교육 · 이수한 자
2) 안전관리자 및 보건관리자
3) KOSHA 18001 인증기준에서 정하고 있는 기준에 대하여 외부 전문가로부터 내부심사에 대한 교육을 이수한 요원으로 자격관리 대장에 기록되어 사내에서 자격유지를 받고 있는 요원
4) 사내의 관리 감독자로 내부심사에 관하여 대표이사로부터 인정을 받은 관리자
5) 내부심사에 관한 사외 전문가

5.3 안전보건팀장은 해당 심사 기간에 회사 업무에 지장을 초래하지 않는 범위에서 심사요원을 선발한다.

5.4 안전보건팀장은 심사요원으로 선발된 심사자에게 심사를 실시하기 전에 다음과 같은 사항을 교육한다.

1) 회사의 인증 관련 매뉴얼, 절차서 및 지침서의 내용
2) 관련 법규 및 기타 요구사항에 대한 지식
3) 경영시스템의 구성 내용 및 내부심사 항목
4) 심사기술 및 심사보고서의 작성에 대한 사항

5.5 심사원에 대한 자격유효기간은 3년으로 하며 자격유지를 위하여 매 3년마다 심사에 관한 사항을 교육하고 심사원 관리 대장에 기록한다.

5.6 심사팀장(선임 심사원)은 안전보건팀장이 수행하는 것을 원칙으로 하며, 필요에 따라서 심사요원 중에서 안전보건팀장이 선정한다.

6. 내부심사 계획 수립 및 실시

6.1 내부심사 계획 수립

1) 안전보건팀장은 안전보건경영시스템의 효율적인 운영을 위하여 년초에 수립한 심사계획에 의거 심사계획서를 작성하여 대표이사의 승인을 득하여 심사 준비

를 한다.

2) 안전보건팀장은 심사계획서를 심사 전 피심사부서에 통보한다.

6.2 내부심사 실시

1) 심사자는 대상 부서의 모든 시스템운영의 전반에 대하여 내부심사표를 기반으로 심사를 수행한다.

2) "심사점검표"에 의해서 직전의 심사에서 지적된 사항에 대하여 시정되었는지를 확인하고 그 결과를 기록한다.

3) 심사자는 서류와 실제 현장에서 동일하게 실시되고 있는지를 확인한다.

7. 내부심사 결과보고서 작성

7.1 심사팀장은 내부심사를 완료 후 심사결과를 종합분석하여 심사결과서를 작성한다.

7.2 안전보건팀장은 심사 종료 후 심사결과 보고서를 작성하여 대표이사에게 보고한다.

7.3 안전보건팀장은 심사결과서를 기반으로 시정이 필요한 사항은 시정 및 예방조치 요구서를 작성하여 해당 각 부서장에게 통보한다.

7.4 안전보건팀장은 내부심사의 결과에 대하여 전 조직원에게 교육 또는 SNS를 통하여 전달한다.

8. 내부심사 사후관리

8.1 피심사부서는 심사보고서 결과에 대하여 "시정조치계획서"를 작성하여 안전보건팀장에게 통보한다.

8.2 시정조치 해당 부서는 시정조치계획서를 실행하고 그 결과를 안전보건팀장에게 시정조치 결과보고서를 제출한다.

8.3 안전보건팀장은 시정조치 결과를 확인 후 전 부서에 대한 "시정조치결과 보고서"를 작성하여 대표이사에게 보고한다.

8.4 안전보건팀장은 직전 심사에서 발견된 부적합 사항에 대하여 시정조치 결과에 대하여 확인한다.

9. 관련기록

내부 심사에 관련된 모든 기록은 기록관리 절차서(KR-P-10)에 따른다.

10. 관련 양식

10.1 안전보건 내부심사자 관리대장(양식 1)(kr-p-11-01)

10.2 안전보건 내부심사 계획서(양식 2)(kr-p-11-02)

10.3 내부심사 체크리스트(양식 3)(kr-p-11-03)

10.4 내부심사 결과보고서(양식 4)(kr-p-11-04)

〈양식 1〉 (kr-p-11-01)

안전보건경영시스템 내부 심사자 관리대장

작성일 : 년 월 일

관리번호	소 속	성 명	자격 취득일	자격 만료일	교육수강현황		비 고
					교육기관	수강일자	

〈양식 2〉 안전보건 내부심사 계획서(kr-p-11-02)

<table>
<tr><td>○ ○</td><td colspan="4">안전보건 내부심사 계획서</td><td colspan="2">년도</td></tr>
<tr><td>심사일</td><td colspan="3"></td><td>심사구분</td><td colspan="2">□ 정 기 □ 특 별</td></tr>
<tr><td>심사부서</td><td colspan="3"></td><td>심 사 원</td><td colspan="2"></td></tr>
<tr><td>심사목적</td><td colspan="6"></td></tr>
<tr><td>심사범위
및
심사내용</td><td colspan="6"></td></tr>
<tr><td rowspan="6">심사일정</td><td>대상부서</td><td>일 자</td><td>시 간</td><td colspan="2">심 사 원</td><td>비 고</td></tr>
<tr><td></td><td></td><td></td><td colspan="2"></td><td></td></tr>
<tr><td></td><td></td><td></td><td colspan="2"></td><td></td></tr>
<tr><td></td><td></td><td></td><td colspan="2"></td><td></td></tr>
<tr><td></td><td></td><td></td><td colspan="2"></td><td></td></tr>
<tr><td></td><td></td><td></td><td colspan="2"></td><td></td></tr>
<tr><td>심사준비
사항</td><td colspan="6"></td></tr>
<tr><td colspan="2">작 성 자 / 일 자</td><td colspan="3">검 토 자 / 일 자</td><td colspan="2">승 인 자 / 일 자</td></tr>
<tr><td colspan="2">/</td><td colspan="3">/</td><td colspan="2">/</td></tr>
</table>

〈양식 3〉 (kr-p-11-03)

내부심사 CHECK LIST

(심사일: 년 월 일)

내부심사점검표						
심사항목	심사내용	서류 및 면담결과				
		적합	부적합	관찰	권고	N/A
4.1 일반원칙	○ 기준에서 요구하거나 사업장에서 필요한 사항에 대하여 구체적인 운영절차를 수립하고 있는가?					
	○ 업종의 종류, 조직의 규모 및 경영여건, 보유설비 및 물질의 특성에 따라 각 요소의 범위와 방법을 조정하여 적용하고 있는가?					
	○ 조직은 안전보건경영시스템을 안전보건방침, 계획수립, 실행 및 운영, 점검 및 시정조치, 경영자 검토 및 시스템개선 등의 P-D-C-A 순환과정을 통하여 안전보건활동이 지속적인 개선이 이루어지도록 하고 있는가?					
4.2 안전보건방침	○ 사업장의 최고 경영자는 조직에 적합한 안전보건방침을 정하고, 이 방침에는 최고경영자의 정책과 목표, 성과개선에 대한 의지가 분명히 제시되고 모든 조직 구성원에게 공표 되고 있는가?					
	○ 안전보건방침은 다음사항을 만족하고 있는가?					
	1. 조직의 안전보건 위험의 특성과 조직의 규모에 적합여부					
	2. 조직의 모든 근로자의 안전보건을 확보하기 위한 지속적인 개선 및 실행 의지 포함.					
	3. 법적 요구사항 준수의지 포함여부					
	4. 경영자의 안전보건 경영철학과 근로자의 참여여부					
	○ 안전보건방침은 간결하게 문서화하고 최고경영자의 서명과 시행일을 명기하여 조직의 모든 구성원 및 이해 관계자가 쉽게 접할 수 있도록 공개되고 있는가?					
	○ 최고경영자는 안전보건방침이 조직에 적합한지를 정기적으로 검토하고 있는가?					
4.3.1 위험성평가	○ 사업장은 보유・사용하고 있는 위험기계・기구 등 산업기계, 유해위험물질 및 유해위험공정에 대한 위험성평가를 실시하고 있는가?					
	○ 사업장은 사업장의 특성・규모・공정특성을 고려하여 적절한 위험성 평가 기법을 활용하여 절차에 따라 실시하고 있는가?					

	○ 위험성 평가 대상에는 모든 근로자(공사업체, 협력업체, 방문객 포함)에게 안전보건 상 영향을 주는 다음 사항을 포함하고 있는가?					
	1. 조직 내부 또는 외부에서 작업장에 제공되는 유해위험시설					
	2. 작업장에서 보유 또는 취급하고 있는 모든 유해위험물질					
	3. 일상적인 작업(협력업체 포함) 및 비일상적인 작업(수리 또는 정비 등)					
	4. 발생할 수 있는 비상조치 작업					
	○ 위험성 평가 시 안전보건 상 영향을 최소화 하기 위해 가능한 다음 사항을 고려하고 있는가?					
	1. 교대작업, 야간근로, 장시간 근로 등 열악한 근로조건에 대한 근로자의 건강증진 방안					
	2. 일시고용, 고령자 등 취약 계층 근로자의 안전보건측면					
	3. 교통사고, 체육활동 등 행사 중 재해와 사고					
	○ 위험성평가는 사후적이 아닌 사전적으로 실시해야 하며, 주기적으로 재평가하고 그 결과를 문서화하여 유지하고 있는가?					
	○ 사업장은 위험성 평가 결과, 위험을 제거 또는 감소시키기 위한 조치계획을 안전보건활동 추진계획에 포함하여 실시하고 모니터링 하고 있는가?					
	○ 위험성 평가 조치계획은 다음과 같은 단계에 따라 수립되고 있는가? 1. 유해위험요인의 제거 2. 유해위험요인의 대체 3. 연동장치, 환기장치 설치 등 공학적 대책 4. 안전보건표지, 유해위험에 대한 경고, 작업절차서 정비 등 관리적 대책 5. 개인 보호구의 사용					
4.3.2 법규 및 그 밖의 요구사항 검토	○ 사업장은 다음과 같은 적용되는 법규 및 조직이 동의한 그 밖의 요구사항을 파악하고 활용하기 위한 절차를 수립, 실행 및 유지하고 있는가?					
	1. 사업장에 적용되는 안전보건 법규 및 조직이 동의한 그 밖의 요구사항					
	2. 조직 구성원 및 이해 관계자들과 관련된 안전보건기준과 지침					

	3. 사업장 특성에 따라 구성원이 지켜야 할 안전보건상의 기술적인 지침					
	○ 법규 및 그 밖의 요구사항은 최신 것으로 유지하고 있는가?					
	○ 법규 및 그 밖의 요구사항은 조직 구성원 및 이해관계자 등에게 의사소통 및 정보가 제공되고 있는가?					
4.3.3 목표	○ 사업장은 작업부서별(또는 작업단위, 계층별)로 안전보건 활동에 대한 안전보건 목표를 수립하고 있는가?					
	○ 사업장이 목표를 수립할 때에는 위험성 평가 결과, 법규 등 검토사항과 안전보건활동상의 필수적 사항(교육, 훈련, 성과측정, 내부심사) 등이 반영되고 있는가?					
	○ 안전보건활동은 안전보건방침에서 추구하는 목표와 일치하여야 하며, 각 안전보건활동별로 목표를 측정 가능하도록 정하고 있는가?					
	○ 목표를 수립 시에는 목표달성을 위한 조직 및 인적・물적 지원 범위와 크기를 반영하고 있는가?					
4.3.4 안전보건활동 추진계획	○ 사업장은 안전보건상의 목표를 달성하기 위한 활동 추진계획을 해당업무(작업), 단위별(팀별, 부・과별)로 다음 사항을 수립하고 문서화 하여 실행하고 있는가?					
	1. 조직의 전체 목표 및 부서별 세부목표와 이를 추진하고자 하는 책임자 지정					
	2. 목표달성을 위한 안전보건활동계획(수단・방법・일정・예산・인원)					
	3. 안전보건활동별 성과지표					
	○ 안전보건활동 추진계획은 정기적으로 검토되고 조직의 운영변경 또는 새로운 계획의 추가사유가 발생할 때에는 수정 하고 있는가?					
4.4.1 구조 및 책임	○ 최고경영자는 공표한 안전보건 방침, 목표를 달성할 수 있도록 모든 부서에서 안전보건경영체제가 올바르게 실행 및 운영되고 있는가에 대하여 주기적으로 점검 확인하고 있는가?					
	○ 사업장의 안전보건활동 업무를 효율적으로 수행하기 위하여 활동계획 및 업무별로 담당자를 정하고 그의 역할, 책임과 권한을 문서화하고 조직 내에서 공유하고 있는가?					
	○ 사업장은 안전보건경영체제의 실행 및 운영과 개선에 필요한 자원(인적・물적)의 제공과 이를 실행하기 위하여					

	구성원에게 교육, 훈련 등을 제공하고 있는가?					
4.4.2 교육, 훈련 및 자격	○ 사업장에서 안전보건에 영향을 미치는 작업자는 업무수행에 필요한 교육, 훈련 또는 경험 등 적격한 능력을 보유하여야 하며 업무수행상의 자격이 필요한 경우 자격절차를 수립하고 교육과 훈련을 통하여 자격을 유지하도록 하고 있는가?					
	○ 안전보건교육 및 훈련 계획 수립 시에는 조직의 계층, 조직의 위험요인, 근로자의 업무 또는 작업특성을 고려하되 다음 사항을 포함하고 있는가?					
	1. 안전보건 방침, 안전보건경영체제상 수행하여야 할 안전보건활동과 담당자의 역할 및 책임					
	2. 근로자의 업무 또는 작업이 안전보건에 미치는 영향과 결과 3. 위험성 평가 결과, 개선내용 및 잔여 위험요인과 그 대책					
	4. 비상시 대응절차 및 규정된 대응절차로부터 벗어날 때 발생할 수 있는 이차적 피해					
	○ 안전보건 교육 및 훈련계획 수립시 교육훈련의 필요성을 파악하고 교육훈련 후에는 교육성과를 평가하고 있는가?					
4.4.3 의사소통 및 정보제공	○ 사업장은 안전보건경영체제 확립을 위하여 조직구성원과 이해관계자가 안전보건활동에 참여하고 활동에 대한 의사소통 및 필요한 정보를 제공할 수 있도록 다음사항을 포함하여 절차를 수립하고 있는가?					
	1. 제공할 안전보건의 정보종류와 필요시 전문가의 자문					
	2. 내・외부의 안전보건에 관한 문서접수처리 및 회신					
	3. 안전보건 문제 및 활동에 대한 근로자의 참여(견해, 개선 아이디어, 관심사항)와 검토 회신					
	○ 사업주는 안전보건목표 설정 및 안전보건계획의 수립 등 주요한 사항에 대해서 산업안전보건위원회를 활용하는 등 근로자의 의견을 반영하고 있는가?					
4.4.4 문서화	○ 사업장은 안전보건경영체제를 성공적으로 정착하기 위해 안전보건경영구성 요소와 요소간의 상관관계를 문서화하고 있는가?					
	○ 안전보건경영체제에 대한 문서는 구성원 모두가 이해하기 쉽도록 간략하게 작성되고 효과성과 효율성을 위해 최소한도로 유지되고 있는가?					
4.4.5 문서관리	○ 사업장은 이 기준에서 요구하는 모든 문서가 작성 절차에 따라 다음 사항을 포함하여 관리되고 있는가?					

	1. 승인된 문서는 안전보건활동을 수행하는 조직에 전체 또는 해당업무에 관련된 일부문서를 적절한 장소에 비치					
	2. 문서는 정기적으로 검토하고 필요에 따라 개정하며 권한을 가진 자가 승인					
	3. 구(舊)문서는 달리 사용되지 않도록 문서 및 비치장소에서 신속히 제거조치					
	4. 문서규정에 의하여 또는 보전을 목적으로 보유하고 있는 모든 구(舊) 문서는 최신문서와 적절하게 식별되도록 조치					
	5. 문서는 읽기 쉽도록 유지되고 쉽게 식별 및 추적이 가능하도록 관리하여야 한다.					
	○ 조직 내의 문서를 작성하고 수정하는데 필요한 절차와 책임에 대한 내용을 명시하고 있는가?.					
4.4.6 운영관리	○ 사업장은 안전보건 측면에 영향을 미칠 수 있는 기계기구, 사용물질, 작업 등에 대한 안전보건 상의 기준을 수립하고 있는가?					
	○ 사업장은 다음과 같은 안전보건활동과 관련하여 해당사항에 대한 운영절차를 수립하고 이행하고 있는가?					
	1. 운영절차가 필요한 안전보건활동					
	- 작업장의 안전조치					
	- 중량물・운반기계에 대한 안전조치					
	- 개인보호구 지급 및 관리					
	- 위험기계・기구에 대한 방호조치					
	- 떨어짐・무너짐에 대한 방지조치					
	- 안전검사 실시					
	- 폭발・화재 및 위험물 누출 예방활동					
	- 전기재해 예방활동					
	- 쾌적한 작업환경 유지활동					
	- 근로자 건강장해 예방활동					
	- 협력업체의 안전보건 활동지원					
	- 안전・보건관계자 역할과 활동					
	- 산업안전보건위원회 운영					
	- 산업재해조사 활동					
	- 무재해운동 추진 및 운영					

	2. 작업내용 변경에 따른 유해·위험예방조치					
	3. 안전작업허가제도 운영					
	○ 사업장은 다음사항이 포함된 구매절차서를 수립하고 이행하고 있는가?					
	1. 안전보건과 관련된 구매 또는 임대물품의 안전보건상의 요구사항					
	2. 구매 및 임대 물품에 대한 입고 전 안전성 확인					
	3. 공급자와 계약자 간의 사용설명서 등의 안전보건 정보 공유 사항					
4.4.7 비상시대비 및 대응	○ 사업장은 위험성평가 결과 중대산업사고 또는 사망 등 중대재해가 발생할 가능성이 있는 경우, 비상사태별 시나리오와 대책을 포함한 비상조치계획을 작성하고 사고 발생 시 피해를 최소화하고 있는가?					
	○ 사업장은 비상사태 시나리오별로 정기적인 교육·훈련을 실시하고 비상사태 대응 훈련 후에는 성과를 평가하여 필요 시 개정·보완하고 있는가?					
	○ 비상시 대비 및 대응 내용에는 다음 사항이 포함되고 있는가?					
	1. 비상조치를 위한 인력, 장비 보유현황					
	2. 사고발생시 각부서·관련기관과의 비상연락체계					
	3. 사고발생 시 비상조치를 위한 조직의 임무 및 수행절차					
	4. 비상조치 계획에 따른 교육·훈련계획					
	5. 비상시 대피절차와 재해자에 대한 구조, 응급조치 절차					
	○ 비상시 대비 및 대응 내용에 인근주민 및 환경에 대한 영향과 대응 및 홍보 방안을 포함하고 있는가?					
4.5.1 성과측정 및 모니터링	○ 성과측정은 안전보건경영체제의 효과를 측정하는 것으로 조직의 필요에 따라 다음의 사항을 정성적 또는 정량적 측정이 정기적으로 실시될 수 있도록 계획을 수립하고 실행하고 있는가?					
	1. 안전보건방침에 따른 목표가 계획대로 달성되고 있는가를 측정					
	2. 안전보건방침과 목표를 이루기 위한 안전보건활동계획의 적정성과 이행여부 확인					
	3. 안전보건경영에 필요한 절차서와 안전보건활동 일치성여부의 확인					

	4. 적용법규 및 그 밖의 요구사항의 준수여부 평가					
	5. 사고, 아차사고, 업무상재해 발생시 발생원인과 안전보건활동 성과의 관계					
	○ 성과측정 또는 모니터링 시 현장에 작업환경 측정장비가 필요한 경우 측정장비는 항상 측정이 가능하도록 검·교정이 유지되고 있는가?					
4.5.2 시정조치 및 예방조치	○ 사업장은 성과측정 및 모니터링 결과 부적합사항이 발견될 경우 원인을 파악하고 시정조치 또는 예방조치를 할 수 있도록 책임과 권한을 부여하고 실행하고 있는가?					
	○ 시정조치 또는 예방조치는 사전에 위험성 평가를 실시하고 취해진 조치에 대한 성과를 검토하고 있는가?					
	○ 사업장은 시정조치 또는 예방조치에 따라 변경사항을 기록하여 유지되도록 하고 있는가?					
4.5.3 기록	○ 기록은 식별, 유지, 보관, 보호, 검색 및 폐기에 관한 절차를 수립하고 문서화하고 있는가?					
	○ 기록대상에는 다음 사항을 포함하여 목록화를 하고 보존기간을 정하여 유지하고 있는가?					
	1. 안전보건경영체제의 계획수립과 관련한 결과물 - 안전보건활동수준평가, 위험성평가, 법규 등 검토, 안전보건목표, 안전보건활동 추진계획 등					
	2. 안전보건경영체제의 실행 및 운영과 관련한 결과물 - 조직도 및 업무분장표, 교육훈련결과, 자격보유자목록, 의사소통결과					
	3. 안전보건경영체제의 점검 및 시정조치 결과물 - 비상시 대비 및 대응 결과, 성과측정 및 모니터링 결과					
	4. 경영자 검토 결과물					
	5. 기타 안전보건경영체제와 관련된 활동 결과물					
	○ 기록은 읽기 쉽고, 식별 및 추적이 가능한가?					
4.5.4 내부심사	○ 사업장은 안전보건성과의 일상적인 안전보건경영체제의 모든 요소가 체제의 내용과 같이 실행·유지관리되고 있는지의 여부에 대한 내부심사를 최소한 1년에 1회 이상 하고 있는가?					
	○ 내부심사를 위한 심사조직, 심사일정, 심사일자, 심사결과 조치에 대한 사항을 절차서로 작성하고 이 절차서에 따라 내부심사를 실행하고 있는가?					
	○ 내부심사원은 가능한한 안전보건활동 담당자와 독립적인					

	능력이 있는 사람에 의해 수행되어야 하며 필요에 따라 조직외부에서 수행하고 있는가?					
	○ 내부심사를 실시할 때에는 다음 사항을 고려하고 있는가?					
	1. 안전보건경영체제가 요구하는 안전보건목표의 달성여부					
	2. 사업장의 안전보건경영체제 실행과 유지의 적합성					
	3. 위험성 평가 결과에 따른 개선조치의 이행내용					
	○ 내부심사결과는 보고서로 작성하여 최고경영자를 포함한 모든 조직 구성원에게 전달되고, 시정조치는 요구사항대로 이행되고 있는가?					
4.6 경영자 검토	○ 사업장은 안전보건경영체제에 대한 정기적인 경영자의 검토 주기와 범위를 정하고 있는가?					
	○ 경영자 검토의 범위에 다음 사항을 포함하고 있는가?					
	1. 안전보건경영방침 및 목표의 이행도					
	2. 정기적 성과측정결과 및 조치결과					
	3. 내부심사 및 후속조치 결과내용					
	4. 이전 경영자 검토결과의 후속조치 내용					
	5. 사업장영역의 구조변화, 법 개정 및 신기술의 도입 등 내·외적인 요소 또는 미래 불확실성에 대처하기 위한 계획					
시정조치사항	○ 직전에 실시했던 시정 조치사항의 적절한 처리 결과					

안전보건경영관계자 면담

심사항목	심사내용	서류 및 면담결과				
		적합	부적합	관찰	권고	N/A
1. 경영층이 알아야 할 사항	○ 안전보건 경영방침을 알고 있어야 한다.					
	○ 당해연도 안전보건활동목표를 알고 있어야 한다.					
	○ 안전보건경영을 위한 기본조직의 구성현황과 자원을 알고 있어야 한다.					
	○ 안전보건에 관한 중요한 규정의 내용을 알고 있어야 한다.					
	○ 안전보건경영시스템 운영절차와 적용 후 예상효과를 알고 있어야 한다.					
2. 중급관리자가	○ 회사의 안전보건경영방침을 수행하기 위한 구체적 추진계획을 알고 있어야 한다.					

알아야 할 사항 : 팀장, 부・과장, 대리	○ 안전보건경영시스템의 운영절차와 예상효과에 대해서 알고 있어야 한다.					
	○ 안전보건경영시스템 운영상의 담당자의 역할을 알고 있어야 한다.					
	○ 해당공정의 위험성 평가방법과 내용을 알고 있어야 한다.					
	○ 해당공정의 중요한 안전작업지침서의 내용을 알고 있어야 한다.					
	○ 유해위험작업공정과 작업환경이 열악한 장소를 파악하고 있어야 한다.					
	○ 비상조치 사항을 알고 있어야 한다.					
	○ 최신 기술자료의 보관장소와 관리 방법을 알고 있어야 한다.					
3. 현장관리자가 알아야 할 사항 : 기사, 직장, 조반장	○ 자사의 재해율과 안전보건목표를 알고 있어야 한다.					
	○ 안전보건경영시스템 운영상의담당자 역할을 알고 있어야 한다.					
	○ MSDS 등 공정안전자료의 활용과 비치장소를 알고 있어야 한다.					
	○ 해당공정의 잠재위험성과 대응방법을 알고 있어야 한다.					
	○ 예정되지 아니한 정전시의 조치사항을 알고 있어야 한다.					
	○ 안전보건 기술자료가 어디에 보관되는지 알고 있어야 한다.					
	○ 비상조치계획에서 담당역할을 알고 있어야 한다.					
	○ 기계・기구 및 설비의 검사주기를 알고 있어야 한다.					
	○ 현장에서의 유해위험물질 취급방법을 알고 있어야 한다.					
	○ 가동전 안전점검 사항을 알고 있어야 한다.					
4. 현장작업자가 알아야 할 사항	○ 담당업무에 관한 안전보건수칙을 알고 있어야 한다.					
	○ 안전보건경영시스템 운영절차를 알고 있어야 한다.					
	○ 최근 실시한 안전보건교육내용을 알고 있어야 한다.					
	○ 취급하고 있는 유해・위험물질에 대하여 유해・위험성 정도와 취급절차를 알고 있어야 한다.					
	○ 비상사태 발생 시 조치사항을 알고 있어야 한다.					
	○ 개인보호구 착용기준과 착용방법 등을 알고 있어야 한다.					

5. 안전 · 보건관리자가 알아야 할 사항	○ 법정 안전 · 보건관리자로서의 역할을 알고 있어야 한다.					
	○ 안전보건경영시스템의 내용과 실행효과를 알고 있어야 한다.					
	○ 안전보건경영시스템을 실행하기 위한 추진목표를 알고 있어야 한다.					
	○ 내부심사 결과 및 조치사항에 대한 추진상황을 점검한 내용을 알고 있어야 한다.					
	○ 위험성평가방법 및 조치내용을 알고 있어야 한다.					
6. 협력업체 관계자가 알아야 할 사항	○ 협력업체의 사업주가 해야 할 사항을 알고 있어야 한다.					
	○ 현장에서 위험상황을 발견했을 때 조치방법을 알고 있어야 한다.					
	○ 비상시 행동요령에 대하여 알고 있어야 한다.					
	○ 개인보호구 지급기준과 착용방법을 알고 있어야 한다.					
	○ 위험작업허가서를 교부받아야 할 작업의 종류를 알고 있어야 한다.					

4.6 경영자 검토

(1) 인증기준

경영자 검토에 관한 인증기준(KOSHA 18001)에서 정하고 있는 내용은 다음과 같다.

○ 사업장은 안전보건경영체제에 대한 정기적인 경영자의 검토 주기와 범위를 정하여야 한다.

○ 경영자 검토의 범위에 다음 사항을 포함하여야 한다.
1. 안전보건경영방침 및 목표의 이행도
2. 정기적 성과측정결과 및 조치결과
3. 내부심사 및 후속조치 결과내용
4. 이전 경영자 검토결과의 후속조치 내용
5. 사업장 영역의 구조변화, 법 개정 및 신기술의 도입 등 내·외적인 요소 또는 미래 불확실성에 대처하기 위한 계획

(2) 해석

경영자 검토의 항목은 년초에 목표를 수립하여 실행한 결과의 종합적인 판단을 의미하는 것으로써 인증기준에서 요구하는 사항을 준수하여야 한다. 매뉴얼의 내용에서 핵심 사항으로는 경영자 검토의 주기와 범위를 정하는 것이고, 경영자 검토 내용의 준수 여부가 중요하다. 현장에서 심사를 진행하는 과정에서 많은 개선요구 사항이 검토주기의 누락부분과 검토범위의 미흡한 적용이다. 기본적으로 검토범위는 5개 항목을 정하고 있는데 많은 현장에서 5개 항목에 대하여 비슷하게 범위를 정하여 실행하고 있는 점이다. 최선의 선택은 5개 항목을 정하고 그 항목에 맞는 실행 결과물을 정리하여 검토를 실행하는 것이다. 또한 경영자 검토의 결과서식에서 A4 용지 한 장에 경영자 검토를 실시하고 종결하기도 하는데, 물론 최종 결과서에는 가능하지만 핵심은 그러한 결론이 나오는 중간단계의 관련 기록물을 종합정리하여 첨부를 하여야 한다. 그것은 마치 수학시험에서 계산 과정은 없고 정답을 쓰고 제출하는 것과 마찬가지로 이는 높은 점수를 부여받기 어려움과 같을 것이다.

5개 항목에서 가장 많은 개선사항으로 1번 항목의 "안전보건경영방침 및 목표의 이행도"로써 경영방침을 중요하게 고려해야 한다는 점이다. 방침과 목표의 설정이 차이가 많은 경우에 그것은 문제점이 있는 사항이다. 방침이 너무 추상적이고 좋은 내용으로 정해져 있다면 이는 실천하기 어려운 경우도 있다. 너무나 이상적인 내용으로 방침이 정해지면 그것은

실현 불가능할 수도 있다. 안전보건팀장과 최고경영자는 방침을 선정하는데 많은 고민이 필요한 부분이다. 경영자 검토에서 방침의 유효성과 내용의 적절성도 검토가 되어야 한다.

(3) 부적합, 관찰 및 권고사항

- 안전보건경영방침의 이행도 누락
- 결과서만 존재하고 중간 기록물은 없는 상태로 경영자 검토완료
- 경영방침의 검토주기에 대한 반영 미흡
- 이전경영자 검토의 내용 누락
- 미래의 불확실한 여건에 대한 분석 미흡

(4) 매뉴얼 제정

경영자 검토에 대한 매뉴얼의 제정은 인증기준을 참고하여 하나의 문서로 작성한다. 다음은 문서화에 대한 참고용 매뉴얼이다.

<table>
<tr><td rowspan="4">○○(주)</td><td rowspan="2">안전보건경영 매뉴얼</td><td>문 서 번 호</td><td>KR-M-18</td></tr>
<tr><td>개(제) 정 일</td><td>2018.01.01</td></tr>
<tr><td rowspan="2">4.6 경영자 검토</td><td>개 정 번 호</td><td></td></tr>
<tr><td>페 이 지</td><td>of</td></tr>
</table>

1. 목 적

본 문서는 (주)○ ○(이하 '회사'라 한다)의 안전보건경영시스템의 경영자 검토에 관한 사항을 제정하여 효과적인 시스템 적용을 하여 사업장 내에서 사고를 예방하고 차기 년도의 안전보건경영시스템의 효과성, 적절성 및 필요성을 확보하는데 있다.

2. 적용범위

본 문서는 사업장의 안전보건경영시스템에 관련된 경영자 검토 사항에 대하여 적용한다.

3. 책임과 권한

3.1 최고경영자는 경영자 검토 자료를 최종 승인할 책임이 있다.

3.2 안전보건팀장은 취합된 경영자 검토 자료를 검토하고 최고경영자의 지시를 받아 최종 경영자 검토서를 완료한다.

4. 문서관리체계의 기본요건

4.1 경영자 검토는 1년에 1회 정기적으로 실시한다.

4.2 안전보건경영자 검토 자료는 다음 사항을 포함한다.

1) 안전보건경영방침 및 목표의 이행도
2) 정기적 성과측정결과 및 조치결과
3) 내부심사 및 후속조치 결과내용
4) 이전 경영자 검토의 후속조치(단, 신규로 안전보건시스템 제정된 년에 대해서는 이전 경영자 검토는 예외로 한다.)
5) 사업장영역의 구조변화, 법 개정 및 신기술의 도입 등 내·외적인 요소 또는 미래 불확실성에 대처하기 위한 계획

4.3 안전보건경영 검토 방법은 년초에 세운 계획을 바탕으로 실행 결과물을 확인하여

그 결과를 취합한다.

4.4 경영자 검토 결과는 안전보건경영체제에 5개 항목을 중심으로 실행 결과를 바탕으로 시스템의 효과성을 결정한다.

4.5 승인된 경영자 검토 결과서는 차기 년도의 목표수립에 반영한다.

4.6 경영자 검토 결과서는 문서로 또는 전자매체를 통해 보존한다.

4.7 결과보고서의 내용은 모든 조직원에게 가장 효과적인 방법으로 전달교육을 실시한다.

5. 문서 및 기록의 관리

5.1 경영자 검토 관련 모든 문서 및 기록은 표준문서 작성 및 관리 절차서(KR-P-05), 문서관리 절차서(KR-P-06) 및 기록관리 절차서(KR-P-10)에 따른다.

6. 관련 문서

6.1 위험성 평가 절차서(KR-P-01)

6.2 안전보건 추진계획절차서(KR-P-03)

6.3 표준문서 작성 및 관리 절차서(KR-P-05)

6.4 문서관리 절차서(KR-P-06)

6.5 비상사태 대비 및 대응 절차서(KR-P-07)

6.6 성과측정 및 모니터링 절차서(KR-P-08)

6.6 부적합사항 시정 및 예방조치 절차서(KR-P-09)

6.7 기록관리 절차서(KR-P-10)

6.8 내부심사 절차서(KR-P-11)

양식 1 : 경영자검토서 양식(kr-m-01-01)

〈양식 1〉 경영자검토서양식(kr-m-01-01)

<table>
<tr><td rowspan="3">안전보건경영검토서
(　　　　　　년도)</td><td rowspan="2">결
재</td><td>담당</td><td>안전보건팀장</td><td>대표이사</td></tr>
<tr><td></td><td></td><td></td></tr>
<tr><td>일자</td><td>/</td><td>/</td><td>/</td></tr>
</table>

<table>
<tr><th>항 목</th><th colspan="2">검토내용</th></tr>
<tr><td>1. 안전보건경영방침 및 목표의 이행도</td><td colspan="2"></td></tr>
<tr><td rowspan="2">2. 정기적 성과측정 결과 및 조치결과</td><td>성과측정항목</td><td>◆ 산재 및 근로손실일수감소
◆ 안전보건활동계획 이행도
◆ 법규 및 준수평가 이행
◆ 부적합 사항 시정 및 예방조치
◆ 안전보건활동 이행</td></tr>
<tr><td colspan="2"></td></tr>
<tr><td rowspan="2">3. 내부심사 및 후속조치 결과내용</td><td>내부심사항목</td><td>내부심사 CHECK LIST에 의한 항목심사 결과서 첨부</td></tr>
<tr><td>후속조치사항</td><td>후속조치결과서 첨부</td></tr>
<tr><td>4. 안전보건영역의 구조변화, 법 개정 및 신기술의 도입 등 내, 외적인 요소 또는 미래 불확실성에 대처하기 위한 계획</td><td colspan="2">회사현황 파악과 개정 법규에 대한 대책 등</td></tr>
<tr><td>5. 이전 경영자 검토 결과의 후속 조치 내용</td><td colspan="2">자료첨부</td></tr>
</table>

안전보건경영시스템(KOSHA 18001) 인증업무 처리규칙

제정 1999. 6.24 규칙 제270호
개정 1999.12.30 규칙 제282호
2000.11.24 규칙 제293호
2002. 8. 2 규칙 제334호
2003. 2.20 규칙 제346호
2004. 1.19 규칙 제364호
2005. 2.28 규칙 제398호
2007. 2. 9 규칙 제441호
전문개정 2007. 4.19 규칙 제447호
개 정 2009. 2. 3 규칙 제512호
개 정 2009. 3.20 규칙 제525호
개 정 2010. 2.26 규칙 제562호
개 정 2010.12.21 규칙 제585호
개 정 2011. 8.19 규칙 제604호
전문개정 2012. 1.26 규칙 제623호
전문개정 2012.12.14 규칙 제651호
개 정 2014. 3.24 규칙 제695호
개 정 2015. 4.14 규칙 제737호
개 정 2015. 9. 2 규칙 제743호
개 정 2016. 5.27 규칙 제763호
개 정 2017. 9.18 규칙 제800호

제 1 장 총 칙

제1조(목적) 이 규칙은 「산업안전보건법」 제4조제1항제5호에 따라 사업장의 자율적인 안전보건경영체제 구축을 지원하기 위한 안전보건경영시스템(KOSHA 18001)(이하 "안전보건경영시스템" 이라 한다) 인증업무 처리에 필요한 사항을 규정함을 목적으로 한다.

제2조(정의) ① 이 규칙에서 사용하는 용어의 뜻은 다음과 같다.(개정 2014. 3.24)

1. "안전보건경영"이란 사업주가 자율적으로 해당 사업장의 산업재해 예방하기 위하여 안전보건관리체제를 구축하고 정기적으로 위험성평가를 실시하여 잠재 유해·위험 요인을 지속

적으로 개선하는 등 산업재해예방을 위한 조치 사항을 체계적으로 관리하는 제반 활동을 말한다.

2. "인증"이란 이 규칙에서 정하는 기준에 따른 인증심사와 인증위원회의 심의 · 의결을 통하여 인증기준에 적합하다는 것을 객관적으로 평가하여 한국산업안전보건공단 이사장(이하 "이사장"이라 한다)이 이를 증명하는 것을 말한다.
3. "실태심사"란 인증 신청 사업장에 대하여 인증심사를 실시하기 전에 안전보건경영 관련 서류와 사업장의 준비상태 및 안전보건경영활동 운영현황 등을 확인하는 심사를 말한다.
4. "컨설팅"이란 사업장의 안전보건경영체제 구축 · 운영과 관련하여 안전보건 측면의 실태파악, 문제점 발견, 개선대책 제시 등의 제반 지원 활동을 말한다.
5. "컨설턴트"란 심사원 시험기관에서 실시하는 안전보건경영시스템 심사원 시험에 합격하고 심사원으로 등록한 사람으로 사업장의 요청에 따라 안전보건경영시스템 구축 및 운영을 컨설팅하는 사람을 말한다.(개정2017.09.18)
6. "인증심사"란 인증 신청 사업장에 대한 인증의 적합 여부를 판단하기 위하여 인증기준과 관련된 안전보건경영 절차의 이행상태 등을 현장 확인을 통해 실시하는 심사를 말한다.
7. "사후심사"란 인증서를 받은 사업장에서 인증기준을 지속적으로 유지 · 개선 또는 보완하여 운영하고 있는지를 판단하기 위하여 인증 후 매년 1회 정기적으로 실시하는 심사를 말한다.
8. "연장심사"란 인증 유효기간을 연장하고자 하는 사업장에 대하여 인증 유효기간이 만료되기 전까지 인증의 연장 여부를 결정하기 위하여 실시하는 심사를 말한다.
9. "인증위원회"란 이 규칙 제15조에 정한 업무를 심의 · 의결하기 위하여 운영하는 위원회를 말한다.
10. "심사원"이란 제19조에 따라 일정한 자격요건을 갖추고 한국산업안전보건공단(이하 "공단" 이라 한다)에서 시행하는 심사원 시험에 합격한 후 소정의 절차에 따라 심사원으로 등록된 사람을 말하며, 공단직원 이외의 심사원을 외부 심사원이라 한다.
11. "선임심사원"이란 외부 심사원으로서 심사팀장의 역할을 수행하는 사람으로 공단에서 선임한 심사원을 말한다.
12. "심사원 양성교육"이란 심사원을 양성하기 위하여 인증운영 · 인증기준 · 심사절차 및 심사요령 등에 관하여 실시하는 총 교육시간이 34시간 이상을 실시하는 안전보건경영시스템 교육을 말한다.
13. "심사원 교육기관"이란 심사원 양성교육을 운영하는 기관으로 공단 산업안전보건교육원(이하 "교육원" 이라 한다)과 공단이 지정한 외부 교육기관을 말한다.
14. "컨설팅 기관"이란 사업장의 요청에 따라 안전보건경영시스템 구축 및 운영을 컨설팅하기 위한 기관으로 공단이 지정한 기관을 말한다.
15. 삭제(2016.05.27)
16. "공동인증기관"이란 공단과 안전보건경영시스템 공동인증 업무협약을 체결한 기관을 말한다.

17. "발주기관"이란 건설공사를 건설업자에게 도급하는 기관 또는 건설 사업을 관리하는 기관으로 「행정기관의 조직과 정원에 관한 통칙」제2조에 따른 중앙행정기관과 중앙행정기관의 소속기관,「지방자치법」제2조에 따른 지방자치단체, 「공공기관의 운영에 관한 법률」제5조에 따른 공공기관, 「지방공기업법」 제2조에 따른 지방직영기업과 지방공사 및 지방공단, 민간기관 등을 말한다.
18. "CM(Construction Management)·설계 및 감리업체"란 「건설산업기본법」, 「건축사법」, 「건설기술진흥법」 등에 따라 건설사업관리, 설계, 감리 등의 업무를 하는 업체를 말한다.
19. "종합건설업체"란 「건설산업기본법」 등에 따라 종합건설업 등록을 하고 종합적인 계획·관리 및 조정하에 시설물을 직접 시공 또는 시공책임을 지는 건설업체를 말한다.
20. "전문건설업체"란 「건설산업기본법」 등에 따라 전문건설업 등록을 하고 종합건설업체로부터 건설공사를 도급받아 건설공사에 대한 시설물의 일부 또는 전문분야에 관한 공사를 시공하는 건설업체를 말한다.
21. "서비스업등"이란 금융 및 보험업, 운수·창고 및 통신업, 건물등의 종합관리업, 위생 및 유사서비스업, 기타의 각종 사업, 전문기술서비스업, 보건 및 사회복지사업, 교육서비스업, 도소매 및 소비자용품수리업, 부동산업 및 임대업, 오락 문화 및 임대업 등을 말한다.(신설 2016.05.27)
22. "지점 등"이란 본사의 산하조직으로 지사, 지점 등을 말한다.(신설 2016.05.27)

② 이 규칙에서 사용하는 용어의 뜻은 이 규칙에 특별한 규정이 있는 것을 제외하고는 「산업안전보건법」·같은 법 시행령·같은 법 시행규칙·「산업안전보건기준에 관한 규칙」에서 정하는 바에 따른다.

제3조(적용범위) ① 이 규칙은 모든 사업 또는 사업장, 국가·지방자치단체 및 「공공기관의 운영에 관한 법률」 제5조에 따른 공공기관에 적용한다.

② 건설업의 경우 건설공사를 발주, 건설사업관리·설계 및 감리 또는 시공하는 사업·사업장으로서 사업주가 인증신청을 하는 경우 적용하되, 다음 각 호에 따라 구분하여 적용할 수 있다.

1. 발주기관
2. CM·설계 및 감리업체
3. 종합건설업체
4. 전문건설업체

제 2 장 인증 절차

제4조(신청서 접수) ① 일선기관장은 사업장으로부터 별지 제1호 서식의 안전보건경영시스템 인증신청서를 접수하여야 한다.(개정 2014. 3.24)

② 일선기관장은 제1항에 따라 접수한 서류가 보완이 필요하다고 인정되는 경우에는 15일 이

내에 해당서류의 보완을 요구할 수 있다.(개정 2014. 3.24)

③ 제3조제2항에 의한 경우로서 일선기관장은 인증이 취소된 사업장이 다시 인증신청을 하는 경우 접수를 제한할 수 있다.(신설 2016.05.27)

④ 이사장은 제3항의 시행에 필요한 절차, 방법, 범위 등에 관한 사항은 지침으로 따로 정한다.(신설 2016.05.27)

제5조(계약) ① 일선기관장은 제4조에 따라 접수된 신청서를 검토한 후 접수한 날부터 15일 이내에 별지 제2호서식의 "안전보건경영시스템 인증 계약서"에 따라 상호 합의하여 계약을 맺고, 추가적으로 필요한 사항은 신청 사업장에 서면으로 요청하여야 한다.(개정 2014. 3.24)

② 제1항에도 불구하고 신청사업장의 서식으로 작성을 요청하는 경우에는 별지 제1호서식의 사업장 현황 조사표 내용이 모두 포함되어 있는 경우에 한하여 대체할 수 있다.

③ 제1항에 따른 계약의 경우 인증에 소요되는 심사일수와 심사비용은 별표 5를 기준으로 하되, 공정 및 설비의 규모, 사업장의 요청 등 필요한 경우에는 상호 협의에 따라 심사일수를 조정할 수 있으며, 심사비용은 협의하여 결정된 심사일수를 기준으로 한다.

④ 일선기관장은 인증이 취소된 사업장이 다시 인증 신청을 하는 경우 별표 5에 따른 심사일수를 최대 1/2 까지 단축하여 계약할 수 있다.(개정 2014. 3.24)

제5조의2(심사팀의 구성) ① 일선기관장은 심사대상 사업장의 특성을 고려하여 적합한 심사원으로 심사팀을 구성하고 운영하여야 한다.

② 일선기관장은 필요시 해당분야 전문가를 추가하여 심사에 참여하게 할 수 있다.

제6조(실태심사) ① 일선기관장은 제5조에 따라 계약을 맺은 후 별표 1의 인증기준에 따라 실태심사를 실시하고 별지 제3호서식의 안전보건경영시스템 심사결과서를 작성하여 사업장에 송부하여야 한다. 다만, 공정안전보고서 P등급 사업장, 공동인증기관의 안전보건경영시스템 인증사업장이 KOSHA 18001 인증을 신청하는 경우에는 실태심사를 면제할 수 있다.

② 일선기관장은 제1항에 따른 실태심사를 필요에 따라 외부 안전보건전문기관 또는 공단에서 위촉한 외부심사원에게 시행하게 할 수 있다.(신설 2014. 3.24, 개정 2016.05.27)

③ 이사장은 제2항에 따른 시행에 필요한 절차, 방법, 범위 등에 관한 사항은 지침으로 따로 정한다.(개정 2014. 3.24, 2016.05.27)

제7조(컨설팅지원) ① 일선기관장은 사업장에서 안전보건 상의 문제점을 해결하기 위하여 실태심사 전·후에 컨설팅을 요청하는 경우 컨설팅기관 또는 컨설턴트로 하여금 컨설팅을 하게 할 수 있다.(개정 2014. 3.24)

② 이사장은 제1항에서 정한 컨설팅기관 또는 컨설턴트가 해당 사업장 인증심사 시에는 참여할 수 없도록 하여야 한다.(개정 2014. 3.24, 2016.05.27)

제8조(인증심사) ① 일선기관장은 실태심사 결과 적합 판정을 내리거나 부적합 사항의 보완이 완료된 후 별표 1의 인증기준에 따라 인증심사를 실시하고 별지 제3호서식의 안전보건경영시스템 심사결과서를 작성하여 사업장에 송부하여야 한다.(개정 2014. 3.24)

② 일선기관장은 제1항에 따른 인증심사 결과 별표 1의 인증기준에 부적합 사항이 발견되어

보완을 요하는 경우에는 별지 제3호서식의 심사항목별 부적합사항에 그 사실을 명기하여 신청인에게 서면으로 보완을 요구할 수 있으며, 이에 대한 보완 완료 여부를 문서 또는 사업장 방문을 통하여 확인할 수 있다.(개정 2014. 3.24)

③ 삭제(2014. 3.24)

④ 일선기관장은 심사팀의 인증심사 결과 별표 1의 인증기준에 적합한 경우 또는 부적합 시 보완이 완료된 경우에는 인증 여부의 결정을 위하여 다음 각 호의 해당서류를 이사장에게 보고하여야 한다.(개정 2014. 3.24)

1. 제4조에 따른 해당 사업장의 신청서
2. 제6조제1항에 따른 실태심사 결과서
3. 제1항에 따른 인증심사 결과서

⑤ 삭제(2014. 3.24)

제9조(인증 여부의 결정) ① 이사장은 제8조제4항에 따라 보고를 받은 날부터 20일 이내에 제17조에 따른 인증위원회의 심의·의결을 거쳐 인증 여부를 결정하여야 한다.

② 제1항에 따른 인증 여부의 결정 요건은 다음 각 호와 같다.

1. 별표 1의 인증기준에 적합한 경우
2. 이 규칙에서 정한 절차에 따라 인증심사 업무를 수행한 경우
3. 제4조제1항에 따라 인증을 신청한 날을 기준으로 최근 1년간 안전보건에 관하여 사회적인 물의를 일으키지 아니한 경우

③ 인증의 유효기간은 인증일로부터 3년으로 한다. 다만, 공동인증 등의 사유로 유효기간의 조정이 필요한 경우에는 3년 이내의 범위에서 해당 인증사업장과 협의하여 조정할 수 있다.(신설 2014. 3.24)

제10조(인증서와 인증패의 교부) ① 이사장은 제9조에 따라 인증이 결정된 경우에는 결정한 날부터 15일 이내에 별지 제4호서식 또는 별지 제5호서식의 인증서와 별표 2에 따라 제작한 인증패를 해당 인증사업장에 교부하여야 한다.

② 이사장은 필요한 경우 인증사업장을 관할하는 일선기관장으로 하여금 제1항에 따른 인증서와 인증패를 수여하도록 할 수 있다.(개정 2014. 3.24)

③ 제1항에 따라 교부받은 인증서와 인증패에 다음 각 호의 어느 하나에 해당하는 사유가 발생하는 경우 해당 사업장에서는 별지 제6호서식의 인증서·인증패 재교부·추가교부·기재내용변경 신청서를 관할 일선기관장에게 제출할 수 있다.(개정 2014. 3.24)

1. 인증서: 훼손·분실 또는 기재내용이 변경된 경우
2. 인증패: 훼손·분실되거나 홍보를 위한 경우

④ 일선기관장은 제3항에 따른 신청서를 접수한 경우에는 지체 없이 검토한 후 재교부·추가교부·기재내용변경 여부를 결정하고 그에 따른 조치를 취하여야 한다.(개정 2014. 3.24)

⑤ 이사장은 제1항에 따른 교부, 제4항에 따른 교부·재교부·추가교부·기재내용변경 현황을 별지 제7호서식의 인증서 등록대장에 기록·관리하여야 한다.

⑥ 이사장은 인증 신청 사업장이 공단과 공동인증에 대한 협약을 체결한 인증기관(이하 "공동인증기관"이라 한다)의 인증을 함께 신청한 경우에는 공동인증기관과 협의하여 별지 제8호서식의 공동인증서를 교부할 수 있다.

⑦ 이사장이 제6항에 따라 공동인증서를 교부하고자 하는 경우에는 공동인증기관의 인증에 관한 기준을 추가하여 심사하여야 하며, 심사 시 공동인증기관의 심사원이 참여하도록 할 수 있다.

⑧ 이사장은 인증사업장에 대하여 인증서 · 인증패 · 공동인증서의 사용에 대한 적절한 관리와 지원을 하여야 하며, 인증사업장이 광고나 상품안내서 등을 통해 인증 내용을 부정확하게 표현하거나 인증 사실에 대한 오해를 불러일으키는 경우에는 시정요구, 인증제도 위반의 공표 등 적절한 조치를 할 수 있다.

⑨ 인증이 취소된 사업장은 교부받은 인증서 · 인증패 · 공동인증서를 즉시 반납하거나 폐기하도록 하고 인증과 관련된 사업장 홍보 등에 무단으로 활용하지 않아야 한다.(신설 2014. 3.24, 개정 2016.05.27)

제11조(사후심사) ① 일선기관장은 인증사업장을 매 1년 단위로 사후심사를 하여야 한다.(개정 2014. 3.24)

② 일선기관장은 사후심사 대상사업장과 안전보건경영시스템 인증계약서에 따라 상호 합의하여 사후심사 계약을 맺어야 한다.(개정 2014. 3.24)

③ 일선기관장은 별표 1의 인증기준에 따라 사후심사를 실시한 후 별지 제3호서식의 안전보건경영시스템 심사결과서를 작성하여 해당 인증사업장에 송부하여야 하며, 부적합 사항이 발견되어 보완을 요하는 경우 별지 제3호서식의 심사항목별 부적합 사항을 명기하여 해당 사업장에 문서로 보완을 요구하여야 하며, 이에 대한 보완완료 여부를 문서 또는 사업장 방문을 통하여 확인할 수 있다.(개정 2017.09.18)

④ 이사장은 제1항에 따른 사후심사를 필요에 따라 외부 안전보건전문기관 또는 공동인증기관에게 시행하게 할 수 있으며, 시행에 필요한 절차, 방법, 범위 등에 관한 사항은 지침으로 정한다.(개정 2016.05.27)

⑤ 일선기관장은 사후심사결과 재해감소대책 등 안전보건상의 문제점을 해결하기 위한 지속적인 대책이 필요한 경우 해당 사업장과 컨설팅기관과의 상호 협의 하에 컨설팅을 시행하게 할 수 있다.(개정 2014. 3.24)

⑥ 일선기관장은 사후심사 결과에 따라 제3조의 종합 또는 전문건설업체를 수준관리할 수 있으며 그 시행에 필요한 절차, 방법, 범위 등에 관한 사항은 지침으로 정한다.(신설 2016.05.27)

제12조(연장심사) ① 인증의 유효기간은 인증일로부터 3년으로 하며, 매 3년 단위로 그 기간을 연장할 수 있다.

② 일선기관장은 인증사업장이 제1항에 따른 인증 유효기간을 연장하고자 하는 경우 별지 제9호서식의 인증 유효기간 연장신청서(이하 이 조에서 "연장신청서"라 한다)를 유효기간 만료 3개월 전까지 신청하도록 하여야 한다.(개정 2014. 3.24)

③ 일선기관장은 연장신청서를 접수한 후 별지 제2호서식의 “안전보건경영시스템 인증 계약서”에 따라 해당 인증사업장과 상호 합의하여 계약을 맺고, 별표 1의 인증기준에 따라 연장심사를 실시하되, 이와 관련한 세부 일정은 해당 인증사업장과 협의하여 결정한다.(개정 2014. 3.24)

④ 제3항에 따라 연장심사를 실시하는 경우 해당 연도의 사후심사는 받은 것으로 본다.

⑤ 일선기관장은 연장심사를 실시한 후 별지 제3호서식의 안전보건경영시스템 심사결과서를 작성하여 사업장에 송부하여야 하고, 별표 1의 인증기준 적합·부적합 여부에 따라 다음 각 호의 어느 하나에 해당하는 조치를 취하여야 한다.(개정 2014. 3.24)

1. 적합: 연장 승인에 따른 인증서 재발급 등 조치
2. 부적합: 연장 불가 사유를 해당 인증사업장에 문서로 통보(개정 2017.09.18)

⑥ 일선기관장은 제5항에 따른 연장심사결과 별표1의 인증기준에 부적합 사항이 발생된 경우 별지 제3호서식의 심사 항목별 부적합 사항에 대하여 신청인에게 문서로 보완을 요구하여야 하며 이에 대한 개선조치 여부를 문서 또는 사업장 방문을 통하여 확인할 수 있다.(개정 2017.09.18)

⑦ 삭제

⑧ 일선기관장 제5항제1호에 해당하는 경우 제9조 각 호의 기준을 만족하는 경우에 한하여 연장을 승인할 수 있으며, 승인하는 경우 해당 인증사업장에 별지 제4호서식 또는 별지 제5호서식에 따른 인증서를 재발급하여야 한다.(개정 2014. 3.24)

⑨ 제1항에도 불구하고 인증유효기간이 3년을 초과하지 않는 범위내에서 사업장과 협의하여 인증유효기간의 종료일을 조정할 수 있으며, 차기 사후 및 연장심사 부터 조정된 종료일을 기준일로 심사를 실시하고 인증유효기간을 산정하여 적용할 수 있다.

⑩ 건설업의 경우 발주기관에 대해서는 발주한 건설현장이 모두 준공이 된 경우 이후 신규현장 개설 전까지 인증의 유효기간을 정지할 수 있다.

⑪ 일선기관장은 연장심사 결과 재해감소 대책 등 안전보건 상의 문제점을 해결하기 위한 지속적인 지원이 필요한 경우 해당사업장과 컨설팅기관과의 상호 협의 하에 추가 컨설팅을 실시하게 할 수 있다.(개정 2014. 3.24)

⑫ 일선기관장은 연장심사 결과에 따라 제3조의 종합건설업체 또는 전문건설업체를 수준관리할 수 있으며, 그 시행에 필요한 절차, 방법, 범위 등에 관한 사항은 지침으로 정한다.(신설 2016.05.27)

제13조(인증의 취소) ① 이사장은 인증사업장에서 다음 각 호의 어느 하나 에 해당하는 사항이 발견되는 경우에는 인증위원회의 결정에 따라 인증을 취소할 수 있다. 다만, 제9호의 경우 인증위원회의 결정을 생략할 수 있다 (개정 2014. 3.24, 2016.05.27)

1. 거짓 또는 부정한 방법으로 인증을 받은 경우
2. 정당한 사유 없이 사후심사 또는 연장심사를 거부하는 경우
3. 공단으로부터 인증 취소 사유에 대하여 2회 이상 시정요구 등을 받고 정당한 사유 없이

시정을 하지 아니하는 경우
4. 제9조제2항제1호에 따른 인증기준에 위배되는 사실이 발견된 경우
5. 안전보건 조치를 소홀히 하여 사회적 물의를 일으킨 경우
6. 인증 이후 사후관리기간 동안 3년 연속 동종업종 평균 재해율 이상이고 재해율이 지속적으로 증가하는 경우. 다만, 건설업 종합건설업체에 대해서는 인증을 받은 사업장이 최근 3년간 연속해서 1,000대 건설업체 평균환산재해율 이상이고 환산재해율이 지속적으로 증가하는 경우
7. 다음 각 목에 해당하는 경우로서 인증위원회 위원장이 인증 취소가 필요하다고 판단하는 경우
   가. 인증사업장에서 안전보건조직을 현저히 약화시키는 경우
   나. 인증사업장이 재해예방을 위한 제도개선이 지속적으로 이루어지지 않는 경우
   다. 경영층의 안전보건경영 의지가 현저히 낮은 경우
   라. 그 밖에 안전보건경영시스템의 인증을 형식적으로 유지하고자 하는 경우
   마. 삭제(2014. 3.24)
8. 사내협력업체로서 모기업과 재계약을 하지 못하여 현장이 소멸되거나 인증범위를 벗어난 경우(신설 2016.05.27)
9. 사업장에서 자진취소를 요청하는 경우(신설 2016.05.27)

② 이사장은 제1항에 따라 인증을 취소하고자 하는 경우 해당사업장에 20일 이상의 소명기간을 주어 소명자료를 제출하도록 하여야 하며, 지정된 기일까지 소명하지 아니하면 의견이 없는 것으로 본다. 다만, 제1항 제9호에 의한 경우 소명자료 제출을 생략할 수 있다.(개정 2014. 3.24, 2016.05.27)

③ 이사장은 제2항에 따른 확인결과와 해당 사업장의 소명결과를 보고 받은 후 20일 이내에 인증위원회를 개최하여야 한다.

④ 삭제(2014. 3.24)

⑤ 이사장은 제1항에 따라 인증을 취소한 경우에는 이를 언론매체 등을 통하여 공고할 수 있다.

제14조(업무현황 보고) 일선기관장은 이 장의 절차에 따라 수행한 신규 인증·컨설팅비용 지원·사후심사·연장심사 및 인증취소 현황을 매 분기 만료 다음 달 5일까지 이사장에게 보고하여야 한다. 다만, 공단 나누리 ERP에 전산입력을 하는 경우 보고를 갈음할 수 있다.(개정 2014. 3.24, 2016.05.27)

제 3 장 인증위원회

제15조(인증위원회의 설치) 이사장은 인증과 관련한 다음 각 호의 사항을 심의·의결하기 위하여 공단 본부에 인증위원회(이하 이 장에서 "위원회"라 한다)를 둔다.

1. 인증업무처리규칙의 개정에 관한 사항
2. 제9조에 따른 인증 여부의 결정
3. 제13조제1항에 따른 인증 취소 여부의 결정
4. 그 밖에 인증 업무와 관련하여 위원장이 회의에 부치는 사항

제16조(구성) ① 위원회는 위원장을 포함한 위원 중에서 제15조제1호의 경우 14명 이내, 제15조제2호부터 제4호까지의 경우 9명 이내의 위원을 선정하여 소집한다.

② 위원회의 위원장은 기술이사가 되고, 위원은 각 호의 당연직 위원과 위촉직 위원으로 구성한다. 다만, 제15조제2호 및 제3호와 관련된 사항은 본부 해당 실장이 업무를 대신할 수 있다.(개정 2015.9.2, 2016.05.27)

1. 당연직 위원: 해당분야 업무를 담당하는 부서의 장, 고용노동부 안전보건경영시스템 관련 업무 담당자
2. 위촉직 위원: 다음 각 목에 해당하는 해당 업종의 내 · 외부 전문가단(Pool)을 구성하여 본부 해당 실장이 위촉하는 사람
   가. 노동계 · 경영계를 대표하는 단체의 산업안전보건업무 관련자
   나. 제19조에 따른 심사원 자격자
   다. 국가기술자격법에 따른 건축 · 토목 · 기계 · 전기 · 화공 · 안전 · 보건분야의 기술사
   라. 국가기술자격법에 따른 건축 · 토목 · 기계 · 전기 · 화공 · 안전 · 보건분야의 기사 자격을 취득한 사람으로서 해당분야 경력이 5년 이상인 사람
   마. 산업안전보건법 제52조의2에 따른 산업안전지도사 또는 산업보건지도사
   바. 전문대학 이상의 학교에서 조교수 이상인 사람
   사. 안전보건 관련 분야 경력이 7년 이상인 사람
   아. 안전보건 관련분야 석사학위를 소지한 자로 해당 분야에 5년 이상, 박사학위를 소지한 자
   자. 그 밖에 위원장이 자격이 있다고 인정하는 사람

③ 당연직 위원의 임기는 해당 업무를 담당하는 기간으로 하고, 위촉직 위원의 임기는 3년으로 하되 연임할 수 있다.(개정 2016.05.27)

④ 위원회의 회의록 작성 등의 업무를 처리하기 위하여 간사를 두되, 간사는 공단 직원 중에서 위원장이 지명한다.

⑤ 이사장은 인증위원회 위촉직 위원에게 별지 제10호서식의 위촉장을 수여한다.(개정 2016.05.27)

⑥ 제2항에도 불구하고 인증 심의와 관련하여 금품 또는 향응을 제공받거나 부정한 청탁에 따라 권한을 행사하는 등의 비위사실이 있는 사람은 위촉할 수 없으며 위촉기간 중에 그 사실을 안 경우 해촉 하여야 한다.

제17조(회의) ① 위원회의 회의는 위원장이 소집하고, 위원 과반수의 출석과 출석위원 3분의 2이상의 찬성으로 의결한다.

② 위원회의 회의는 대면심의를 원칙으로 하되 위원회의 의결사항 중 위원장이 경미하다고 인정하는 사항 또는 부득이 한 경우에 대하여는 서면 의결할 수 있다. 다만, 2회 연속으로 서면심의를 할 수 없다.

③ 제1항에 따라 회의를 소집한 경우에는 회의개최 전, 제15조제1호에 해당하는 경우 회의를 완료한 날로 부터 14일 이내에 위원에게 문서 또는 전자적 방법으로 알려야 한다.

④ 위원의 회의참석에 대하여는 대리 참석을 허용하지 아니한다. 다만 위원으로 선정된 자가 부득이한 사유로 회의에 참석하지 못하는 경우 제16조제2항제2호에 해당하는 전문가로서 그 사유를 명시한 위임장을 지참한 대리인이 참석할 수 있다.

⑤ 간사는 다음 각 호의 사항을 기재한 회의록을 작성하여 위원장과 출석위원의 서명을 받아 보존한다.

1. 회의일시
2. 출석위원의 성명
3. 심의안건 및 내용요지
4. 의결내용
5. 그 밖에 심의안건과 관련된 중요사항

⑥ 위원장은 필요시 대상 사업장의 인증심사를 실시한 심사원, 대상 사업장의 노사대표 또는 관계자로 하여금 위원회에 출석하여 의견을 진술할 것을 요청할 수 있다.

⑦ 제15조제1호의 경우 위원장은 회의록이 확정되는 날로부터 14일 이내에 공단 홈페이지 등에 이를 공개하여야 한다.

⑧ 제7항에도 불구하고 위원회가 공개의 필요성이 없다고 판단하는 경우 회의록을 공개하지 아니할 수 있다.

⑨ 위원회에 출석한 제16조제2항제2호에 따른 외부위촉위원에게는 예산의 범위에서 수당과 여비를 지급할 수 있다.

제18조(제척 · 기피 · 회피) ① 위원은 다음 각 호의 어느 하나에 해당하는 경우에는 심의에서 관여하지 못한다.

1. 위원과 직접적인 이해관계가 있는 사항
2. 위원과 친족관계에 있거나 있었던 자와 관련된 사항
3. 위원 또는 위원이 속한 기관이 자문, 컨설팅 등을 행하고 있는 사업장 과 이해관계가 있는 사항

② 심의 대상 사업장과 직접적인 이해관계가 있는 자는 제척사유가 있거나 위원에게 심의의 공정을 기대하기 어려운 사정이 있는 경우에 그 사유를 적어 기피 신청을 할 수 있다. 이 경우 위원장이 기피 신청에 대하여 기피여부를 결정한다.

③ 위원이 제1항 또는 제2항의 사유에 해당하는 경우에는 스스로 그 사항의 심의에서 회피할 수 있다.

④ 위원은 심의의 공정성, 객관성을 유지하기 위하여 위촉기간 동안 안전보건경영시스템 인

증분야에 대하여 해당 기관에서 발주하는 수의계약 방식의 용역에 참여할 수 없다.

제 4 장 심사원

제19조(심사원 요건) ① 심사원은 다음 각 호의 요건을 갖추어야 한다.(개정 2014. 3.24, 2016.05.27)

1. 심사원 교육기관에서 실시하는 심사원 양성교육을 수료하고 제22조에 따른 심사원 시험에 합격한 후에 심사팀의 보조자로 다음 이상의 참여 실적이 있는 사람
   가. 건설업 : 심사팀의 보조자로 최소 2회 이상(일 6시간 이상, 심사 참가일 누계 10일 이상)의 참여 실적이 있는 사람
   나. 건설업외 : 심사팀의 보조자로 최소 4회 이상(일 6시간 이상, 심사 참가일 누계 10일 이상으로서 인증심사 최소 1회 이상 포함)의 참여 실적이 있는 사람
2. 제1호의 자격을 갖추고 공단에 심사원으로 등록된 사람

② 이사장은 제1항제1호에 따라 심사팀의 보조자 참여실적을 확보하기 위해 심사원교육기관에 심사원 참관인정교육 과정을 개설할 수 있다.(신설 2014. 3.24)

③ 제1항에 따라 심사원으로 등록한 후 3년 이상 심사 또는 컨설팅 실적이 없는 사람이 심사를 하고자 하는 경우에는 심사원 교육기관에서 실시하는 총 18시간 이상의 안전보건경영시스템 관련 교육을 이수하거나 3일 이상의 심사팀 보조자로 참여하여야 한다.(신설 2016.05.27)

④ 일선기관장은 선임심사원을 위촉하여 심사팀장의 역할을 수행하게 할 수 있다.(개정 2016.05.27)

제20조(심사원의 업무) ① 심사원은 다음 각 호의 업무를 수행할 수 있다.

1. 안전보건경영체제 구축 및 심사 계획의 수립
2. 심사 계획에 따른 심사 실시
3. 심사 결과의 정리 및 심사결과서 등 보고서의 작성
4. 그 밖에 안전보건경영체제 구축을 위한 컨설팅지원 및 심사의 실시에 관한 업무

② 일선기관장은 외부 심사원을 위촉하여 심사와 컨설팅에 활용할 수 있으며, 이 경우 모니터링 및 평가관리 기준을 마련하여 심사와 컨설팅의 이행에 대한 수준을 관리할 수 있다.(개정 2014. 3.24)

제21조(심사원 시험 실시) ① 이사장은 심사원 시험을 시행하도록 하여야 한다.(개정 2016.05.27)

② 이사장은 시험실시 및 채점방법 등에 관하여 지침으로 따로 정한다. 다만 이사장이 필요하다고 인정하는 경우 외부 전문기관에 심사원 시험을 위탁 실시할 수 있다.(개정 2016.05.27)

제22조(심사원 시험 응시) ① 심사원 시험 응시 자격은 다음 각 호와 같다.(개정 2014. 3.24, 2016.05.27)

1. 「국가기술자격법」에 따른 건축 · 토목 · 건설안전 · 안전 · 보건 관련분야 기술사 자격을 취득한 사람
2. 「국가기술자격법」에 따른 건축 · 토목 · 건설안전 · 안전 · 보건 관련분야 기사 이상의 자격을

취득한 사람으로서 안전 · 보건 관련분야에 5년 이상 실무경험이 있는 사람

3. 「국가기술자격법」에 따른 건축 · 토목 · 건설안전 · 안전 · 보건 관련분야 산업기사 이상의 자격을 취득한 사람으로서 안전 · 보건 관련분야에 7년 이상 실무경험이 있는 사람
4. 「산업안전보건법」에 따른 산업안전지도사 또는 산업보건지도사 자격을 취득한 사람
5. 석사학위 이상을 취득한 사람으로서 건축 · 토목 · 안전 · 보건 관련분야에 3년 이상 실무경험이 있는 사람, 박사학위를 취득한 사람
6. 안전 · 보건 · 건설안전 관련 전문기관 · 단체 또는 기업에서 안전 · 보건 · 건설안전 관련분야에 7년 이상 실무경력이 있는 사람

② 이사장은 별지 제11호서식의 안전보건경영시스템 심사원 시험 응시원서에 따라 접수하고, 응시원서 또는 자격요건 입증서류에 보완이 필요한 경우에는 이의 보완을 요구할 수 있다.(개정 2016.05.27)

제23조(출제 및 합격기준) ① 심사원 시험의 과목은 별표 3과 같다.

② 심사원 시험의 문제는 서술형 50%, 객관식 50% 정도의 비율로 출제토록하며 그 비율은 경우에 따라서 조정할 수 있다.

③ 심사원 시험의 합격기준은 100점 만점에 70점 이상의 득점으로 한다.

④ 이사장은 시험합격자에게 합격자 공고일로부터 15일 이내에 제22조제1항에 따른 자격요건을 입증할 수 있는 서류를 제출하도록 하여야 한다.(개정 2016.05.27)

제24조(심사원증 발급절차) ① 이사장은 별지 제12호서식의 심사원 시험 합격자 발급대장을 작성하여 기록 · 보존하여야 한다.(개정 2016.05.27)

② 본부 해당 실장은 제19조에 따른 자격을 갖춘 사람이 심사원 등록을 요청할 경우 심사팀의 보조자로 참가한 실적(별지 제3호서식의 심사원 작성항목에 보조자를 명기)을 첨부하여 이사장에게 보고하여야 한다.(개정 2014. 3.24)

③ 이사장은 제2항에 따라 심사원 자격을 구비한자에게 별지 제13호서식의 심사원증을 발급하고, 별지 제14호서식의 심사원증 발급대장을 작성하여 기록 · 보존하여야 한다.

제25조(심사원 교육) ① 제22조에 따른 심사원 시험에 응시하기 위해서는 교육원 또는 심사원 교육기관에서 실시하는 심사원 양성교육을 이수하여야 한다.(개정 2016.05.27)

② 교육의 내용 및 시간은 별표 4와 같다.

③ 삭제(2016.05.27)

④ 삭제(2016.05.27)

제26조 (삭제 2016.05.27)

제27조(심사원의 취소 또는 정지) ① 이사장은 심사원 자격을 취득한 사람이 다음 각 호의 어느 하나에 해당하는 경우에는 자격을 취소하거나 일정기간을 정하여 자격을 정지할 수 있다.

1. 거짓 또는 부정한 방법으로 자격을 취득한 사람
2. 심사 업무를 수행함에 있어 중대한 과실로 이해관계인에게 손해를 입힌 사람
3. 심사업무와 관련하여 부정한 행위를 한 사람

4. 그 밖에 심사업무를 적정하게 수행하기 어렵다고 판단되는 사람

② 삭제(2016.05.27)

제 5 장 보 칙

제28조(심사비) ① 심사비 수수료는 다음 각 호와 같이 적용한다.(개정 2015.9.2, 2016.05.27)

1. 상시근로자 수 50인 이상 사업장: 제6조에 따른 실태심사, 제7조에 따른 컨설팅지원, 제8조에 따른 인증심사, 제11조에 따른 사후심사, 제12조에 따른 연장심사에 필요한 비용
2. 상시근로자 수 50인 미만 사업장, 위험성평가인정 사업장, 안전보건공생협력프로그램 참여사업장의 사내 협력업체, 또는 공동인증기관으로부터 안전보건경영시스템을 인증 받은 후 KOSHA 18001 인증을 신청하는 사업장, 공정안전보고서 P등급 사업장 : 제8조 따른 인증심사, 제11조에 따른 사후심사, 제12조에 따른 연장심사에 필요한 비용
3. 삭제(2014. 3.24)
4. 발주기관, CM(Construction Management)·설계 및 감리업체: 제6조부터 제8조까지 및 제11조·제12조에 따른 필요한 비용 중 직접경비
5. 종합건설업체 : 제6조부터 제8조까지 및 제11조·제12조에 따른 필요한 비용
6. 전문건설업체 : 제8조·제11조·제12조에 따른 필요한 비용

② 제1항에 따라 받아야 하는 비용을 산정하는 기준은 별표 5에 따른다.

③ 국외 심사를 희망하는 사업장은 제1항에 따른 심사비를 지불하고 공단 여비규정에 따른 국외여비를 심사원에게 실물로 제공하여야 한다.

제28조의2(심사비의 감면) 이사장은 제28조 규정에도 불구하고 다음 각 호의 기관 등에 대하여는 심사비의 전부 또는 일부를 면제할 수 있다.(개정 2016.05.27)

1. 건설업 : 발주기관 중에서 중앙행정기관 또는 중앙행정기관의 소속기관 및 지방자치단체
2. 건설업외 : 군부대, 사회복지시설, 사회적기업
3. 안전보건공생협력프로그램 기술지도 A등급 사업장과 A등급 사업장의 사내·외협력업체(개정 2017.09.18)

제29조(인증 업무 수행자에 대한 지원) 일선기관장은 제2장에서 정하고 있는 각종 심사 또는 컨설팅지원 시 이사장이 정하는 바에 따라 공단직원에게는 현지활동비를, 외부 심사원에게는 공단 「수수료기타실비징수규정 시행규칙 제3조제2항」에서 정한 외부전문가의 대가에 준하는 수당과 공단 「여비규칙」에서 정하는 여비를 예산 범위 내에서 지급할 수 있다.(개정 2017.09.18)

제30조(공단의 지원) ① 이사장은 안전보건경영시스템 요건을 구축하는데 필요한 컨설팅비용을 지급할 수 있으며, 이에 필요한 사항은 지침으로 따로 정한다.

② 제4조제1항에 따른 인증신청사업장, 제9조제1항에 따른 인증사업장에 대해 공단은 각종 발행자료와 발간물을 우선 보급할 수 있다.

③ 이사장은 제10조제1항에 따라 인증서를 교부하는 경우에는 이를 언론매체 등을 통하여 홍

보할 수 있다.

④ 제11조, 제12조와 관련하여 일선기관장은 사후심사 또는 연장심사 결과 재해감소 대책 등 안전보건 상의 문제점을 해결하기 위한 지속적인 대책이 필요한 경우 추가적 컨설팅 지원을 무료로 실시할 수 있다.(개정 2014. 3.24)

⑤ 이사장은 제21조부터 제26조까지의 규정에 따른 심사원 양성을 위한 교육 등 안전보건경영시스템 관련 교육과정 개설과 운영등에 관해 필요한 사항을 심사원 교육기관에게 시행하게 할 수 있으며, 심사원 교육기관은 그 시행에 필요한 절차, 방법, 범위 등에 관한 사항을 지침으로 따로 정한다.(개정 2016.05.27)

제31조(이의신청 및 불만처리) ① 이사장은 동 규칙에서 정한 절차에 따라 수행한 인증 여부 결정 및 심사결과에 대하여 이해관계인의 이의신청이나 불만처리 요청이 있는 경우에는 이를 검토하여 그 결과를 신청인에게 회신하여야 한다.(개정 2014. 3.24)

② 이사장은 제1항에 따른 이의신청과 불만처리에 대한 기록을 유지·관리하여야 한다.

제32조(비밀 준수 및 청렴의 의무) ① 제3장에 따른 인증위원회 위원은 이 장의 절차에 따라 수행한 인증 업무 수행과 관련하여 알게 된 사업장의 비밀을 누설하여서는 아니 되며 위원으로 위촉시 별지 제16호서식의 청렴서약서를 공단 이사장에게 제출하여야한다.

② 제4장에 따른 심사원은 이 장의 절차에 따라 수행한 인증 업무 수행과 관련하여 알게 된 사업장의 비밀을 누설하여서는 아니 되며 심사 전 별지 제17호서식의 청렴의무이행서약서를 작성하고, 심사 후 별지 제18호서식의 청렴의무이행확인서를 작성하여 심사결과서와 함께 보관토록 한다.(개정 2017.09.18)

③ 지역본부장은 제4장에 따른 심사원 중 소속기관의 내부심사원에 대하여 청렴의무이행제도 관련하여 교육계획을 수립·시행하고 매년 1회 이상 교육을 실시하여야 한다. 또한 교육을 실시한 후 그 결과를 기록·관리하여야 한다.(신설 2017.09.18)

④ 지역본부장은 제4장에 따른 심사원 중 소속기관의 내부심사원에 대하여 청렴의무이행실태 및 준수여부 등을 반기별 1회 이상 점검하여야 하며 점검결과를 기록·보관하여야 한다.(신설 2017.09.18)

부 칙(2012. 12. 14)

제1조(시행일) 이 규칙은 2013년 1월 1일부터 시행한다.

제2조(경과조치) ① 이 규칙 시행일 이전에 시행한 인증위원회 심의위원의 위촉은 이 규칙의 인증위원회에 의한 것으로 본다.

② 제25조 및 제27조와 관련하여 이 규칙이 시행되기 전의 심사원 시험 합격자 또는 심사원에 대하여는 이 규칙이 시행되는 날부터 그 기간을 산정하여 적용한다.

제3조(다른 내규의 폐지) 건설업 안전보건경영시스템(KOSHA 18001) 인증업무 처리규칙을 폐지한다.

부 칙(2014. 3. 24)

제1조(시행일) 이 규칙은 2014년 3월 25일부터 시행한다. 다만, 제28조의 개정규정 적용 대상 중 「공공기관의 운영에 관한 법률」 제4조에 따른 공공기관에 대하여는 2015년 1월 1일부터 시행한다.

부 칙(2015. 4. 14)

제1조(시행일) 이 규칙은 2015년 4월 14일부터 시행한다. 다만, 제28조의 개정규정 적용 대상 중 「공공기관의 운영에 관한 법률」 제4조에 따른 공공기관에 대하여는 2016년 1월 1일부터 시행한다.

부 칙(2015. 9. 2)

제1조(시행일) 이 규칙은 2015년 9월 2일부터 시행한다.

부 칙(2016. 05. 27)

제1조(시행일) 이 규칙은 2016년 05월 27일부터 시행한다. 다만, 제14조에 의한 단서조항은 건설업외 안전보건경영시스템(KOSHA18001)의 경우 2017년 1월 1일부터 시행한다.

제2조(경과조치) 이 규칙 시행일 이전에 행한 사항은 이 규칙에 의하여 행한 것으로 본다.

제3조(군부대, 사회복지시설, 사회적기업에 대한 심사비감면 적용례) 본부에서 시달된 『전문기술팀-587(2015.5.6) "KOSHA18001 심사비 감면 대상여부 알림"』에 의한 지침은 이 규칙 시행일로부터 폐지한다.

부 칙(2017. 09. 18)

제1조(시행일) 이 규칙은 2017년 09월 18일부터 시행한다. 다만 제28조의2제3호의 개정사항 및 제32조제3항과 제4항은 2018년1월1일부터 시행한다.

제2조(경과조치) 이 규칙 시행일 이전에 행한 사항은 이 규칙에 의하여 행한 것으로 본다.

4. 인증기준[전업종(건설업 제외)]

4-1 기준 A형: 일반 사업자용

가. 안전보건경영 체제

항 목	인 증 기 준
4.1 일반원칙	○ 안전보건경영시스템을 인증 받고자 하는 조직은 시스템상의 구성요소에 대하여 이 기준에서 요구하거나 사업장에서 필요한 사항에 대하여 구체적인 운영절차를 수립하여야 한다. ○ 이 기준의 모든 요소는 안전보건경영시스템에 적용되는 것이 원칙이나 업종의 종류, 조직의 규모 및 경영여건, 보유설비 및 물질의 특성에 따라 각 요소의 범위와 방법을 조정하여 적용할 수 있다 ○ 조직은 안전보건경영시스템을 안전보건방침, 계획수립, 실행 및 운영, 점검 및 시정조치, 경영자 검토 및 시스템개선 등의 P-D-C-A 순환과정을 통하여 안전보건활동이 지속적인 개선이 이루어지도록 하여야 한다.
4.2 안전보건방침	○ 사업장의 최고 경영자는 조직에 적합한 안전보건방침을 정하여야 하며, 이 방침에는 최고경영자의 정책과 목표, 성과 개선에 대한 의지가 분명히 제시되고 모든 조직 구성원에게 공표 되어야 한다. ○ 안전보건방침은 다음사항을 만족하여야 한다. 1. 조직의 안전보건 위험의 특성과 조직의 규모에 적합 2. 조직의 모든 근로자의 안전보건을 확보하기 위한 지속적인 개선 및 실행 의지 포함 3. 법적 요구사항 준수의지 포함 4. 경영자의 안전보건 경영철학과 근로자의 참여 ○ 안전보건방침은 간결하게 문서화하고 최고경영자의 서명과 시행일을 명기하여 조직의 모든 구성원 및 이해 관계자가 쉽게 접할 수 있도록 공개되어야 한다. ○ 최고경영자는 안전보건방침이 조직에 적합한지를 정기적으로 검토하여야 한다.
4.3 계획수립	○ 사업장 또는 조직의 안전보건경영체제를 인증 받기위한 사전적 과정으로서 위험성평가를 실시하고 적용법규 등을 검토하여 법적요구 이상의 안전보건활동을 할 수 있도록 목표 및 안전보건활동 추진계획을 수립하여야 한다.
4.3.1 위험성평가	○ 사업장은 보유 · 사용하고 있는 위험기계 · 기구 등 산업기계, 유해 · 위험물질 및 유해위험공정에 대한 위험성평가를 실시할 책임이 있다. ○ 사업장은 사업장의 특성 · 규모 · 공정특성을 고려하여 적절한 위험성평가 기법을 활용하여 절차에 따라 실시하여야 한다. ○ 위험성평가 대상에는 모든 근로자(공사업체, 협력업체, 방문객 포함)에게 안전보건 상 영향을 주는 다음 사항을 포함하여야 한다. 1. 조직 내부 또는 외부에서 작업장에 제공되는 유해위험시설 2. 작업장에서 보유 또는 취급하고 있는 모든 유해위험물질 3. 일상적인 작업(협력업체 포함) 및 비일상적인 작업(수리 또는 정비 등) 4. 발생할 수 있는 비상조치 작업 ○ 위험성평가 시 안전보건 상 영향을 최소화 하기위해 가능한 다음 사항을 고려할 수 있다. 1. 교대작업, 야간근로, 장시간 근로 등 열악한 근로조건에 대한 근로자의 건강증진

	방안 2. 일시고용, 고령자 등 취약 계층 근로자의 안전보건측면 3. 교통사고, 체육활동 등 행사 중 재해와 사고 ○ 위험성평가는 사후적이 아닌 사전적으로 실시해야 하며, 주기적으로 재평가하고 그 결과를 문서화하여 유지하여야 한다. ○ 사업장은 위험성 평가결과, 위험을 제거 또는 감소시키기 위한 조치계획을 안전보건활동 추진계획에 포함하여 실시하고 모니터링 하여야 한다. ○ 위험성평가 조치계획은 다음과 같은 단계에 따라 수립되어야 한다. 1. 유해위험요인의 제거 2. 유해위험요인의 대체 3. 연동장치, 환기장치 설치 등 공학적 대책 4. 안전보건표지, 유해위험에 대한 경고, 작업절차서 정비 등 관리적 대책 5. 개인 보호구의 사용 ○ 위험성평가는 사업장 위험성평가에 관한 지침(고용노동부 고시)에 따라 수행할 수 있다.
4.3.2 법규 및 그 밖의 요구사항 검토	○ 사업장은 다음과 같은 적용되는 법규 및 조직이 동의한 그 밖의 요구사항을 파악하고 활용하기 위한 절차를 수립, 실행 및 유지하여야 한다. 1. 사업장에 적용되는 안전보건 법규 및 조직이 동의한 그 밖의 요구사항 2. 조직 구성원 및 이해관계자들과 관련된 안전보건기준과 지침 3. 사업장 특성에 따라 구성원이 지켜야 할 안전보건상의 기술적인 지침 ○ 법규 및 그 밖의 요구사항은 최신 것으로 유지하여야 한다. ○ 법규 및 그 밖의 요구사항은 조직 구성원 및 이해관계자 등에게 의사소통 및 정보가 제공되어야 한다.
4.3.3 목표	○ 사업장은 작업부서별(또는 작업단위, 계층별) 로 안전보건활동에 대한 안전보건 목표를 수립 하여야 한다. ○ 사업장이 목표를 수립할 때에는 위험성평가 결과, 법규 등 검토사항과 안전보건활동상의 필수적 사항(교육, 훈련, 성과 측정, 내부심사) 등이 반영되도록 하여야 한다. ○ 안전보건활동은 안전보건방침에서 추구하는 목표와 일치하여야 하며, 각 안전보건활동별로 목표를 측정 가능하도록 정하여야 한다. ○ 목표를 수립 시에는 목표달성을 위한 조직 및 인적・물적 지원 범위와 크기를 반영하여야 한다.
4.3.4 안전보건활동 추진계획	○ 사업장은 안전보건상의 목표를 달성하기 위한 활동 추진계획을 해당업무(작업), 단위별(팀별, 부・과별)로 다음 사항을 수립하고 문서화 하여 실행하여야 한다. 1. 조직의 전체 목표 및 부서별 세부목표와 이를 추진하고자 하는 책임자 지정 2. 목표달성을 위한 안전보건활동계획(수단・방법・일정・예산・인원) 3. 안전보건활동별 성과지표 ○ 안전보건활동 추진계획은 정기적으로 검토되고 조직의 운영 변경 또는 새로운 계획의 추가사유가 발생할 때에는 수정하여야 한다.
4.4. 실행 및 운영	
4.4.1	○ 최고경영자는 공표한 안전보건 방침, 목표를 달성할 수 있도록 모든 부서에서 안전보

구조 및 책임	건경영체제가 올바르게 실행 및 운영되고 있는가에 대하여 주기적으로 점검 확인하여야 한다. ○ 사업장의 안전보건활동 업무를 효율적으로 수행하기 위하여 활동계획 및 업무별로 담당자를 정하고 그의 역할, 책임과 권한을 문서화 하고 조직 내에서 공유하여야 한다. ○ 사업장은 안전보건경영체제의 실행 및 운영과 개선에 필요한 자원(인적・물적)의 제공과 이를 실행하기 위하여 구성원에게 교육, 훈련 등을 제공하여야 한다.
4.4.2 교육, 훈련 및 자격	○ 사업장에서 안전보건에 영향을 미치는 작업자는 업무수행에 필요한 교육, 훈련 또는 경험 등 적격한 능력을 보유하여야 하며 업무수행상의 자격이 필요한 경우 자격절차를 수립하고 교육과 훈련을 통하여 자격을 유지 하도록 하여야 한다. ○ 안전보건교육 및 훈련 계획 수립 시에는 조직의 계층, 조직의 위험요인, 근로자의 업무 또는 작업특성을 고려하되 다음 사항을 포함하여야 한다. 1. 안전보건 방침, 안전보건경영체제상 수행하여야 할 안전보건활동과 담당자의 역할 및 책임 2. 근로자의 업무 또는 작업이 안전보건에 미치는 영향과 결과 3. 위험성평가 결과, 개선내용 및 잔여 위험요인과 그 대책 4. 비상시 대응절차 및 규정된 대응절차로부터 벗어날 때 발생 할 수 있는 이차적 피해 ○ 안전보건 교육 및 훈련계획 수립시 교육훈련의 필요성을 파악하고 교육훈련 후에는 교육성과를 평가하여야 한다.
4.4.3 의사소통 및 정보제공	○ 사업장은 안전보건경영체제 확립을 위하여 조직구성원과 이해관계자가 안전보건활동에 참여하고 활동에 대한 의사소통 및 필요한 정보를 제공할 수 있도록 다음사항을 포함하여 절차를 수립하여야 한다. 1. 제공할 안전보건의 정보종류와 필요시 전문가의 자문 2. 내・외부의 안전보건에 관한 문서접수처리 및 회신 3. 안전보건 문제 및 활동에 대한 근로자의 참여(견해, 개선 아이디어, 관심사항)와 검토 회신 ○ 사업주는 안전보건목표 설정 및 안전보건계획의 수립 등 주요한 사항에 대해서 산업안전보건위원회를 활용하는 등 근로자의 의견을 반영하여야 한다.
4.4.4 문서화	○ 사업장은 안전보건경영체제를 성공적으로 정착하기 위해 안전보건경영구성 요소와 요소간의 상관관계를 문서화 하여야 한다. ○ 안전보건경영체제에 대한 문서는 구성원 모두가 이해하기 쉽도록 간략하게 작성되고 효과성과 효율성을 위해 최소한도로 유지되어야 한다.
4.4.5 문서관리	○ 사업장은 이 기준에서 요구하는 모든 문서가 작성 절차에 따라 다음 사항을 포함하여 관리되도록 하여야 한다. 1. 승인된 문서는 안전보건활동을 수행하는 조직에 전체 또는 해당업무에 관련된 일부문서를 적절한 장소에 비치 2. 문서는 정기적으로 검토하고 필요에 따라 개정하며 권한을 가진 자가 승인 3. 구(舊)문서는 달리 사용되지 않도록 문서 및 비치장소에서 신속히 제거조치 4. 문서규정에 의하여 또는 보전을 목적으로 보유하고 있는 모든 구(舊) 문서는 최신문서와 적절하게 식별되도록 조치

	5. 문서는 읽기 쉽도록 유지되고 쉽게 식별 및 추적이 가능하도록 관리하여야 한다. ○ 조직 내의 문서를 작성하고 수정하는데 필요한 절차와 책임에 대한 내용을 명시하고 있어야 한다.
4.4.6 운영관리	○ 사업장은 안전보건 측면에 영향을 미칠 수 있는 기계기구, 사용물질, 작업 등에 대한 안전보건 상의 기준을 수립하여야 한다. ○ 사업장은 다음과 같은 안전보건활동과 관련하여 해당사항에 대한 운영절차를 수립하고 이행하여야 한다. 1. 운영절차가 필요한 안전보건활동 - 작업장의 안전조치 - 중량물・운반기계에 대한 안전조치 - 개인보호구 지급 및 관리 - 위험기계・기구에 대한 방호조치 - 떨어짐・무너짐에 대한 방지조치 - 안전검사 실시 - 폭발・화재 및 위험물 누출 예방활동 - 전기재해 예방활동 - 쾌적한 작업환경 유지활동 - 근로자 건강장해 예방활동 - 협력업체의 안전보건 활동지원 - 안전・보건관계자 역할과 활동 - 산업안전보건위원회 운영 - 산업재해조사 활동 - 무재해운동 추진 및 운영 2. 작업내용 변경에 따른 유해・위험예방조치 3. 안전작업허가제도 운영 ○ 사업장은 다음사항이 포함된 구매절차서를 수립하고 이행하여야 한다. 1. 안전보건과 관련된 구매 또는 임대물품의 안전보건상의 요구사항 2. 구매 및 임대 물품에 대한 입고 전 안전성 확인 3. 공급자와 계약자간의 사용설명서 등의 안전보건 정보 공유 사항
4.4.7 비상시 대비 및 대응	○ 사업장은 위험성평가 결과 중대산업사고 또는 사망 등 중대 재해가 발생할 가능성이 있는 경우, 비상사태별 시나리오와 대책을 포함한 비상조치계획을 작성하고 사고 발생시 피해를 최소화 하여야 한다. ○ 사업장은 비상사태 시나리오별로 정기적인 교육・훈련을 실시하고 비상사태 대응 훈련 후에는 성과를 평가하여 필요시 개정・보완하여야 한다. ○ 비상시 대비 및 대응 내용에는 다음 사항이 포함되어야 한다. 1. 비상조치를 위한 인력, 장비 보유현황 2. 사고발생 시 각 부서・관련기관과의 비상연락체계 3. 사고발생 시 비상조치를 위한 조직의 임무 및 수행절차 4. 비상조치 계획에 따른 교육・훈련계획 5. 비상시 대피절차와 재해자에 대한 구조, 응급조치 절차 ○ 비상시대비 및 대응 내용에 인근주민 및 환경에 대한 영향과 대응 및 홍보 방안을 포함할 수 있다.

4.5 점검 및 시정조치	
4.5.1 성과측정 및 모니터링	○ 성과측정은 안전보건경영체제의 효과를 측정하는 것으로 조직의 필요에 따라 다음의 사항을 정성적 또는 정량적 측정이 정기적으로 실시될 수 있도록 계획을 수립하고 실행하여야 한다. 1. 안전보건방침에 따른 목표가 계획대로 달성되고 있는가를 측정 2. 안전보건방침과 목표를 이루기 위한 안전보건활동계획의 적정성과 이행여부 확인 3. 안전보건경영에 필요한 절차서와 안전보건활동 일치성여부의 확인 4. 적용법규 및 그 밖의 요구사항의 준수여부 평가 5. 사고, 아차사고, 업무상재해 발생시 발생원인과 안전보건활동 성과의 관계 ○ 성과측정 또는 모니터링 시 현장에 작업환경 측정장비가 필요한 경우 측정장비는 항상 측정이 가능하도록 검·교정이 유지되어야 한다.
4.5.2 시정조치 및 예방조치	○ 사업장은 성과측정 및 모니터링 결과 부적합사항이 발견될 경우 원인을 파악하고 시정조치 또는 예방조치를 할 수 있도록 책임과 권한을 부여하고 실행하여야 한다. ○ 시정조치 또는 예방조치는 사전에 위험성평가를 실시하고 취해진 조치에 대한 성과를 검토하여야 한다. ○ 사업장은 시정조치 또는 예방조치에 따라 변경사항을 기록하여 유지되도록 하여야 한다.
4.5.3 기록	○ 기록은 식별, 유지, 보관, 보호, 검색 및 폐기에 관한 절차를 수립하고 문서화하여야 한다. ○ 기록대상에는 다음 사항을 포함하여 목록화를 하고 보존기간을 정하여 유지하여야 한다. 1. 안전보건경영체제의 계획수립과 관련한 결과물 - 안전보건활동수준평가, 위험성평가, 법규 등 검토, 안전보건목표, 안전보건활동 추진계획 등 2. 안전보건경영체제의 실행 및 운영과 관련한 결과물 - 조직도 및 업무분장표, 교육훈련결과, 자격보유자목록, 의사소통결과 3. 안전보건경영체제의 점검 및 시정조치 결과물 - 비상시 대비 및 대응 결과, 성과측정 및 모니터링 결과 4. 경영자 검토 결과물 5. 기타 안전보건경영체제와 관련된 활동 결과물 ○ 기록은 읽기 쉽고, 식별 및 추적이 가능하여야 한다.
4.5.4 내부심사	○ 사업장은 안전보건성과의 일상적인 안전보건경영체제의 모든 요소가 체제의 내용과 같이 실행·유지관리되고 있는지의 여부에 대한 내부심사를 최소한 1년에 1회 이상 하여야 한다. ○ 내부심사를 위한 심사조직, 심사일정, 심사일자, 심사결과 조치에 대한 사항을 절차서로 작성하고 이 절차서에 따라 내부심사를 실행한다. ○ 내부심사원은 가능한한 안전보건활동 담당자와 독립적인 능력있는 사람에 의해 수행되어야 하며 필요에 따라 조직외부에서 수행할 수 있다. ○ 내부심사를 실시할 때에는 다음 사항을 고려하여야 한다. 1. 안전보건경영체제가 요구하는 안전보건목표의 달성여부

	2. 사업장의 안전보건경영체제 실행과 유지의 적합성 3. 위험성평가 결과에 따른 개선조치의 이행내용 ○ 내부심사결과는 보고서로 작성하여 최고경영자를 포함한 모든 조직 구성원에게 전달되고, 시정조치는 요구사항대로 이행되어야 한다.
4.6 경영자 검토	○ 사업장은 안전보건경영체제에 대한 정기적인 경영자의 검토 주기와 범위를 정하여야 한다. ○ 경영자 검토의 범위에 다음사항을 포함하여야 한다. 1. 안전보건경영방침 및 목표의 이행도 2. 정기적 성과측정결과 및 조치결과 3. 내부심사 및 후속조치 결과내용 4. 이전 경영자 검토결과의 후속조치 내용 5. 사업장영역의 구조변화, 법 개정 및 신기술의 도입 등 내·외적인 요소 또는 미래 불확실성에 대처하기 위한 계획

나. 안전보건활동 [항목 해당시만 인증기준 적용]

항 목	인 증 기 준
1.작업장의 안전조치	○ 작업장 바닥의 미끄럼방지와 안전통로 구분, 정리정돈, 안전표시 등에 관한 기준을 설정하고 주기적으로 유지·보수 및 점검 등 적절한 현장관리를 하고 있어야 한다.
2.중량물·운반기계에 대한 안전조치	○ 운반기계별 운반기준이 적합하게 정해져 이행되고 있어야 한다. ○ 지게차 등 차량계 하역운반기계 및 양중기 사용작업 시 운행경로, 작업방법, 안전조치 등이 제대로 유지·관리되고 있어야 한다.
3.개인보호구지급 및 관리	○ 적절한 보호구를 지급·사용하고 예비품을 비치하는 등 보호구 착용 및 지급이 제도화되어 있어야 한다.
4.기계·기구에 대한 방호조치	○ 기계·기구 기타 설비의 기능과 특성을 고려하여 방호조치하고 잠재위험이 없도록 보수·점검 등을 실시하고 있어야 한다.
5.떨어짐·무너짐에 의한 위험방지	○ 개구부 방호, 안전대 설치, 승강설비 설치, 구명구 비치, 울타리 설치, 조명유지 등 떨어짐 위험방지 조치와 무너짐·맞음에 의한 위험방지조치를 실시하고 있어야 한다.
6.안전검사 실시	○ 안전검사 대상이 파악되고 기준에 따라 정기적으로 검사를 실시하고 있어야 한다.
7.폭발·화재 및 위험물 누출 예방활동	○ 폭발·화재 및 위험물 누출에 의한 위험방지조치가 이루어지고 있으며 보수점검 계획에 의거 주기적으로 점검하고 비상시 대피요령을 알고 있어야 한다. ○ 화학설비·압력용기 등은 건축물의 구조 검토, 부식 방지, 밸브 개폐방향 표시, 안전밸브·파열판·화염방지기 설치, 계측장치·자동경보장치·긴급차단장치 설치 등 위험방지조치를 실시하고 있어야 한다.
8.전기재해 예방활동	○ 전기로 인한 위험방지를 위해 전기기계기구 및 가설전기설비에 방호조치를 하고 정기적으로 유지·보수하는 예방활동을 시행하고 있어야 한다. ○ 전기설비 또는 정전기로 인한 화재폭발을 방지하기 위하여 기준에 적합하도록 등급을 선정하여 관리하고 있어야 한다.

9. 쾌적한 작업환경 유지활동	○ 유해화학물질 취급근로자의 건강장해 및 직업병을 예방하기 위하여 적절한 조치와 관련규정을 준수하고 있어야 한다. ○ 취급 유해물질을 목록화하고 물질안전보건자료(MSDS)를 비치 또는 게시하고 관련 규정을 이행하고 있어야 한다. ○ 작업환경측정대상 유해인자에 노출되는 근로자의 건강장해를 예방하기 위하여 물리적인자(소음, 진동, 유해광선 등) 및 화학적인자(분진, 유기화합물, 중금속, 산・알카리 등) 등의 유해인자를 정기적으로 측정하고 적절한 개선조치를 하고 있어야 한다. ○ 관리대상・허가대상・금지유해물질에 대한 건강장해 예방을 위해 국소배기장치・경보설비・잠금장치・긴급차단장치・세척시설・목욕설비・세안설비 설치, 작업장 바닥의 관리, 부식・누출방지조치, 청소, 출입금지, 보호구 지급, 명칭 등 게시, 유해성 주지, 흡연금지, 작업수칙 준수, 사고시 대피, 취급일지 작성 등의 조치를 하고 있어야 한다.
10.근로자 건강증진활동	○ 근로자의 건강보호・유지를 위하여 근로자에 대한 건강진단을 정기적으로 실시하고 적절한 사후조치를 하고 있어야 한다. ○ 근로자의 업무상 질병을 예방하기 위하여 적절한 조치를 하고 있어야 한다. - 분진 작업으로 인한 근로자 건강장해를 예방하기 위한 "호흡기보호 프로그램"의 시행 - 산소결핍, 유해가스로 인한 위험이 있는 장소에서의 작업근로자를 보호하기 위한 "밀폐공간 보건작업 프로그램"의 시행 - 소음 작업근로자의 소음성 난청을 예방하기 위한 "청력보존프로그램"의 시행 - 작업관련 근골격계질환 예방을 위한 "근골격계질환 예방프로그램"의 시행 - 근로자의 금연 등 건강관리능력을 함양하기 위하여 "건강증진 프로그램"등 건강증진 사업의 시행 - 신체적 피로 및 정신적 스트레스 등에 의한 건강장해예방을 위하여 "직무스트레스 프로그램"의 시행 ○ 고령, 여성, 외국인 등 취약계층 근로자의 건강증진 및 작업환경개선을 위한 건강장해 예방조치를 하고 있어야 한다. ○ 온・습도조절장치, 환기장치, 휴게시설, 세척시설 등의 설치, 음료수 등의 비치, 보호구 지급 등 온도・습도에 의한 건강장해 예방조치를 하고 있어야 한다. ○ 방사선물질의 밀폐, 관리구역의 지정, 차폐물・국소배기장치・방지설비의 설치, 취급용구・보호구 지급, 폐기물 처리, 흡연금지, 유해성 주지 등 방사선에 의한 건강장해 예방조치를 하고 있어야 한다. ○ 유해성 주지, 오염방지 조치, 감염예방조치 등 병원체의 건강장해 예방조치를 하고 있어야 한다. ○ 사무실에서의 건강장해 예방조치를 하고 있어야 한다. ○ 밀폐공간 작업으로 인한 건강장해 예방을 하고 있어야 한다.
11.협력업체의 안전보건활동 지원	○ 협력업체에 대하여 적절한 안전보건관리를 하고 있어야 한다. ○ 안전보건총괄책임자를 지정하고 안전보건협의체의 운영, 작업장 순회점검, 근로자 안전보건교육 지원 등 도급시의 안전보건조치를 수행하여야 한다. ○ 중금속취급 유해작업, 제조・사용허가 대상물질 취급 작업 등을 도급 시 안전・보건기준을 준수하고 있어야 한다.

12.안전・보건관계자역할 및 활동	○ 안전관리자 및 보건관리자를 지정(대행기관)하고, 안전보건경영시스템의 실행 및 운영활동과 안전보건목표를 달성하기 위한 역할을 수행하여야 한다. ○ 안전보건관리책임자를 선임하고, 관리감독자를 지정하여 안전보건 관련 역할을 수행토록 하여야 한다.
13.산업안전보건위원회 운영	○ 산업안전보건위원회를 구성하고 근로자의 안전과 보건을 유지・증진시키기 위하여 정기적으로 회의를 개최하고 안건을 의결하여 그 결과를 근로자에게 알려주어야 한다. - 전년도 안전보건 경영성과 - 당해연도 안전보건 경영목표 및 활동계획 - 위험성평가결과 개선조치 사항 - 정기적 성과측정 결과 및 내부심사 결과
14.산업재해조사활동	○ 사업장(협력업체 포함)에서 재해발생 시 원인조사를 실시하고 재발방지대책을 적극적으로 실행하여야 한다. ○ 재해통계분석은 정기적으로 실시하고 익년도 안전보건 활동목표에 반영하여야 한다.
15.무재해운동의 자율적 추진 및 운영	○ 무재해운동의 개시 선포 및 목표달성 현황 게시 등을 실행하여야 한다.

다. 안전보건경영관계자 면담

항 목	인 증 기 준
1.경영층이 알아야 할 사항	○ 안전보건 경영방침을 알고 있어야 한다. ○ 당해연도 안전보건활동목표를 알고 있어야 한다. ○ 안전보건경영을 위한 기본조직 구성현황과 자원을 알고 있어야 한다. ○ 안전보건에 관한 중요한 규정의 내용을 알고 있어야 한다. ○ 안전보건경영시스템 운영절차와 적용 후 예상효과를 알고 있어야 한다.
2.중급관리자가 알아야할 사항 : 팀장, 부・과장, 대리	○ 회사의 안전보건경영방침을 수행하기 위한 구체적 추진계획을 알고 있어야 한다. ○ 안전보건경영시스템의 운영절차와 예상효과에 대해서 알고 있어야 한다. ○ 안전보건경영시스템 운영상의 담당자의 역할을 알고 있어야 한다. ○ 해당공정의 위험성 평가방법과 내용을 알고 있어야 한다. ○ 해당공정의 중요한 안전작업지침서 내용을 알고 있어야 한다. ○ 유해위험작업공정과 작업환경이 열악한 장소를 파악하고 있어야 한다. ○ 비상조치 사항을 알고 있어야 한다. ○ 최신 기술자료의 보관장소와 관리방법을 알고 있어야 한다.
3.현장관리자가 알아야할 사항 : 기사, 직장, 조반장	○ 자사의 재해율과 안전보건목표를 알고 있어야 한다. ○ 안전보건경영시스템 운영상의 담당자 역할을 알고 있어야 한다. ○ MSDS 등 공정안전자료의 활용과 비치장소를 알고 있어야 한다. ○ 해당공정의 잠재위험성과 대응방법을 알고 있어야 한다. ○ 예정되지 아니한 정전시의 조치사항을 알고 있어야 한다. ○ 안전보건 기술자료가 어디에 보관되는지 알고 있어야 한다.

	○ 비상조치계획에서 담당역할을 알고 있어야 한다. ○ 기계ㆍ기구 및 설비의 검사주기를 알고 있어야 한다. ○ 현장에서의 유해위험물질 취급방법을 알고 있어야 한다. ○ 가동전 안전점검 사항을 알고 있어야 한다.
4.현장작업자가 알아야 할 사항	○ 담당업무에 관한 안전보건수칙을 알고 있어야 한다. ○ 안전보건경영시스템 운영절차를 알고 있어야 한다. ○ 최근 실시한 안전보건교육내용을 알고 있어야 한다. ○ 취급하고 있는 유해ㆍ위험물질에 대하여 유해ㆍ위험성 정도와 취급절차를 알고 있어야 한다. ○ 비상사태 발생시 조치 사항을 알고 있어야 한다. ○ 개인보호구 착용기준과 착용방법 등을 알고 있어야 한다.
5.안전ㆍ보건관리자가 알아야 할 사항	○ 법정 안전ㆍ보건관리자로서의 역할을 알고 있어야 한다. ○ 안전보건경영시스템의 내용과 실행효과를 알고 있어야 한다. ○ 안전보건경영시스템을 실행하기 위한 추진목표를 알고 있어야 한다. ○ 내부심사 결과 및 조치사항에 대한 추진상황을 점검한 내용을 알고 있어야 한다. ○ 위험성평가방법 및 조치내용을 알고 있어야 한다.
6.협력업체 관계자가 알아야 할 사항	○ 협력업체의 사업주가 해야 할 사항을 알고 있어야 한다. ○ 현장에서 위험상황을 발견했을 때 조치방법을 알고 있어야 한다. ○ 비상시 행동요령에 대하여 알고 있어야 한다. ○ 개인보호구 지급기준과 착용방법을 알고 있어야 한다. ○ 위험작업허가서를 교부받아야 할 작업의 종류를 알고 있어야 한다.

참고문헌

1. 산업안전보건법, 시행령, 시행규칙
2. 산업안전보건에 기준에 관한규칙
3. 근로자 건강진단 실시기준 [고용노동부고시 제2016-23호]
4. 안전검사 절차에 관한 고시 [고용노동부고시 제2017 - 54호]
5. 근골격계부담작업의 범위 [고용노동부 고시 제2017-41호]
6. 사업장 위험성평가에 관한 지침 [고용노동부고시 제2017-36호]
7. 안전보건경영시스템(KOSHA 18001) 인증업무 처리규칙
8. 안전보건경영시스템 구축에 관한 지침 (KOSHA GUIDE G-80-2012)
9. 안전보건경영시스템 이해를 위한 지침 (KOSHA GUIDE X-28-2014)
10. 개인보호구의 사용 및 관리에 관한 기술지침 (KOSHA GUIDE G-12-2013)
11. 기계 · 기구제조업 등의 위험성 평가지침 (KOSHA GUIDE G-84-2012)
12. 안전작업허가지침 (KOSHA GUIDE P-94-2017)
13. 중대산업사고 조사에 관한 기술지침 (KOSHA GUIDE P-106-2016)
14. 밀폐공간 위험관리에 관한 기술지침 (KOSHA GUIDE X-68-2015)
15. 산업재해 형태별 응급처치 요령 (KOSHA GUIDE H-187-2016)
16. 작업장의 통로 및 계단 설치에 관한 기술지침 (KOSHA GUIDE G-85-2015)
17. 넘어짐 방지를 위한 위험관리 기술지침 (KOSHA GUIDE G-11-2013)
18. 사업장의 조명에 관한 기술지침 (KOSHA GUIDE G-26-2013
19. 산업안전보건공단 분야별기술지침

저/자/약/력

■ 강 양 현 (kyh93412@hanmail.net)

전북대학교 공과대학 금속공학과 졸업
서울시립대학교 도시과학 대학원 방재공학 석사
충북대학교 공과대학 안전공학전공 공학박사
(현) 태일소방부설 안전시스템연구소 소장

〈기술자격〉

- 전기안전기술사
- 소방기술사
- 가스기술사
- 국제기술사
- 소방시설관리사
- KOSHA18001 인증심사위원

〈교육과정〉

△ 산업안전보건공단 교육원(인천)
- 전기화재예방 및 방폭안전과정 수료
- 공전안전보고서 작성과정 수료
- 위험과 운전분석(HAZOP)과정 수료

△ 한국전기안전공사 교육원(온양)
- 전기설비기초 실무과정 수료
- 수배전설비과정 수료

△ 가스안전공사 교육원(천안)
- 사고조사기술(종합)과정 수료
- 배관안전성 평가과정 수료

〈학회〉

- 한국화재소방학회 정회원
- 한국가스학회 정회원
- 한국안전학회 정회원

■ 류 호 철

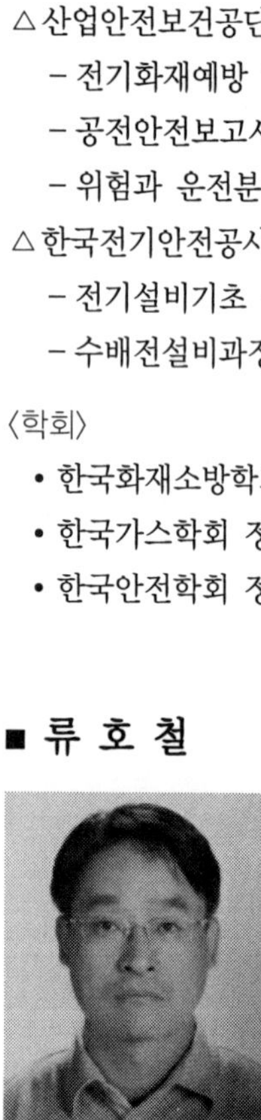

충북대학교 공과대학 안전공학전공 공학박사
충북대학교 공과대학 안전공학과 겸임교수
(현) 태일소방감리 사무소 소장

▌안전보건경영시스템 이해와 실무▐

1판 1쇄 발행 2018년 1월 11일

공 저 자 | 강양현 · 류호철
발 행 인 | 서철종
발 행 처 | 도서출판 지우북스
주 소 | 경기도 고양시 일산서구 강성로 147 동문시티프라자 814호
전 화 | 031-915-6670(代)
팩 스 | 031-915-6671
이 메 일 | jwbooks@nate.com
출판등록 | 2017년 2월 16일 제 410-2017-000032 호

ISBN 979-11-88673-03-2

정가 25,000원